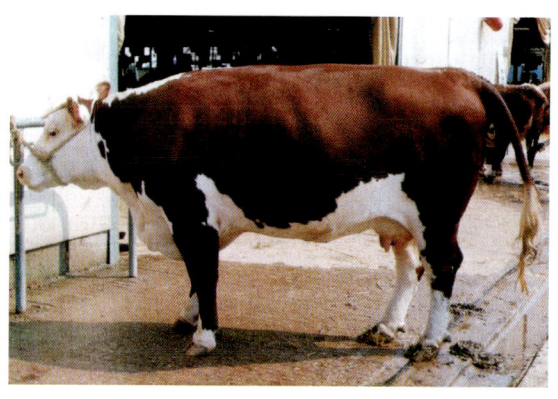
A ヘレフォード

B アバディーンアンガス

口絵1　ウシの品種（今川和彦撮影）

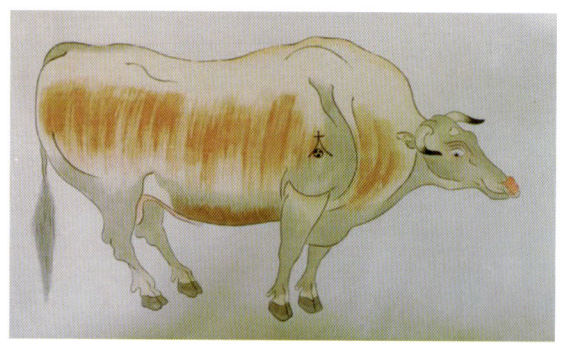
口絵2　『國牛十図』のウシ（御厨牛）

口絵3　ホルスタイン（今川和彦撮影）

A アラブ

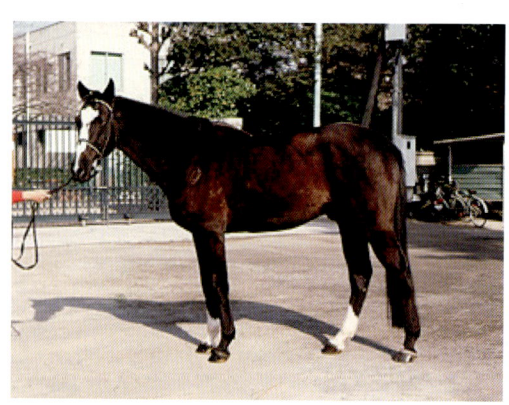
B サラブレッド

口絵4　ウマの品種（JRA競走馬総合研究所提供）

A 大ヨークシャー（アイリスW2）

B ランドレース（アイリスL3）

口絵5　ブタの品種（愛知県畜産総合研究センター提供）

A　白色レグホーン　　　　　　　　　　　　　　　B　横斑プリマスロック

口絵6　ニワトリの品種（独立行政法人家畜改良センター提供）

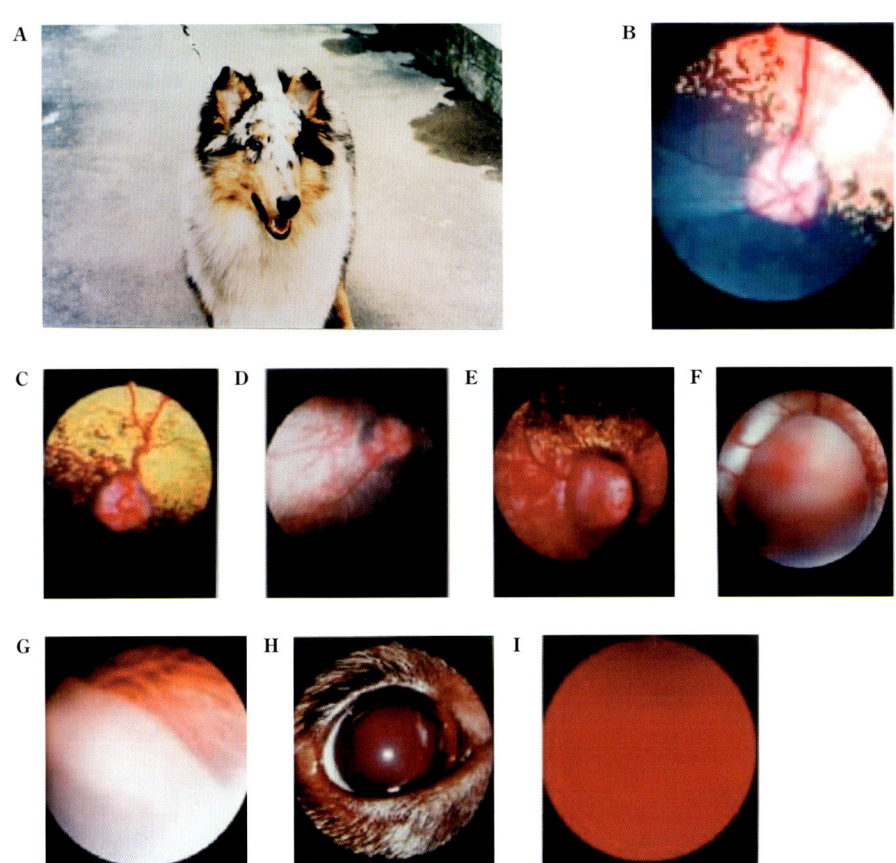

口絵7　コリー眼異常（原，1993）

A：左眼は重度のCEAで，視力のよい右眼を対象（この場合撮影者）に向けている．首をかしげる姿勢をとることが多い．B：比較的正常な眼底像．網膜の血管は直線状で脈絡膜も正常．C〜F：さまざまな程度の脈絡膜形成不全の眼底像．C：網膜血管の顕著な蛇行のみ（GradeⅠ）．D：脈絡膜形成不全がある眼底のもの．この部分は，組織学的に網膜は正常のようにみえるが，タペタム細胞は正常より少ないか，欠落しており，脈絡膜は非薄化し，色素の減少，または欠乏があるため，その部分は白く見え，検眼鏡で見ると，白い強膜をバックにして脈絡膜血管が透視できる（GradeⅡ）．E，F：視神経乳頭付近に欠損があるか，あるいは，陥没，陥凹などにより，乳頭部分が正常より大きく見えるもの（GradeⅢ）．G〜I：さらに重度な眼底像と眼の外観．G：網膜剥離のあるもの．先天性あるいは後天性の両方の場合がある（GradeⅣ）．H，I：外傷や他の疾患とは考えられない，眼内出血を示す眼の外観（H）と眼底像（I）（GradeⅤ）．

獣医学共通テキスト編集委員会認定

獣医学教育モデル・コア・カリキュラム準拠
獣医遺伝育種学

国枝哲夫
今川和彦
鈴木勝士
[編]

朝倉書店

> **動物遺伝育種学モデル・コア・カリキュラム**
> **全体目標**
> 生命現象の根幹となる遺伝現象に関する世代経過に伴う遺伝的変異やそれに伴う形質形成の過程を理解した上で,動物の遺伝的改良理論や遺伝性疾患の発症メカニズムを学び,実践的な育種選抜法や遺伝的疾患の予防法について理解する.

編 集 者

国 枝 哲 夫	岡山大学大学院自然科学研究科
今 川 和 彦	東京大学大学院農学生命科学研究科
鈴 木 勝 士	日本獣医生命科学大学名誉教授

執 筆 者

今 川 和 彦	東京大学大学院農学生命科学研究科
国 枝 哲 夫	岡山大学大学院自然科学研究科
祝 前 博 明	京都大学大学院農学研究科
万 年 英 之	神戸大学大学院農学研究科
鈴 木 勝 士	日本獣医生命科学大学名誉教授

(執筆順)

序

　小学校5年生のあなたの家に4か月齢のコリー犬がやってきたとする．当初2 kgほどだった子犬はすくすくと育って美しいコリー犬に成長した．コリー犬との生活は，あなたに他を思いやる心を醸成するだけでなく，将来，動物のお医者さんになりたいという気持ちも芽生えさせた．そのコリー犬の右眼は少し小さい印象もあったが，生後10か月ごろから首を右に傾げる何ともかわいい仕草を見せるようになった．そのうち，見知らぬ場所に行くとつまずくなど眼が見えないのかなと思われるようなことが起こりはじめた．気になって右眼を覗いたところ，少し濁っているように見えた．あなたは軽い結膜炎を疑って，市販の点眼薬をさしてみたが，病状は改善されなかった．そこで近所の獣医病院に連れていくと，眼底検査などをされ，なんと「コリーアイアノマリー」という遺伝性疾患と診断された…．

　そもそも遺伝性疾患とは何だろう．なぜ，コリーアイアノマリーという遺伝性疾患はコリー犬に多いのだろうか？
　2003年にヒトゲノムの解読が終了してから，各種生物のゲノムも解析されはじめ，それらの知見が蓄積されてきた．近年，ヒト医療ではオーダーメイド医療など個々のゲノム配列に基づく治療法も開発されようとしている．一方，産業動物でもゲノム解析が進み，ゲノム情報に基づいた産業動物の育種も実践されようとしている昨今においても，ゲノム−遺伝学−育種学−遺伝性疾患を体系化した教科書は存在していない．本書は獣医学教育モデル・コア・カリキュラムに準拠した獣医遺伝育種学の教科書である．遺伝学の基礎から始まり，産業動物や伴侶動物の成り立ちから動物の遺伝性疾患までを網羅する非常に多岐にわたる領域を1冊にまとめたものである．
　動物の遺伝性疾患を知るためには，その動物の成り立ちを知らなくてはならない．なぜなら，産業動物や伴侶動物はミルクの生産量，肉量・肉質や容姿など，ある目的に沿うように育種・改良されてきた歴史をもつからである．それは「子は親に似る」という概念のもとに，ときには交配相手さえも厳しくコントロールされて現在に至っているのである．この育種法は，それぞれの目的に沿った形質を向上させただけでなく，非意図的に品種に特異的な遺伝性疾患を蓄積させた．これまでの動物の遺伝学は，集団遺伝学や統計遺伝学を中心に展開されてきたが，遺伝性疾患を分子遺伝学に基づき体系立って教えられているとはいえない．そこで，分子遺伝学と集団遺伝学，統計遺伝学をベースに，それぞれの相互の関連を把握することによって，産業動物や伴侶動物の遺伝性疾患の遺伝的基礎までを説明しようと企画されたのが本書である．したがって本書では，新しい獣医遺伝育種学の方向や将来の展望が十分に読み取れるように構成に工夫が施されている．
　獣医学教育モデル・コア・カリキュラムでの獣医遺伝育種学は1単位であり，その中だけで本書の内容すべてを網羅することは不可能である．本書には獣医学教育モデル・コア・カリキュラムに準拠する「コア項目」と，その延長を考えた「応用項目」が明示されている．講義を担当する教員には，コア項目の内容をベースに，各大学の特色と独自性を踏まえて，本書の内容から適宜選択し，それぞれの講義内容を構成していただきたい．なお，本書は獣医学学生を対象に書かれてはいるものの，畜産学や生命科学を専攻する学生にも役立つよう工夫された教科書でもある．
　最後に，本書の出版にあたり非常に忍耐強く，かつ多大なご尽力をいただいた朝倉書店編集部に深謝する．

2014年4月

編集者一同

目　　次

1章　遺伝様式の基礎 I 〔今川和彦〕… 1
　1.1　メンデル遺伝学とその拡張 … 1
　　1.1.1　メンデルの法則 … 1
　　1.1.2　メンデルの法則の拡張 … 2
　1.2　ゲノムと染色体の構造 … 5
　　1.2.1　ゲノムの構造 … 5
　　1.2.2　染色体とクロマチンの構造 … 6
　1.3　減数分裂と配偶子の形成 … 8
　1.4　各種動物の性決定機構 … 10
　　1.4.1　性決定 … 10
　　1.4.2　遺伝子量補正とライオナイゼーション … 11
　　1.4.3　偽常染色体領域 … 11
　1.5　遺伝子間の連鎖と組換え … 11
　　1.5.1　連　鎖 … 12
　　1.5.2　連鎖地図の作成 … 13
　演習問題 … 14

2章　遺伝様式の基礎 II 〔今川和彦・国枝哲夫〕…15
　2.1　DNAの複製機構 … 15
　2.2　遺伝子の転写と翻訳 … 17
　　2.2.1　遺伝子の転写 … 17
　　2.2.2　RNAプロセシングとRNAスプライシング … 18
　　2.2.3　リボソーム上でのポリペプチド鎖への翻訳 … 20
　2.3　DNA損傷と突然変異 … 22
　　2.3.1　DNAレベルの変異 … 22
　2.4　遺伝子突然変異と染色体突然変異 … 23
　　2.4.1　塩基配列の変異 … 23
　　2.4.2　染色体レベルの変異 … 25
　2.5　分子進化　応用 … 26
　　2.5.1　グロビン遺伝子 … 26
　　2.5.2　オプシン遺伝子と色覚 … 27
　2.6　抗体の多様性獲得機構　応用 … 27
　　2.6.1　クローン選択による免疫系の多様性，特異性，自己寛容，免疫記憶の獲得機構 … 27
　　2.6.2　超可変領域と体細胞突然変異 … 29
　演習問題 … 30

3章　質的形質の遺伝 〔国枝哲夫〕…31
　3.1　産業動物の生産形質の遺伝 … 31
　　3.1.1　生産形質の遺伝的特徴 … 31

     3.1.2 主働遺伝子 ……………………………………………………… 33
     3.1.3 突然変異の遺伝様式 …………………………………………… 34
  3.2 動物の毛色の遺伝 …………………………………………………… 34
     3.2.1 メラニン色素の合成 …………………………………………… 34
     3.2.2 色素細胞刺激ホルモン ………………………………………… 36
     3.2.3 色素細胞の移動 ………………………………………………… 38
     3.2.4 ネコの三毛の発生機構 ………………………………………… 38
  3.3 血液型と免疫遺伝学 応用 ………………………………………… 40
     3.3.1 血液型 …………………………………………………………… 40
     3.3.2 主要組織適合性遺伝子複合体 ………………………………… 41
  3.4 疾患および薬剤への感受性にかかわる遺伝子 応用 …………… 45
  演習問題 ………………………………………………………………… 46

4章 遺伝的改良の基礎 〔祝前博明〕…48
  4.1 量的形質と統計遺伝学の基礎 ……………………………………… 48
     4.1.1 表現型値の分布と変異 ………………………………………… 48
     4.1.2 表現型値の構成 ………………………………………………… 50
     4.1.3 遺伝子型効果の構成と育種価 ………………………………… 50
     4.1.4 選抜育種 ………………………………………………………… 51
     4.1.5 交配様式 ………………………………………………………… 52
     4.1.6 交雑育種 ………………………………………………………… 54
  4.2 遺伝的パラメータ …………………………………………………… 56
     4.2.1 表現型分散と遺伝分散 ………………………………………… 56
     4.2.2 遺伝率 …………………………………………………………… 57
     4.2.3 反復率 …………………………………………………………… 58
     4.2.4 表型相関と遺伝相関 …………………………………………… 58
  4.3 選抜と遺伝的改良 …………………………………………………… 60
     4.3.1 選抜の基本的な基準と方法 …………………………………… 60
     4.3.2 きょうだい検定と後代検定 …………………………………… 61
     4.3.3 複数の形質の選抜 ……………………………………………… 61
     4.3.4 遺伝的改良量の予測 …………………………………………… 63
     4.3.5 長期の選抜と選抜限界 ………………………………………… 65
  4.4 遺伝的評価とBLUP法 ……………………………………………… 66
     4.4.1 BLP法 …………………………………………………………… 66
     4.4.2 BLUP法 ………………………………………………………… 67
  4.5 ゲノム情報を用いた選抜 …………………………………………… 69
     4.5.1 マーカーアシスト選抜 ………………………………………… 69
     4.5.2 ゲノミック予測とゲノミック選抜 …………………………… 71
     4.5.3 マーカーアシスト浸透交雑 …………………………………… 72
     4.5.4 遺伝子型構築 …………………………………………………… 73
  演習問題 ………………………………………………………………… 74

5章 応用分子遺伝学とその実践 〔万年英之・今川和彦〕…76
  5.1 多型マーカー ………………………………………………………… 76

5.1.1　遺伝的変異と遺伝的多型 …………………………………………… 76
　　5.1.2　DNA多型マーカーの分類 ………………………………………… 77
　　5.1.3　多型マーカーの検出法 ……………………………………………… 78
　5.2　家系解析および連鎖解析 ……………………………………………………… 80
　　5.2.1　家系解析と連鎖解析 ………………………………………………… 80
　　5.2.2　解析目的による家系の分類 ………………………………………… 80
　　5.2.3　遺伝構造による家系の分類 ………………………………………… 80
　　5.2.4　QTL解析 ……………………………………………………………… 81
　　5.2.5　家系や集団などを用いたその他の遺伝解析 ……………………… 82
　5.3　個体識別などへのDNAマーカーの利用 …………………………………… 82
　　5.3.1　家畜の個体識別 ……………………………………………………… 82
　　5.3.2　登録制度と登録証明書 ……………………………………………… 83
　　5.3.3　個体識別のための標識 ……………………………………………… 83
　　5.3.4　個体識別の方法 ……………………………………………………… 84
　　5.3.5　親子鑑定 ……………………………………………………………… 85
　　5.3.6　トレーサビリティ …………………………………………………… 85
　　5.3.7　偽装表示 ……………………………………………………………… 86
　　5.3.8　胚の雌雄鑑別 ………………………………………………………… 87
　5.4　遺伝子改変動物とヒト疾患モデル動物　応用 ……………………………… 87
　　5.4.1　外来遺伝子導入法 …………………………………………………… 87
　　5.4.2　遺伝子改変家畜 ……………………………………………………… 89
　5.5　エピジェネティクス　応用 …………………………………………………… 90
　　5.5.1　エピジェネティックな制御機構 …………………………………… 91
　　5.5.2　エピジェネティクスによる生命制御 ……………………………… 92
　演 習 問 題 …………………………………………………………………………… 94

6章　家畜の品種と遺伝的多様性　応用 ………………〔今川和彦・万年英之〕… 96
　6.1　家畜の種類と家畜化の歴史　応用 …………………………………………… 96
　　6.1.1　家畜化しやすい野生動物の条件 …………………………………… 97
　　6.1.2　家畜化のための生殖管理 …………………………………………… 97
　　6.1.3　家畜化による動物の変化 …………………………………………… 97
　6.2　家畜の品種の種類と特徴　応用 ……………………………………………… 98
　　6.2.1　ウ　シ ………………………………………………………………… 99
　　6.2.2　ウ　マ ………………………………………………………………… 101
　　6.2.3　ブ　タ ………………………………………………………………… 102
　　6.2.4　ニワトリ ……………………………………………………………… 103
　　6.2.5　伴侶動物 ……………………………………………………………… 104
　　6.2.6　実験動物 ……………………………………………………………… 104
　6.3　遺伝的多様性と集団間の遺伝距離　応用 …………………………………… 104
　　6.3.1　遺伝的多様性 ………………………………………………………… 104
　　6.3.2　遺伝距離 ……………………………………………………………… 105
　　6.3.3　系統樹 ………………………………………………………………… 105
　　6.3.4　ミトコンドリアDNAを用いた解析 ……………………………… 107
　　6.3.5　Y染色体由来DNAマーカーを用いた解析 ……………………… 108

		6.3.6 常染色体由来DNAマーカーを用いた解析 …………………………… 108
	6.4	保全遺伝学と生物多様性 応用 ……………………………………………… 109
		6.4.1 保全遺伝学 ……………………………………………………………… 109
		6.4.2 動物の保全とレッドデータブック …………………………………… 110
		6.4.3 在来家畜 ………………………………………………………………… 110
		6.4.4 国際連合食糧農業機関 ………………………………………………… 111
		6.4.5 生物多様性 ……………………………………………………………… 112
		6.4.6 遺伝的多様性の保持 …………………………………………………… 112

7章 動物の遺伝性疾患：概論 …………………………〔鈴木勝士・国枝哲夫〕… 114

7.1	飼育動物集団の遺伝的特徴と疾患遺伝子の集団内での頻度の変化 ………… 115
	7.1.1 有効な集団の大きさ ………………………………………………… 116
	7.1.2 近交化 …………………………………………………………………… 116
	7.1.3 創始動物効果 …………………………………………………………… 117
	7.1.4 瓶首効果 ………………………………………………………………… 117
	7.1.5 人工授精・受精卵移植 ………………………………………………… 117
	7.1.6 ハーディ－ワインベルグの法則 ……………………………………… 117
	7.1.7 ヘテロ接合率 …………………………………………………………… 118
7.2	遺伝性疾患が動物生産に与える影響 …………………………………………… 119
	7.2.1 生産に悪影響を及ぼす要因 …………………………………………… 119
	7.2.2 感染症の遺伝的根拠 …………………………………………………… 119
	7.2.3 いわゆる群淘汰 ………………………………………………………… 120
	7.2.4 家系淘汰 ………………………………………………………………… 120
	7.2.5 遺伝的多様性の減少 …………………………………………………… 121
7.3	比較遺伝病学 応用 ……………………………………………………………… 122
	7.3.1 ヒトと動物の遺伝性疾患の類似性 …………………………………… 122
	7.3.2 単一遺伝子の異常（変異）に起因する病気の表現型の多様性 …… 122
	7.3.3 ヒトのCFと原因遺伝子 ……………………………………………… 122
	7.3.4 ヒトのCFTR遺伝子の構造 …………………………………………… 122
	7.3.5 CFTR遺伝子の相同性と種差 ………………………………………… 123
	7.3.6 ヒトのCF病態の多様性と突然変異の相関 ………………………… 123
	7.3.7 ヒト以外の動物のCF ………………………………………………… 123
	7.3.8 疾患における種差 ……………………………………………………… 124
7.4	遺伝性疾患の遺伝様式とその特徴 …………………………………………… 125
	7.4.1 遺伝性疾患の遺伝様式 ………………………………………………… 126
	7.4.2 劣性の遺伝性疾患 ……………………………………………………… 127
	7.4.3 優性および伴性の遺伝性疾患 ………………………………………… 127
	7.4.4 疾患原因遺伝子の同定法 ……………………………………………… 128
	7.4.5 連鎖解析による原因遺伝子の同定 …………………………………… 129
	7.4.6 遺伝性疾患への対処 …………………………………………………… 130
	7.4.7 遺伝子診断（遺伝子型検査）法 ……………………………………… 131
演習問題 …………………………………………………………………………………… 132

8章　動物の遺伝性疾患：各論 ……………………………………〔鈴木勝士・国枝哲夫〕…134
　8.1　遺伝性疾患の症状とその特徴 ………………………………………………………… 134
　　8.1.1　代謝異常 ……………………………………………………………………………… 135
　　8.1.2　発生異常 ……………………………………………………………………………… 140
　　8.1.3　血液凝固異常 ………………………………………………………………………… 140
　　8.1.4　神経疾患 ……………………………………………………………………………… 141
　　8.1.5　晩発性疾患 …………………………………………………………………………… 142
　　8.1.6　国が指定するウシの遺伝性疾患 …………………………………………………… 143
　8.2　産業動物の遺伝性疾患 ………………………………………………………………… 143
　　ウシ白血球粘着不全症（BLAD）／ウシ複合脊椎形成不全症（CVM）／尿細管形成不全症（CL16）／バンド3欠損症／第XIII因子欠損症／第 XI 因子欠損症／チェディアック-ヒガシ症候群（CHS）／眼球形成異常症／軟骨異形成性矮小体躯症／致死性白斑症候群／周期性四肢麻痺症／ブタストレス症候群（PSS）
　8.3　伴侶動物の遺伝性疾患 ………………………………………………………………… 148
　　血友病／ムコ多糖症（MPS）／ガングリオシドーシス／セロイドリポフスチン蓄積症（CL）／コリー眼異常（コリーアイアノマリー，CEA）／フォンウィルブランド病／進行性網膜萎縮症（PRA）／多発性囊胞腎（PKD）／肥大型心筋症（HCM）
　演習問題 ……………………………………………………………………………………… 153

演習問題の解答および解説 …………………………………………………………………… 155
索　　引 ……………………………………………………………………………………… 157

1章　遺伝様式の基礎 I

一般目標：
遺伝現象を理解する上で必要とされるメンデルの遺伝の法則に代表される種々の形質の遺伝様式および連鎖，組換え，染色体，減数分裂における染色体の分配やゲノム構造に関する基礎的事項を理解する．

1.1　メンデル遺伝学とその拡張

到達目標：
メンデルの分離，優劣，独立の法則を含めた代表的な遺伝様式を説明できる．
【キーワード】 メンデルの法則，メンデルの法則の拡張（優劣の法則の例外・分離の法則の例外・独立の法則の例外・遺伝子間相互作用（エピスタシス））

1.1.1　メンデルの法則

穀物，果樹や家畜の生産者は，「選抜」という品種改良を非常に長い時間をかけて行ってきた．生産物の特性が，ある世代から次の世代へと伝えられるかどうかは，「生まれてくる子は親に似ている」と同様に，ある程度予測可能であったに違いない．そして，次世代に望ましい**形質**（trait）が現れたときの喜びは大きかったことだろう．しかし，世代から世代への遺伝様式の研究は，メンデル（G. J. Mendel, 1822-1884）まで待たなければならなかったが，その彼もまた，果樹栽培農家の長男であった．

メンデルはオーストリア（現チェコ）のブルノー（ブリュン）にある聖トーマス修道院で修道士を務めていた．地域の中学校で物理学や博物学を教える傍ら，修道院の敷地の片隅の小さい庭園でエンドウの交雑に関する研究を行った．エンドウなどのマメ科植物は，通常は同じ花の中で自家受粉するが，他家授粉（別の花の花粉で受粉）させることもできる．まず，多数の品種を2年間にわたって栽培し，形質の変化のないこと（純系の確立）を確認してから，実験をはじめた．この8年に及ぶ実験の結果は1865年，ブルノー自然史研究会で発表され，1866年には科学雑誌に「植物雑種の実験」として発表された．それらは，① 雑種第1代（first filial generation, F_1）に現れる形質，② F_1同士の交配による雑種第2代（F_2）の表現形質，③ 異なった表現形質であっても，それらの形質同士が影響しあわず独立して分離する，ことであった．

この研究は当初，科学界には一般には受け入れられなかった．ところが，34年後の1900年，ド・フリース（H. de Vries），コレンス（C. Correns）とチェルマック（E. von Tschermak）の3人の研究者によってほとんど同時にメンデルの法則が再発見された．それ以来，メンデルの発見した，① 優劣の法則（law of dominance），② 分離の法則（law of segregation），③ 独立の法則（law of independence）という遺伝の三原則をベースに「遺伝学」が一気に盛んになっていった．

メンデルがエンドウで研究をはじめるにあたって，なぜ，同じ特徴をもつ「純系」の確立から行ったのかはわからない．エンドウの形質がどのように遺伝するかを調べるのに，特定の形質が保たれたままで次の世代に現れることが必要と考えたのだろう．つまり，自家受粉する限り「丸い豆」は丸い豆の形質を保持しつづける形質の変わらないものを親世代（parent generation, P）とし，それらを「しわの豆」に他家授粉することによって，F_1を作出した．メンデルが注目した対立する形質（丸い豆 vs. しわの豆）の間の交雑から得られた結果は，F_1のすべてが両親のどちらか一方の特徴を示し，もう一方の特徴が現れなかったことである．彼はF_1で現れた形質を優性形質（dominant trait），現れなかったものを劣性形質（recessive trait）と呼んだ．すなわち，1対の対立遺伝子（アレル，allele）のうち，一方の遺伝子がある形質の発現に関与し，他方の遺伝子がそ

の形質の発現に関与しない場合，形質の発現に関与する遺伝子を優性対立遺伝子，他方を劣性と考えた．

F_1 では劣性形質は現れなかったが，これらの雑種を自家受粉させると，次の世代（F_2）では，丸い豆としわの豆が3：1の比率で出現した．豆の形にかかわる遺伝子の対立遺伝子は W が丸い豆に，w はしわのある豆に対応する*．F_1 は，親世代の丸い豆（WW，ホモ接合，homozygous）としわ（ww，ホモ接合）のそれぞれ1個ずつを受け取るので，Ww（ヘテロ接合，heterozygous）という遺伝的構成になる．丸（W）はしわ（w）に対して優性であるために，F_1（Ww）ではしわ（w）は隠されてしまい，丸い豆（表現型，phenotype）になってしまう．F_1 植物が自家受粉した場合，W と w の対立遺伝子は互いに分かれ，等しい数の配偶子に入るこの原理は，分離（segregation）と呼ばれる．イヌの毛色の例を図1.1に示す．次に，メンデルは2つの点（形状と色）で特徴が異なるエンドウを用いて実験（二遺伝子雑種交雑）を行った．1つの親系（純系）は黄色く丸い豆（$WWYY$）のみを産生し，もう1つの親系（純系）は緑色のしわの豆（$wwyy$）のみを産生した．これらの2系統の交配では，すべて黄色で丸い豆（$WwYy$）のみの F_1 が出現した．この F_1 同士の交配（自家受粉）による F_2 では，16種類の可能な組み合わせによって，9つの異なる遺伝子型が生じる．W と Y はそれぞれ w と y に対して優性なので，9つの遺伝子型の比率は9：3：3：1で4つの表現型になる．これらの結果は2つの遺伝子が独立して分離することを示している．これをイヌの毛色（図1.1）と毛の長さでみたものが図1.2である．この表記をパンネットの方形という．

以下，遺伝子型 B-ll は黒色・長い毛となり，bbL- はチョコレート色・短い毛になり，$bbll$ はチョコレート色で長い毛をもつ．F_1（$BbLl$）同士をかけ合わせると，配偶子の遺伝子型は BL，bL，Bl，bl となり，F_2 では表現型は9：3：3：1に分離する．

これらをまとめると，① F_1 では優性形質だけが現れる（**優劣の法則**）．② F_2 では，優性と劣性の形質のどちらも出現し，優性と劣性が3：1の比率で現れる（**分離の法則**）．③ 配偶子の形成に際して，異なった形質に関する対立遺伝子はそれぞれ独立して3：1に分離する（**独立の法則**）．

1.1.2 メンデルの法則の拡張

メンデルの実験の場合，すべての表現型で明瞭な優性-劣性のパターンがみられた．しかし，表現型が厳密な優性にならないこともしばしばみられる．これらはメンデルの法則があてはまらないというわけではなく，以下のように説明される．

a. 優劣の法則の例外

優劣の法則の例外には，不完全優性や共優性などが存在する．メンデルの法則「優劣の法則」が

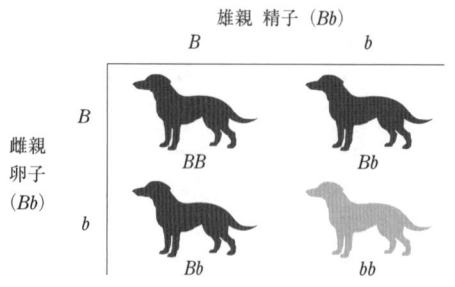

図 1.1　イヌの毛色の遺伝
対立遺伝子 B（黒色），b（チョコレート色）同士の交雑では，遺伝子型は $1BB$：$2Bb$：$1bb$ となり，表現型は3（黒色）：1（チョコレート色）に分離する．この場合，対立遺伝子 B は b に対して優性である．

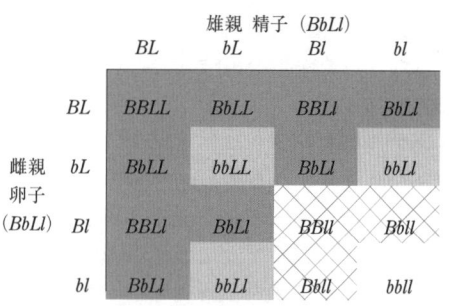

図 1.2　毛色と毛の長さの遺伝
B：黒色，L：毛の長さ（短い毛）．
遺伝子型 B-L-（濃いグレー）は，表現型では黒色で短い毛になる．以下，遺伝子型 B-ll（網かけ）は黒色・長い毛，bbL-（薄いグレー）はチョコレート色・短い毛，$bbll$（背景なし）はチョコレート色・長い毛となる．F_1（$BbLl$）同士をかけ合わせると，F_2 では表現型は9：3：3：1に分離する．

---

* 以下，対立遺伝子は斜体で示す．優性形質の対立遺伝子を大文字（丸い豆：W），劣性形質の対立遺伝子を小文字（しわの豆：w）で表記する．

成り立っている場合のF₁は両親のどちらかの形質を示す．ところが，F₁ヘテロ接合の遺伝子型の表現型が2つのホモ接合の表現型の中間型になる場合，**不完全優性**（incomplete dominance）であるという．不完全優性は，キンギョソウ（*Antirrhinum*）の花の色にみることができる．対立遺伝子Iがコードする野生型の花では一連の酵素反応により赤色のアントシアニン色素が形成される．これに対立する遺伝子iは，活性をもたない酵素をコードするため，iiはアントシアニン色素を欠き，アイボリー（白）色になる．ヘテロ接合Iiでは，酵素の量が減少するため色素量も減少する結果，花はピンク色になる．つまり，両親が赤IIとアイボリーiiの場合，F₁はピンク色になり，F₂では赤（II），ピンク（Ii），アイボリー（ii）が1：2：1に分離する．

優性−劣性，不完全優性に加え，ヘテロ接合体が両方の表現型を示す共優性がある．ヒトの血液型であるA, B, AB, O型は，赤血球の表面にある多糖類の合成にかかわるA, B, Oの3つの遺伝子による．遺伝子型がAA, AOのヒトはA多糖のみをもつ赤血球をつくり，血液型はA型である．遺伝子型がBB, BOのヒトはB多糖だけをもつ赤血球をもち，B型となる．ヘテロ接合の遺伝子型ABのヒトはAとB両方の多糖をもつ赤血球をつくり，AB型の血液型になる．OOホモ接合のヒトはAとB両方の多糖を欠き，血液型はO型となる．AOヘテロ接合では，A遺伝子のためにA多糖がつくられ，血液型はA型になる．BOヘテロ接合では，B遺伝子のためにB多糖がつくられ，血液型はB型となる．すなわち，O遺伝子はA, B遺伝子のいずれに対しても劣性である（3.3.1項参照）．

b. 分離の法則の例外

常染色体では一対の染色体の両方に遺伝子が存在する．ところが，性決定様式がXY型のヒトなどの種において，性染色体ではX染色体に遺伝子が存在しても，もう一方のY染色体に「その遺伝子」が存在しない場合がある*．これはホモ接合でもヘテロ接合でもなく，ヘミ接合体（hemizygote）と呼ばれる．XYのようなヘテロ型個体では，X染色体上の遺伝子が異なった発現動態を示すものがあり（X連鎖，X-linked），このため雄と雌では遺伝子の発現に差異がみられ，伴性遺伝（sex-linked inheritance）と呼ばれている．

伴性遺伝の古典的な例にはヒトの血友病A（Hemophilia A）があり，1個の劣性対立遺伝子（第Ⅷ因子）によって決まる重度の血液凝固異常である．その特徴は，①そのほとんどは男性に現れる．男性に多いのは，X連鎖のまれな劣性対立遺伝子をもつ女性はそのほとんどすべてがヘテロ接合であり，突然変異の表現型を示さない．②男性の患者が子を残した場合，男性のX染色体は娘だけに伝達されるので，息子は正常である．③患者を父親にもつ女性からは，正常な息子と血友病の息子が1：1の比率で生まれる．なぜなら，男性患者の娘は，全員がこの劣性対立遺伝子についてヘテロ接合のはずだからである．

一方，性染色体ではなく，常染色体上に位置している遺伝子の中で，同じ遺伝子型でありながら雌雄により発現の度合いに違いがみられるものもあり，**従性遺伝**（sex-controlled inheritance）と呼ばれている．家畜における従性遺伝の例として，ヒツジの角の遺伝があり，角の有無は一対の対立遺伝子によって制御される．雌ヒツジ無角遺伝子Pは有角pに対して優性であるが，雄ヒツジ有角pは無角Pに対して優性に働く．したがって，雄の場合，PP, Ppは有角となり，ppのみが無角となる．一方，雌ヒツジの場合，PPとPpはともに無角になり，ppのみが有角となる．すなわち，雄では有角と無角が3：1に分離するが，雌では逆に1：3となる．

生まれてくる個体の表現型の分離比が「分離の法則」と異なるケースには，ホモ個体が胎生期に死亡するような致死遺伝子の場合がある．マウスのアグーチ（agouti）と呼ばれるねずみ色の毛の色（野生色）は，個々の毛の先端のすぐ下に黄色い横縞があることによって判別される．アグーチ遺伝子座Aには致死性黄色A^yという優性形質の対立遺伝子が存在する．この対立遺伝子のヘテロ接合体A^yAは毛色が黄色になり，同時に肥満を呈する．しかし，この遺伝子のホモ接合体A^yA^yは妊娠初期に致死となるため生まれてくることはない．したがって，ヘテロ接合体同士の交配では黄色の個体と野生色の個体AAが2：1に分離し，

---

* 性決定の様式については，1.4.1項を参照．

分離の法則の3:1とは異なる分離比になる.

また，表現型の分離比が「分離の法則」に従わない例として，浸透度（penetrance）の低い形質の場合がある．浸透度とは，ある特定の遺伝子型によって決定される表現型が，その遺伝子型に合致した表現型を示す個体の割合を示しており，分離の法則に従う場合には浸透度は100%になる．100%以下の浸透度（不完全浸透）というのは，一部の個体で表現型がメンデルの法則の遺伝子型に従わない場合である．実際，ヒトの遺伝子疾患などでは遺伝子型は疾患発症型（劣性ホモ接合）であっても，その他の遺伝的要因や環境的要因により，実際に疾患を呈さない場合があるからである．

c. 独立の法則の例外

メンデルの遺伝の法則の「独立の法則」が成り立たない場合も存在する．メンデルの交配では，どの形質でも雄親がもとうが，雌親がもとうが関係がなかったのである．この規則の例外として最も早く発見されたものの1つは，1910年，モーガン（T. H. Morgan）がショウジョウバエの白色の眼をもつ突然変異で行った初期の研究であった．モーガンは，もし白色眼の対立遺伝子がX染色体上にあるとすると，X染色体の伝達パターンが雌雄で異なるはずであることに気づいた．つまり，ショウジョウバエのX染色体上に存在する遺伝子の分離比から，同一の染色体に存在する遺伝子座の対立遺伝子は「組」となってともに子孫に伝わる傾向があることを明らかにした．この連鎖は遺伝子の分配が染色体を単位としていることと，同一の染色体上の遺伝子であっても配偶子形成時に組換えが生じることから説明される（1.3節参照）．このため，2つの遺伝子の間に独立の法則が成立するのは，実際には2つの遺伝子が別個の染色体上に存在するか，それらが同一の染色体上でも十分に離れている場合に限られることになる．

d. 遺伝子間相互作用（エピスタシス）

特定の表現型の出現には複数の遺伝子が関与している．2種類の対立遺伝子が独立の組み合わせで，しかもこれら2つの遺伝子間に相互作用（**エピスタシス**）がないとすれば，F_2の表現型は遺伝子型9:3:3:1と一致する．ところが，ある遺伝子の発現が他の遺伝子の発現に影響を与えるような遺伝子間相互作用のために，表現型が9:3:3:1以外の比になってしまう場合がある．本来，エピスタシスは，ある遺伝子が他の遺伝子の発現を覆い隠すことを意味する．

イヌの毛色のパターンで，単色（Solid），斑紋（Spotted-ticked）と斑点（Spotted-not ticked）が知られている（図1.3）．これらの形質の発現には2つの対立遺伝子が関与し，単色を発現させる優性のSと斑点（Ticking）を出現させるTの2つの遺伝子がイヌの毛色のパターンを決定する．F_1（Ss^pTt）同士をかけ合わせたF_2の遺伝子型は$S\text{-}T\text{-}$, $S\text{-}tt$, $s^ps^pT\text{-}$, s^ps^pttが9:3:3:1である．$S\text{-}$は単色（優性）であるから表現型は単色，斑紋，斑点が12:3:1の割合で現れる．

エピスタシスのもう1つの例として，やはりイヌの毛色で，$B\text{-}$は黒色，bbはチョコレート色，$C\text{-}$はBの発現を許容し，そしてccはアルビノ（白色）の表現型にする例をあげることができる．F_1（$BbCc$）同士の交配におけるF_2は$B\text{-}C\text{-}$黒色，$bbC\text{-}$チョコレート色，$\text{-}\text{-}cc$はアルビノ（白）となる．F_2の遺伝子型は$B\text{-}C\text{-}$, $B\text{-}cc$, $bbC\text{-}$, $bbcc$が9:3:3:1で，表現型は黒色：チョコレート色：アルビノ=9:3:4となる．このように，ある1つの遺伝子が他の遺伝子効果を覆い隠す場合，F_1同士の交配の結果，F_2として期待される表現型に違いが現れる．

劣性対立遺伝子bとcのエピスタシスが，優性対立遺伝子BあるいはCの効果を覆い隠す結果，少なくとも1組が劣性ホモ接合であるような遺伝子型（$B\text{-}cc$, $bbC\text{-}$, $bbcc$）は黒色以外の色を示すことになる．しかしながら，$BBcc$（アルビノ）と$bbCC$（チョコレート色）の交配による子の遺伝子型は$BbCc$で毛色は黒色となる．このように，劣性ホモ接合同士の交配のF_1が黒色を示すことから劣性対立遺伝子bとcは**相補性**（complementation）を示すという．相補性は，bとcが同一遺伝子の劣性対立遺伝子ではなく，異なる

単色　　　　　斑紋　　　　　斑点
12 ($S\text{-}T\text{-}$, $S\text{-}tt$)　3 ($s^ps^pT\text{-}$)　1 (s^ps^ptt)

図1.3 イヌの毛色（単色と斑点）の遺伝

遺伝子であるためにみられる現象である．逆に，2つの独立に得られた表現型が同一の遺伝子によって生じたものであった場合には，劣性ホモ接合の遺伝子型同士を交配したときは相補性は示さない．このような検定を相補性検定（complementation test）または同座性検定（allelism test）という．

e. その他の非メンデル遺伝

通常，植物でも動物でも核内の遺伝情報はメンデルの法則あるいはその拡張に従って子孫に伝達される．ところが少数の遺伝子は核外に存在し，核内の遺伝子とは異なり母性遺伝の遺伝様式をとる．細胞内小器官であるミトコンドリアや葉緑体は，その内部に環状の DNA 分子をもつ．配偶子の受精に際して，染色体上の遺伝情報は精子と卵子から均等に由来するが，精子のミトコンドリア DNA（mtDNA）が子に伝わることはない．したがって，受精卵に存在するミトコンドリア DNA はすべて卵子由来のものであり，母性遺伝（maternal inheritance）をすることになる．これは，主として卵子が接合体（受精卵）に細胞質を提供するためである．

一般的に動物では，遺伝的に異なった複数のミトコンドリアのタイプが子に伝えられることはない．典型的なヒトの細胞には，1000～1万個のミトコンドリアが含まれており，遺伝的にはすべて同一である．

1.2　ゲノムと染色体の構造

> 到達目標：
> ゲノムの概念や構造，遺伝子間の連鎖や組換えを説明できる．
> 【キーワード】　ゲノムの構造，染色体の構造

1.2.1　ゲノムの構造

1個の細胞やウイルスのゲノム（genome）には，その遺伝情報が詰まっている．真核生物のゲノムとはその生物に必要とされる遺伝情報の完全なセットを意味し，通常は染色体を構成する全 DNA の塩基配列を意味する．ゲノムの大きさ（サイズ）は核酸の長さ，すなわちキロベース（kb, 10^3），メガベース（Mb, 10^6）のヌクレオチドで表される．一般的にゲノムサイズはウイルス 10～1000 kb，細菌 1～10 Mb，真核生物は 10 Mb～10 Gb である．

真核生物では近縁な種であってもゲノムサイズは驚くほど異なることがよくある．トラフグ *Fugu rubripes* のゲノムサイズは 400 Mb であり，サンショウウオの一種 *Amphiuma means* のそれは 90 Gb である．しかし，ゲノムサイズが異なっても，遺伝子数が極端に異なるということはない．そして，その生物同士の代謝，発生や行動的複雑性と DNA 含量には相関がみられない現象をさすのが C 値パラドックス（C-value paradox）である．

ヒトゲノムの大半は，数 Mb に及ぶ縦型反復配列（サテライト DNA とも呼ばれる）と，ゲノム全域に散在する短い配列の大量のコピー（反復配列）によって構成されている．核酸配列 100～300 塩基対（ベースペア，bp）の短鎖散在型反復配列（short interspersed nuclear element：SINE）は 150 万コピー，6～8 kb 長配列の長鎖散在型反復配列（long interspersed nuclear element：LINE）は 85 万コピーが存在し，それぞれヒトゲノム全体の 13％ と 21％ に相当する．その他にもゲノム全体の 11％ に相当する転移因子配列（DNA トランスポゾンと LTR レトロトランスポゾン）も存在する．これらの反復配列は機能遺伝子のコード配列以外の領域に存在するが，遺伝子の翻訳領域に存在するごく短い（CAG などの 3 bp）反復配列が存在し，種々の遺伝病の原因遺伝子となっていることが明らかになってきた．

遺伝子のコピーによる偽遺伝子（pseudogene）も存在する．コピーされた遺伝子の中には，そのコピーに変異を蓄積してしまったことを示す痕跡も数多く存在する．このような変異の多くは，翻訳後の遺伝子産物のアミノ酸に影響し，タンパク（代謝酵素など）の機能が失われてしまっている．このように，機能をもたないコピーされた遺伝子を偽遺伝子と呼ぶ．

反復配列はある染色体の位置から他の染色体へ移ることのできる「転移能」を有する．そのなかでも，核酸配列 200～500 bp ほどの長末端反復配列（long terminal repeat：LTR）をもつ LTR レトロトランスポゾンは，その RNA の一部がコードする逆転写酵素で cDNA に変換されゲノムに組

み込まれることがある.

1.2.2 染色体とクロマチンの構造
a. 染色体の構造

染色体は細胞周期の有糸分裂期（体細胞分裂）や配偶子形成・減数分裂の第1分裂前期に形成される. セントロメア（動原体）は体細胞分裂あるいは減数分裂中にみられる染色体の中心部分にある特別な領域である（図1.4）. 真核生物の染色体のセントロメア領域には反復サテライトDNAが存在する. ヒトの染色体のセントロメア領域にはアルファサテライト（alpha-satellite）と呼ばれる 170 bp の DNA 縦型反復配列（5000～1万5000コピー）が存在する.

体細胞分裂や減数分裂前の1対の染色分体は, 染色体のほぼ中心にあるセントロメア領域で結合している. その後, 数本の紡錘体（紡錘糸）がセントロメアに付着することによって染色体を動かすことができる.

直線状の染色体のそれぞれの末端には, テロメア（telomere）と呼ばれるDNAとタンパク質からなる特殊な構造が存在し, 染色体の安定性に必須である. DNAの複製は鋳型鎖3′の最末端から開始することはできないので, 複製された二本鎖の3′末端側の短い範囲は, 一本鎖のDNAにならざるをえない. 一本鎖DNAは核酸分解酵素（nuclease, ヌクレアーゼ）によって分解されてしまう. 染色体の末端はDNA複製のたびに短くなり, 短くなりすぎた細胞は死んでしまう.

テロメラーゼ（telomerase）という酵素は, 一本鎖DNAの3′末端に単純な配列の縦列反復を付加する働きがあるのでDNA分子の末端を回復することができる. ヒトやその他の脊椎動物の単純な反復配列は, 5′-TTAGGG-3′ である.

b. クロマチンの構造

個々の染色体は, 1本の非常に長い線状のDNA分子が無数のタンパク質と結合して, クロマチン（chromatin）という安定で秩序だった集合体になっている（図1.4）. DNAに結合して染色体を形成するタンパク質の主要なものはヒストン（histone）タンパクであり, 真核生物のクロマチンには5種類の主要なタイプ（H1, H2A, H2B, H3, H4）が存在し, その量はDNAの重量とほぼ等しい. ヒストンタンパクは比較的小さく（100～200アミノ酸）, 正に荷電したアミノ酸（リジンとアルギニン）が20～30％を占めている. ヒストン分子の正の荷電は, おもにDNAの糖-リン酸骨格の負に荷電したリン酸基との静電気引力によって, ヒストンがDNAに結合することを可能にしている.

H1以外のヒストンのアミノ酸配列は, 異なる生物間で高度に保存されている. 実際, ウシとエンドウのヒストンH3分子のアミノ酸配列は, 135個のうち4個しか違わず, ヒストンH4に至

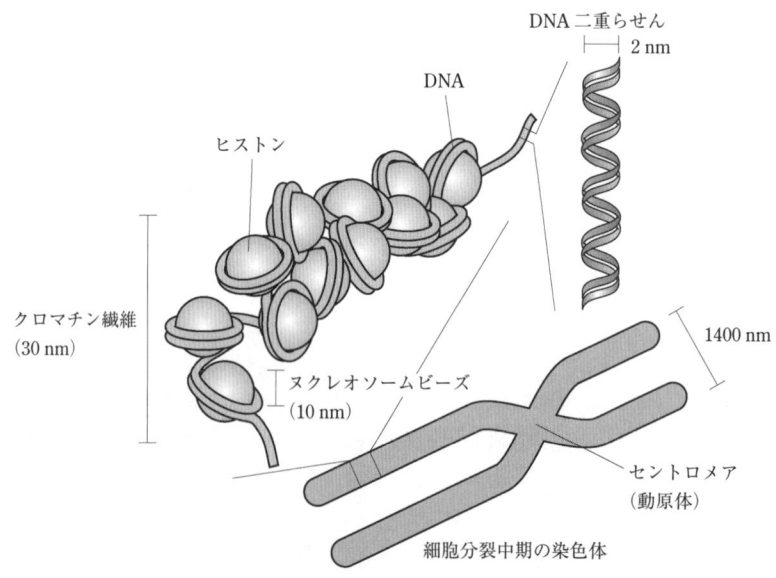

図1.4 クロマチン線維と染色体の構造

っては102個のアミノ酸のうち2か所しか違わない．

クロマチンを電子顕微鏡で観察すると，数珠状にみえ，その1つ1つのビーズ状の構造はヌクレオソーム（nucleosome）と呼ばれる．1個のヌクレオソームはヒストンH2A, H2B, H3, H4がそれぞれ2分子，約200塩基対のDNAおよび1分子のH1タンパクからなる．クロマチンをDNA分解酵素で処理するとH1ヒストンが失われる．個々のビーズ内ではヒストンに保護されている以外のDNAが消化され，H2A, H2B, H3, H4それぞれ2分子の八量体と，そのまわりの145 bpほどがおよそ1.75回巻きついたコア粒子（core particle）になってしまう．

c. 染色体の可視化

細胞分裂中期の染色体は，染色体彩色法（chromosome painting）を用いて染色・可視化することができる．この方法を発展させた多色FISH（M-FISH）法や分光染色体分析（SKY）法といった手法では，それぞれの染色体に対して異なる蛍光色素を用いることによって，すべての染色体を異なる色で染め分けることができる．

染色体をギムザと呼ばれる色素で染色することもできる．ギムザ染色された染色体にはたくさんの横縞（G-バンド）がみられる（図1.5）．G-バンド領域はDNA塩基組成のうちG-C対が比較的少なく，バンドパターンはそれぞれに相同染色体に固有であり，個々の染色体上の小さな領域でも同定できる．

染色体彩色法により，対になった相同染色体を明瞭にし，所定の順に配列したものを染色体標本という．染色体標本上に展開された分裂期中期の染色体の構成は核型（karyotype）と呼ばれる．

d. 哺乳類の染色体の種類

個々の染色体はセントロメアの位置によって形態的に4種類に大別される．それらは端部着糸型（telocentric），次端部着糸型（acrocentric），次中部着糸型（submetacentric）と中部着糸型（metacentric）である（図1.6）．紡錘糸の付着する着糸点がセントロメアで，これを境にして短いほうを短腕（p），長いほうを長腕（q）という．一次狭窄とは，セントロメアのくびれで，すべての染色体でみられる．二次狭窄は，特定の染色体にみられるセントロメア近くのくびれで，Y染色体では長腕末端に存在する．また，染色体の種類によっては，短腕に付随体（サテライト）という突起物が存在する．

なお，染色体上の遺伝子座の位置は，短腕，長腕の区別，領域番号，バンドの番号の順で表す．たとえば，1p36は，第1染色体短腕で領域6の位置を示す（図1.5）．

e. 脆弱部位

X染色体上には，DNA分子がほどけた構造をもつ脆弱な領域（脆弱部位）が存在し，脆弱X染色体症候群の原因となっている．これらには軽度から中程度の知的障害や異常行動をとるもの，本症候群に特徴的な顔貌をもつものや精巣肥大がみられる．

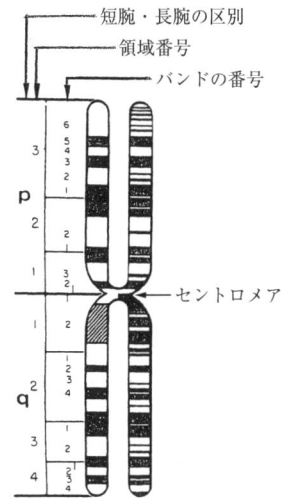

図1.5 分染法による染色体のバンド模様と領域名称（東條ほか編，2007）
ヒトの第1染色体の異なった染色法によるバンド模様を示している．姉妹染色分体（sister chromatid）の左側が分裂中期の染色体を染めたもので，右側が分裂前期に染めたもの（実際は，中期の染色体に比べ，前期のものがはるかに長く，細い）．黒い部位はキナクリンマスタード（Q-バンド）およびギムザ（G-バンド）で染色される領域．白い部位は逆ギムザ染色法によりギムザで染色されない領域．斜線部位は染色が一定でない領域．染色体の領域番号はセントロメアを中心にし，近い部位から番号をつける．バンド番号の領域は，さらに区分されている場合がある．例：6→6.1～6.3．したがって，ヒト第1染色体p腕の先端領域は1p36.1となる．

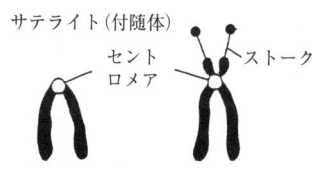
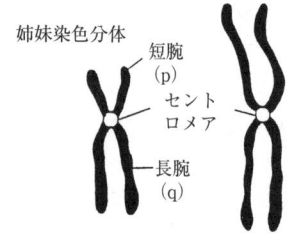

図 1.6 哺乳類の染色体の種類と各部の名称
（東條ほか編，2007）
マウスやウシの染色体は端部着糸型のみであるが，ヒトの染色体は端部着糸型以外の3種類の染色体で構成されている．

1.3 減数分裂と配偶子の形成

到達目標：
染色体の構造と機能，染色体異常，減数分裂や配偶子形成のしくみを説明できる．
【キーワード】 減数分裂

ヒトや種子植物のような多くの真核生物は，受精卵というたった1個の細胞を起源とし発達・成長したものである．この細胞は，生物の親個体から配偶子（精子と卵子）と呼ばれる雌雄の2個の細胞の融合に由来する．このように受精卵には両方の親からの遺伝物質，雄性の親からの染色体1セットと雌性の親からの染色体1セットが含まれている．ここではまず，有性生殖に関与する精子と卵子の形成のための減数分裂をみていく．

有性生殖を行う動物の配偶子形成過程では，卵母細胞や精母細胞は減数分裂を経て，染色体数が半減した卵子や精子となる．これは，減数分裂では2回の核分裂が起こるが，染色体の複製は1回しかないからである（図1.7）．2回の核分裂は，減数第一分裂（meiotic first division）と減数第二分裂（meiotic second division）と呼ばれる．減数分裂の過程は分裂第一前期，中期，後期と終期，第二分裂前期，中期，後期，終期からなり，前期はさらに，レプトテン期（細糸期，leptotene），ザイゴテン期（合糸期，zygotene），パキテン期（太糸期，pachytene），ディプロテン期（複糸期，diplotene），およびディアキネシス期（移動期，diakinesis）にも分けられる．後者の分け方は，減数第一分裂の各時期における染色体の様相を表している．

通常，DNAは細胞の核の中でヒストンタンパク質に巻きついた形で存在している．ところが体細胞分裂前と同様に，減数分裂前には染色体として存在するようになる．体細胞では染色体は対で存在し，配偶子においては対の片方のみ存在する．対になっている2本の染色体は互いに同じ形をしているので，相同染色体（homologous chromosome）と呼ばれる．一方，性染色体（sex chromosome）は1対で存在するがそれぞれの形は異なる．また，性染色体以外の染色体は，常染色体（autosomes）と呼ばれる．

減数第一分裂前期のレプトテン期に染色体は長い糸状の構造を呈している．ザイゴテン期，相同染色体はその側面で対合する．対合は染色体の末端からはじまり，全長にわたって進み，互いにペアをつくる染色体が相同染色体である．対合した相同染色体は二価（bivalent）であるといわれる．このとき，対合した相同染色体の間にシナプトネマ複合体と呼ばれる対合と交叉（乗換え）に重要な働きをもつ構造が出現し，次のパキテン期には対合が全染色体領域にわたって完了する．

減数第一分裂前期のパキテン期の間も染色体の凝縮は継続する．パキテン期の終わりごろからディプロテン期にかけて，それぞれの二価染色体（対合した染色体）が4本の染色分体からなる四部染色体（tetrad）を形成する．この時期，さまざまな染色体領域で遺伝子の交換，すなわち乗換え（crossing-over）が起こる．次のディプロテン期のはじまりとともに，対合した染色体は分かれはじめる．その時，相同染色体は乗換えによって生じた交叉（キアズマ，chiasma）によりところどころで結合が維持されている．すなわち，キアズマは相同染色体間の接触，切断と再結合によって形成されたものである．

減数第一分裂前期のディアキネシス期には，紡錘体により二価染色体が中期核板条に並び，次の

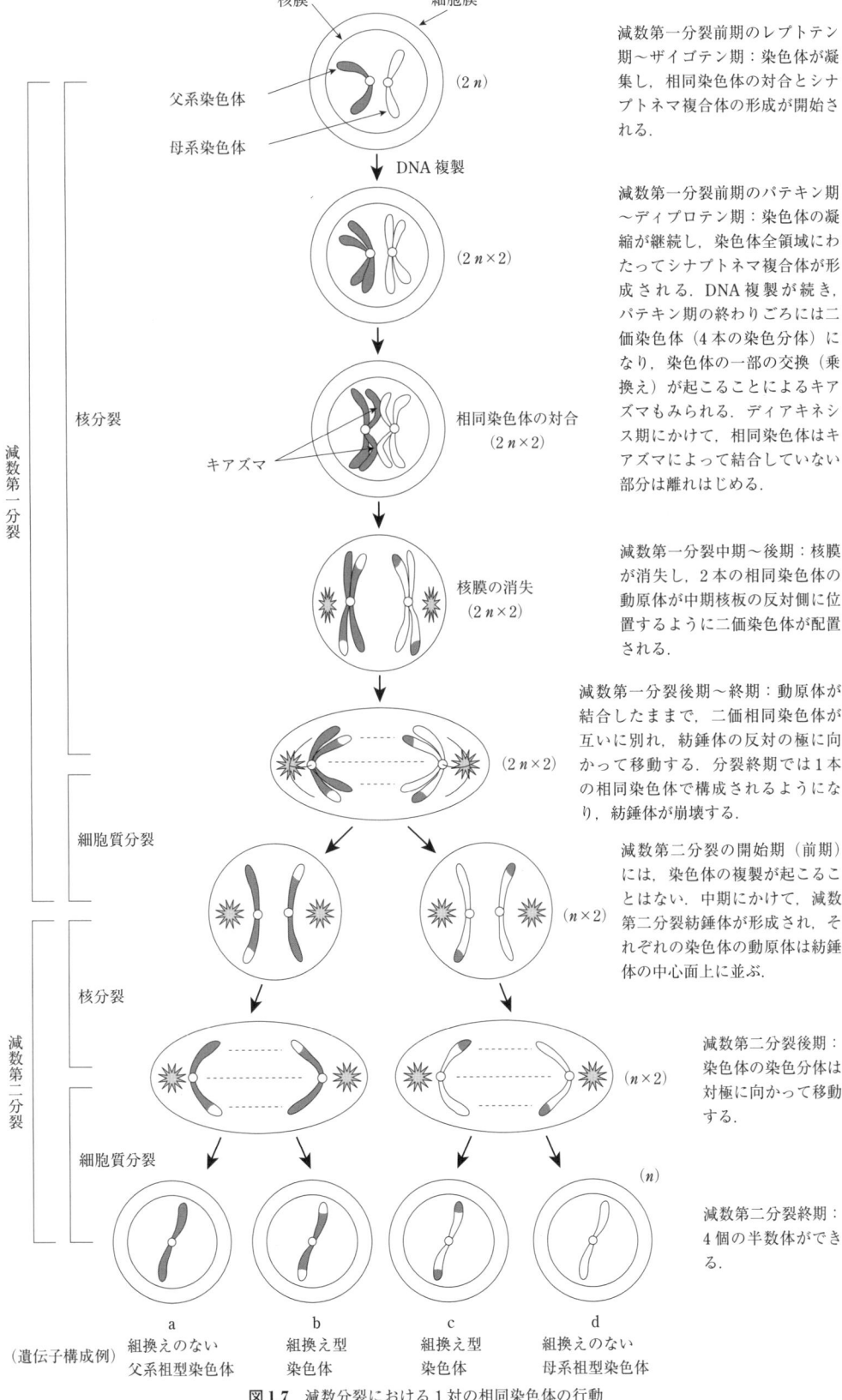

図 1.7 減数分裂における1対の相同染色体の行動

減数第一分裂後期では相同染色体が両極に分かれていく．この後，減数分裂はいよいよ減数第二分裂前期へと進んでいく．この間，染色体の複製は起こらないので，減数第二分裂開始時点での染色体は，減数第一分裂終了時とまったく同一のものである．

紡錘体（mitotic spindle）は，微小管の繊維状の束からできており，各染色体はセントロメア領域で何本かの紡錘体と付着する（図1.7）．すると染色体は細胞の中心部に移動し，紡錘体の極から等距離にあるような位置どりをする．

減数第二分裂中期では，紡錘体が形成され，それぞれの核の染色体のセントロメアは紡錘体の中心面上に並ぶ．後期では，セントロメアは縦方向に分裂し，各染色体の染色分体は紡錘体の対極に向かって移動する．さらに終期では4個の半数体（一倍体）が完成する．ただし，これらの半数体の遺伝子組成は，減数第一分裂前期の間に形成されるキアズマ・乗換えのために複雑である．雄の配偶子形成では1個の精母細胞が4個の精子になるが，雌の場合，動物でも植物でも，減数分裂の4個の産物（第一極体，第二極体と卵子）のうち1個だけが卵子としての機能をもつ配偶子に発達する．さらに，雄の減数分裂を伴う配偶子形成は性成熟期以降にしか起こらないが，雌の配偶子形成に伴う減数分裂は，胎生期の早い時期にはじまってしまう．実際，雌性配偶子形成過程では，減数第一分裂前期ディアキネシス期の染色分体を形成したところで減数分裂が休止し新生児として誕生する．この過程が再開されるのは性成熟期以降で，卵母細胞は第一極体の放出後に減数第一分裂を終了する．この後，卵子は再び紡錘体を形成し，減数第二分裂中期に入り，第二極体放出後，核型が半減し，減数第二分裂が完了する．

1.4　各種動物の性決定機構

到達目標：
　染色体の構造と機能，染色体異常，減数分裂や配偶子形成のしくみを説明できる．
　【キーワード】遺伝子補正，ライオナイゼーション，偽常染色体領域

1.4.1　性　決　定

二倍体生物のすべての染色体は，形態的に類似した相同染色体が対になって存在するが，その例外がX染色体（X chromosome）やY染色体と呼ばれる性染色体である．Y染色体はX染色体と対合するが，これは両者に共通する相同領域がわずかに存在するためである．このようなXX-XY型の性決定は，ヒトを含む哺乳類，多くの昆虫，その他の動物や一部の被子植物でもみられる．

哺乳類は異型接合体（XY）が雄であるが，鳥類，一部の爬虫類などは雌が異型接合体である．この場合，哺乳類と区別するためZZ，ZWで表される．また，魚類では性染色体が明確に区別できない場合も多い．

ヒトを含む哺乳類の受精時には，性染色体の構成によって最初の性決定（一次性決定）が行われる．卵細胞のすべてが1本のX染色体をもつのに対し，精子の場合には，半数がX染色体をもち他方はY染色体をもつ（1.3節参照）．X染色体をもつ卵子がX染色体をもつ精子により受精が起こると接合体はXXになり，ふつうは雌になる．一方，Y染色体をもつ精子で受精されると接合体はXYとなり，ふつうは雄になる．つまり，雄はX染色体を母親から受け取り，それを娘だけに伝える．

ショウジョウバエ（キイロショウジョウバエ）も哺乳動物でみられる性決定（雌性XX，雄性XY）に従っている．ところが，哺乳動物ではXO（ヒトではターナー症候群）は雌性であるのに対して，ショウジョウバエでは雄性であり，不妊であることを除けば，正常のXY雄性と区別がつかない．また，XXYの個体は正常であり，生殖能力のある雌である．このように，ショウジョウバエでの性はX染色体と常染色体の比率によって決定される．一方，ショウジョウバエでのY染色体は性決定に役目は果たさないが，雄の生殖能力（妊性）には必要である．

大部分の生物のY染色体には，雄の性決定に関係するもの以外の機能遺伝子は見当たらない．Y染色体には精巣決定因子（*TDF*, testis determining factor）と呼ばれる遺伝子が存在し，この遺伝子の働きによって未分化の生殖巣は精巣に分化する．したがって，この遺伝子の存在しないX染色体や，たとえY染色体ではあっても，この

遺伝子が働かなければ卵巣に分化する．また，ヒトでは TDF は Y 染色体の短腕末端部に存在し SRY (sex-determining region on Y) と名づけられている．一方，X 染色体上には二次性徴（二次性決定）の際に重要な働きをする雄性ホルモン受容体（アンドロジェンレセプター）の形成に関与する TFM (testicular feminization) 遺伝子が存在する．この遺伝子により，XY 個体では，腹腔内に精巣組織は存在するが女性的な外観を示してしまう．

カメやワニなどの爬虫類の性決定は温度によって制御される．たとえば，アメリカワニ Alligator mississippiensis は，外気温が摂氏 31 度以下では雌であるが，32〜34 度ではほとんどが雄となる．ところが，温度が 35 度以上になると再び雌になってしまう．

1.4.2 遺伝子量補正とライオナイゼーション

XX-XY 型の性決定をする生物種はすべて，X 染色体と Y 染色体上の遺伝子量に問題を抱えている．なぜなら，雌には X 染色体が 2 本あるが雄には 1 本しかないからである．大部分の生物種では遺伝子量補正 (dose compensation) の機構があり，両性間の X 染色体上の遺伝子量を調整している．

哺乳類における遺伝子量補正は，胚発生の卵割期に，任意に選択された 1 本の X 染色体を除くすべての X 染色体が遺伝的に不活性化されることによって行われる．この X 染色体の不活性化 (X inactivation, 5.5.2 項参照) は，組織によって異なった時期に起こることもある．

X 染色体の不活性化は，① 遺伝子量の補正をすることと，② 雌の X 連鎖遺伝子の発現がモザイク (mosaic) になることである．① は，X 連鎖遺伝子群の発現コピー数を雌雄間で等しくする．つまり，雌でも雄でも活性をもつ X 染色体の数は等しくなり，この現象は単一活性 X の原理 (single-active-X principle, ライオナイゼーション) と呼ばれている．② の遺伝的モザイクとは，2 種類以上の異なる遺伝子型をもつ細胞が 1 個体中に混在する状態をいう．正常な雌は，遺伝的に活性のある X 染色体は細胞ごとに違うことから，遺伝子の発現に関してはモザイクである．

雌における X 染色体のランダムな不活性化を外から見える表現型として観察できる場合があり，1 つの例は雌ネコの「三毛」の毛色のパターンである．具体的には，黒色，黄褐（オレンジ）色と白色の斑紋をもつ三毛ネコは雌にしかみられない現象である（3.2.4 項を参照）．X 染色体の不活性化は胚発生の初期に行われるが，どちらの X 染色体が不活性になるかは偶然に決まるので，細胞ごとに異なってしまう．いったん不活性となった X 染色体は，その後の細胞分裂を経ても再び活性化することはない．

黒色と黄褐色は X 染色体上の対立遺伝子によって支配されている．どちらかの X 染色体が不活化するとき黒色または黄褐色の発現となってしまうので，黒や黄褐色の斑紋ができてしまう．

1.4.3 偽常染色体領域

遺伝子量補正が一方の X 染色体の不活化という手段をとるのは，X と Y 染色体がその祖先型染色体から次第に分化し，Y 染色体がその大部分の遺伝子の機能を失う形で進化してきたからである．ところが，不活性化した X 染色体上のすべての遺伝子発現が抑制されているわけではない．X 不活性化を免れた遺伝子には，機能的に相同な遺伝子が Y 染色体に存在するものもあるし，存在しないものもある．

X 染色体の不活性化を免れる数 Mb の領域は，短腕の先端と長腕の先端にそれぞれ存在し，それらは相同な遺伝子として Y 染色体にも存在する．この X-Y 間で共通する相同な領域は偽常染色体領域 (pseudoautosomal region：PAR) と呼ばれる．この相同領域では，精子形成過程の減数分裂で X と Y 染色体が対合し，乗換えも起こる．

1.5　遺伝子間の連鎖と組換え

> 到達目標：
> ゲノムの概念や構造，遺伝子間の連鎖や組換えを説明できる．
> 染色体の構造と機能，染色体異常，減数分裂や配偶子形成のしくみを説明できる．
> 【キーワード】　連鎖遺伝子，連鎖地図

連鎖地図（遺伝地図）の作成とは，染色体上の

遺伝子の相対的な位置を決定することを意味する．現在，多くの生物のゲノム DNA が決定されていることを考えると，遺伝地図を作成し，染色体上の遺伝子の相対的な位置を決定することには意味がないように思われる．ところが，1つの遺伝子の塩基配列から常にその機能が明らかになるわけでなく，また，さまざまな生命活動・細胞現象の中で，どの遺伝子がどの遺伝子と相互作用をするかなどは DNA 配列からだけでは判断できないことが多い．したがって，さまざまな遺伝子の遺伝地図をつくることができれば，染色体上のある遺伝子と他の遺伝子の発現や表現型への関係（連鎖）を知ることができる．

1.5.1 連　　鎖

1.3節でみたように，相同染色体は減数第一分裂前期に対合し，減数第二分裂後期から終期で互いに分かれる．このため，異なった形質を支配する2つの遺伝子が同一の染色体上で，しかも十分に近い距離に存在する遺伝子同士は一緒に次世代に伝達されるので，メンデルの独立の法則が必ずしも成り立たない．このように，同一の染色体上に存在する2つの遺伝子が1組のものとして次世代に伝わる現象は連鎖（linkage）と呼ばれる．

モーガンは，ショウジョウバエの X 染色体に存在する2つの対立遺伝子（白色眼 white と小さい翅 miniature wing）が一緒に遺伝する傾向があることを発見した（1.1.2項参照）．しかし，この連鎖は不完全であり，white と miniature の対立遺伝子の組み合わせが親のものとは異なる子孫が生まれることがある．この新しい組み合わせは，相同染色体間での対立遺伝子の組換え（recombination）が起こったことにより生じたためであり，この頻度は組換え頻度（組換え率，frequency of recombination）と呼ばれる．

1.1.2項 d で述べたように，ある特徴をそれぞれもつ両親の交配でヘテロ接合体の子孫 F_1 を作出し，その F_1 をどちらか一方の親に交配することによって F_2 を作出することを戻し交配（back cross）といい，戻し交配の中で，劣性ホモの親との交配を検定交配（test cross）という．この交配では，独立の組み合わせから期待される4種類の表現型の比は1：1：1：1となる．ところが，この比とはかけ離れた結果になることもある．この場合，元の両親における表現型の組み合わせ（両親の組み合わせ，parental combination）と非両親の組み合わせ（組換え型）ができるからである．この組換え型の出現頻度から組換え頻度を計算することもできる．

減数第一分裂前期のディプロテン期には，対合した染色体は分かれはじめる（図1.7参照）．ところが，相同染色体は乗換えによって生じた交叉（キアズマ）により，ところどころで結合している．この交叉は非姉妹染色分体間の切断と再結合によって形成されたものであり，正常な減数分裂では，対合した相同染色体の対（二価染色体，bivalent chromosome）はそれぞれ1個のキアズマをもつ．

2つの遺伝子が染色体上で遠く離れて位置すると，1つの減数分裂においてこれらの間で2回以上の乗換えが起きてしまう．また，2つの遺伝子の間で2回の乗換えが起こる場合において，染色分体が乗換えにランダムに参加するとすれば，その結果は独立の組み合わせと区別できない．この2回の乗換えは2染色体分体間，3染色分体間や4染色分体間でも起こりうる．したがって，いかなる乗換えあるいは乗換えの組み合わせであっても，それから生じる2種類の相互産物は，子の中にほぼ等しい頻度で出現する．

2回（二重）乗換えは3つの対立遺伝子を含む三点交雑法（three-point cross）によって検出することができる．同一染色体上の3つの遺伝子の並び順は，ヘテロ接合の親に由来した二重乗換え配偶子の遺伝子型を見出し，これを非組換え型配偶子と比較することによって推定することができる．交換が2か所で同時に起こる確率は，どちらか1か所で起こる確率よりもかなり小さいので，二重組換え型配偶子は最も低い頻度でしか生じない．つまり，二重組換えは，中間に位置する対立遺伝子対だけに相互交換が起きてしまう．このように3つの対立遺伝子の配列順序を決定できるので，連鎖地図に反映することができる．たとえば，同一の染色体上に A, B, C の3つの遺伝子（座）が存在し，A と B，A と C，B と C の組換え率が，それぞれ10%，8%，2%であるとする．2つの遺伝子座同士の組換え率から，A, B, C 遺伝子座の並び方を予想することができる．この場合，遺伝子 $A-B$ の距離は 11 cM，$A-C$ は 8 cM，

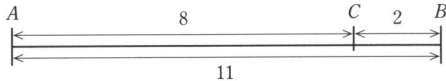

図 1.8 組換え率による遺伝子座の並び方の推定

B-C は 2 cM であるから，A, B, C 遺伝子座の並び方は A-C-B となる（図 1.8）．

二重乗換えを検出することによって，1 対の染色体の 2 つの異なる領域における交換が互いに独立に行われているかどうかを明らかにすることができる．ところが，実際に観察された乗換え体は，通常，期待値よりも少ない．これは，染色体のある領域の乗換えが近接領域における第 2 の乗換えの確率を低下させる染色体干渉（interference）と呼ばれる現象を反映しているからである．つまり，染色体上の短い距離に存在する遺伝子同士では，染色体干渉のため多重乗換えのチャンスを減少させてしまう．したがって，組換え頻度は，染色体上の遺伝子が近くにあるよりは遠くにあるほうが高くなる．

1.5.2 連鎖地図の作成

同一染色体上には，ある形質に対する複数の遺伝子マーカー（genetic marker，対立遺伝子）が存在する場合があり，これらのマーカー遺伝子の間で組換えが生じることもある．これらの対立遺伝子間の組換えの確率は，同一染色体上の遺伝子間の距離の尺度として用いることができ，これによって，遺伝子の相対的な位置を示した染色体の図（遺伝地図，genetic map）の作成が可能になる．遺伝地図はまた，連鎖地図（linkage map）あるいは染色体地図（chromosome map）とも呼ばれる（図 1.9）．

もし，染色分体での乗換えが染色体上のどの位置においても機械的に生じるならば，同一染色体上にある 2 つの遺伝子間で組換えが起こる確率は，その 2 遺伝子間の物理的な距離に比例するはずである．観察された組換えの確率から，染色体上における遺伝子間の距離を推定することが可能である．

地図関数（mapping function）は，ある区間の図単位（cM）で示した遺伝距離とその区間で観察される組換え頻度の数学的な関係を表す．乗換え率が 1% であるとき，その距離を 1 センチモルガン（centimorgan, cM）という．マーカー（対立）遺伝子間の地図距離が小さい場合（10 cM 程度），組換え頻度は地図距離に等しくなる．10 cM より大きい距離になると，染色体上の「干渉」のパターン次第では，組換え頻度が地図距離よりも小さくなってしまう．　　〔今川和彦〕

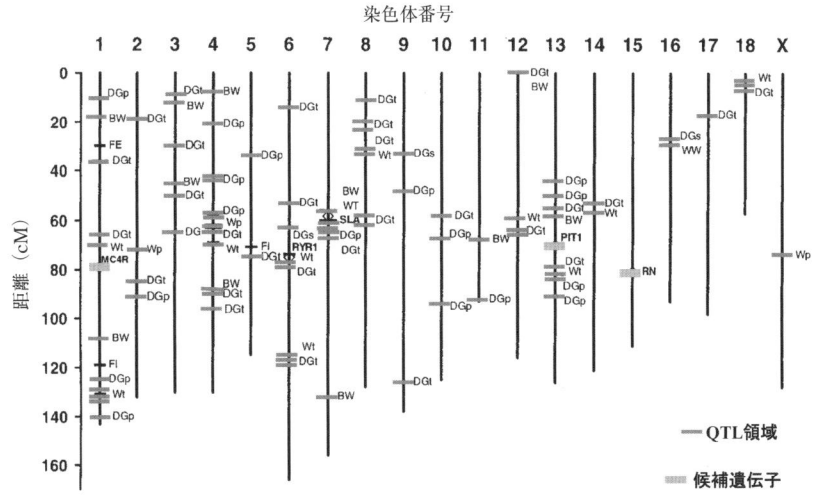

図 1.9 遺伝地図の例：ブタ成長形質に関する候補遺伝子と QTL

QTL 領域：BW は出生体重，WW は離乳体重，Wx, DGx は生体重，一日平均増体量（x = s は乳児期，x = p は離乳後，x = t は試験期間）．

候補遺伝子：MC4R（melanocortin-4 receptor locus）は背脂肪厚や飼料効率，PIT1 は regulatory factor locus, RN は酸肉（acid meat）locus.

参考文献

東條英昭・佐々木義之・国枝哲夫編（2007）：応用動物遺伝学，朝倉書店．

演習問題
(解答 p.155)

1-1 エピスタシスについて正しいのはどれか．
(a) 染色体の一部が組換え体である．
(b) 2つの遺伝子の振る舞いが完全に独立している．
(c) 雑種第1代では現れないが雑種第2代で現れる．
(d) 染色体の一部が欠損している．
(e) ある遺伝子が別の遺伝子による影響を変化させる．

1-2 連鎖する遺伝子について正しいものはどれか．
(a) 互いに独立して分離される対立遺伝子をもつ．
(b) 同じ染色体上にある．
(c) 常に複対立遺伝子をもつ．
(d) 染色体上で互いに隣接していなければならない．
(e) 決して乗換えが起こらない．

1-3 個体の表現型で正しいのはどれか．
(a) 遺伝子型を決定する．
(b) 生物の遺伝子構成である．
(c) 一遺伝子雑種または二遺伝子雑種のどちらかである．
(d) 少なくとも一部分は遺伝子型に左右される．
(e) ホモ接合体またはヘテロ接合体のいずれかである．

1-4 メンデルの一遺伝子交雑において，丸い豆としわの豆を交雑させ，そのF_1を自家受粉させると，F_2において丸い豆かつヘテロ接合体の割合はどれか．
(a) 1/8
(b) 1/4
(c) 1/3
(d) 1/2
(e) 2/3

1-5 二遺伝子の雑種交雑のF_2について正しいのはどれか．
(a) もし遺伝子座が連鎖していれば，4つの表現型の比が9：3：3：1で現れる．
(b) もし遺伝子座が連鎖していなければ，4つの表現型が9：3：3：1で現れる．
(c) もし遺伝子座が連鎖していれば，2つの表現型が3：1で現れる．
(d) もし遺伝子座が連鎖していれば，3つの表現型が1：2：1で現れる．
(e) 遺伝子座が連鎖している，していないにかかわらず，2つの表現型が1：1で現れる．

1-6 減数分裂に関する以下の記述のうち，正しいのはどれか．
(a) 減数第一分裂後期に，相同染色体は分離する．
(b) 減数第一分裂前期中の染色体は4個の染色分体からなる．
(c) DNAは減数第一分裂と減数第二分裂の間に複製される．
(d) 減数第二分裂は，染色体数を二倍体から半数体に減少させる．
(e) 減数第二分裂中の染色体を構成する染色分体は同じである．

1-7 減数分裂の記述のうち正しいものはどれか．
(a) 紡錘体は形成されない．
(b) セントロメアは減数第一分裂後期の開始時に分離する．
(c) 娘核の遺伝子組成は親核と同じである．
(d) 相同染色体は減数第一分裂前期に対合する．
(e) 1個の核が2個の娘核になる過程である．

2章　遺伝様式の基礎 II

一般目標：
第1章を踏まえ，さらに遺伝現象の基礎となる DNA 複製のしくみ，突然変異の種類や発生機構を理解する．

　20世紀初頭，遺伝学者は遺伝子の存在を染色体と関連づけてはいたが，その実体はわからないままであった．1920年代，英国人医師のグリフィス（F. Griffith）は人間に肺炎を引き起こす病原体の1つである肺炎球菌に対するワクチンを開発する研究を行っていた．そして当時，化学的形質転換因子と呼ばれた物質が肺炎球菌の遺伝的変化を引き起こすことを明らかにした．

　この形質転換因子の物質的特定はエーヴリー（O. Avery）の研究まで待たなければならなかった．エーヴリーは1944年，マクロード（C. MacLead）やマッカーティ（M. McCarty）とともに DNA が肺炎球菌の形質転換を引き起こすことを示した．その後，複雑な真核生物でも DNA が形質を規定している遺伝物質であることが明らかになった．

　研究者らは，遺伝物質が DNA であると確信するようになると，その正確な三次元構造を突き止めようとしはじめた．1950年代初頭，英国人科学者フランクリン（R. Franklin）は，ウィルキンズ（M. Wilkins）が調製した DNA サンプルの結晶解析を行い，DNA がらせん状の分子であることを示唆した．それまで，DNA がヌクレオチドの重合体であることが知られており，DNA を構成する各ヌクレオチドは，デオキシリボース糖，リン酸基，窒素を含む塩基からなることも明らかにされていた．DNA にある4つのヌクレオチドの唯一の違いはそれらの窒素含有塩基であり，それらの塩基とはプリンがアデニン（A）とグアニン（G）で，ピリミジンがシトシン（C）とチミン（T）である．そして，ついにワトソン（J. D. Watson）とクリック（F. Crick）は，DNA 分子がらせん状であり，DNA 中の鎖が反対方向に走っている（逆平行）と結論づけた（図2.1）．

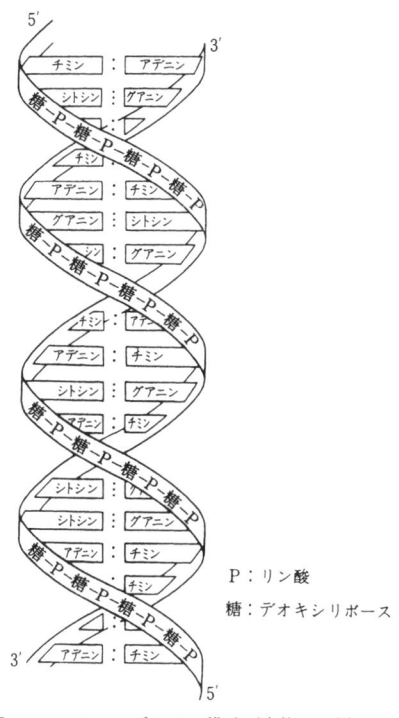

図2.1　DNA の二重らせん構造（東條ほか編，2007）

2.1　DNA の複製機構

到達目標：
DNA の複製機構を説明できる．
【キーワード】 DNA の複製機構，半保存的複製，複製フォーク，連続的複製鎖（リーディング鎖），不連続（的）複製鎖（ラギング鎖），岡崎フラグメント

　DNA は細胞周期中に正確に複製（replication）されるが，親 DNA 鎖が新しい鎖に対する鋳型（template）となるので，半保存的複製（semiconservative replication）と呼ばれる．半保存的複製では，親DNA鎖が新しい鎖に対する鋳型となり，新しい鎖は形成されながら鋳型である親鎖と水素結合していく．複製が進むと，親の二本鎖はほどけるが，再び2本の新しい二重らせんに巻き戻る．新しいDNA鎖は元の親鎖（parental strand）1本と新生娘鎖（daughter strand）1本からできている．

DNA複製のメカニズムは1958年，メセルソン（M. Meselson）とスタール（F. Stahl）によって明らかにされた．すなわち，① DNAらせんがほどけて，2本の鋳型の鎖が切り離され，新たな塩基対合が可能になり，② 鋳型となるDNA鎖の塩基に対して相補的な塩基対をもつヌクレオチド（nucleotide）が，ホスホジエステル結合によって伸長鎖に連結されるという2つの段階が存在する（図2.2）．

DNAの複製は，複製複合体と呼ばれる伸長反応を行う巨大タンパク質複合体と，鋳型となるDNA鎖の相互作用によって行われる．すべての染色体は，複製複合体が最初に結合する複製起点（replication origin：ori）と呼ばれる塩基配列を少なくとも1個もっている．実際，発生中のショウジョウバエの胚には，染色体当たり約8500の複製開始点が確認されている．また，親鎖が解離し，新しいDNA鎖が合成されている領域は**複製フォーク**（replication fork）と呼ばれ，新しい複製フォークを生む過程は開始（initiation）という．真核生物染色体の複製は多くの地点でほとんど同時に開始されるので，大きな分子の総複製時間が短縮される．そのため，各複製フォークの動きは毎秒約10～100ヌクレオチド対の速度で進行するが，各染色体は15～30分で複製することができる．

親DNA鎖を解離するために二重らせんを巻き戻すには，ATPを加水分解して巻き戻し反応を起こすヘリカーゼ（DNA helicase）タンパク質（酵素）が必要である．巻き戻しによるねじれの応力をやわらげ複製フォークを安定させる酵素はトポイソメラーゼと呼ばれる．次に，新生娘DNA鎖が伸長するためにはRNAプライマー（primer）が必要になり，DNAポリメラーゼ（DNA polymerase）という酵素がRNAプライマーから新生娘DNA鎖を伸長する．真核細胞でのプライマー長は，通常5～8ヌクレオチドであり，この短いRNAには遊離の3′-OHがあり，そこにDNAポリメラーゼがデオキシヌクレオチドを付加する．

図2.2が示すように，複製フォークではDNAはファスナーのように1方向へ開く．DNAポリメラーゼが新しく合成するDNA鎖を伸長できるのは3′末端に限られているので，単一の複製フォーク内では，両新生娘鎖は親鎖に沿って反対方向にそれぞれ5′→3′方向に伸長する．1本の新しく複製している鎖は，複製フォークが開くにつれて3′末端で連続して伸長するために**連続的複製鎖**（リーディング鎖，leading strand）といわれ，もう1本の複製鎖は**不連続複製鎖**（ラギング鎖，lagging strand）と呼ばれる．

ラギング鎖の合成は，比較的小さなDNA断片

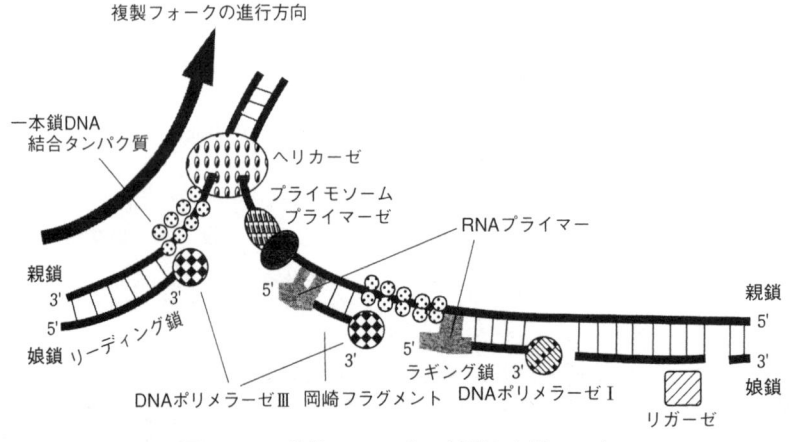

図 2.2 DNA複製のメカニズム（東條ほか編，2007）

（真核細胞では100～200個のヌクレオチド）が複製されていく過程である．ラギング鎖の新しいDNAにおけるこれらの断片は，発見者である日本人の生化学者，岡崎令治にちなんで**岡崎フラグメント**と呼ばれる．すなわち，ラギング鎖は短い不連続なDNA断片（岡崎フラグメント）で5′→3′方向に伸長する．

　DNAポリメラーゼにはヌクレオチドを重合する能力に加え，ヌクレオチド鎖の糖-リン酸骨格のホスホジエステル結合を切断するヌクレアーゼ（nuclease）活性をもつ．ヌクレアーゼ活性には2つの型があり，① DNA鎖の末端からのみヌクレオチドを除去できるエキソヌクレアーゼ（exonuclease）と，② DNA鎖内部の結合を切断するエンドヌクレアーゼ（endonuclease）である．ポリメラーゼには伸長しているDNA鎖に間違ったヌクレオチドを付加することがある．鋳型鎖の塩基に合う塩基対が形成できない場合，3′→5′エキソヌクレアーゼが活性化し，伸長鎖の3′-OHから対合していないヌクレオチドを切り離すことができる．このDNAポリメラーゼがもつ3′→5′エキソヌクレアーゼ活性は校正機能（proofreading function）と呼ばれる．この校正機能の意義は，DNA複製の際に正しくないヌクレオチドを取り込むことから起こる突然変異（2.3節参照）の頻度を下げるのに役立っている．

2.2　遺伝子の転写と翻訳

> **到達目標：**
> 遺伝子の転写と翻訳の機構を説明できる．
> 【キーワード】　転写，翻訳，コドン，RNAプロセシング，リボソーム，タンパク質合成，翻訳後修飾

　遺伝子とはDNA配列であり，体の特徴である表現型をつくりだす．遺伝子に含まれる情報が表現形質を決定する多くの分子が合成される過程は，遺伝子発現（gene expression）過程といわれる．この過程はDNAの塩基配列に含まれる情報がRNA分子（リボ核酸）にコピーされることではじまり，RNA分子がポリペプチド鎖の直線的なアミノ酸配列を決定するのに用いられて完了する．遺伝子発現のプロセスは以下の3段階に分類される．

　① RNA分子は，RNAポリメラーゼ（RNA polymerase）酵素によって合成される（2.2.1項参照）．RNAポリメラーゼはDNAの一本鎖の部分を鋳型鎖（template strand）に用いて，鋳型鎖の塩基配列に相補的なRNA鎖を合成する．RNAポリメラーゼは，DNAポリメラーゼとは異なり，RNA鎖の伸長開始にプライマーを必要としない．特定の遺伝子に対応する部分が選択されRNA分子がつくられる過程全体は**転写**（transcription）と呼ばれる．

　② 真核細胞の核では，RNAは通常，**RNAプロセシング**（RNA processing）と呼ばれる化学修飾を受ける（2.2.2項参照）．

　③ 化学修飾を受けたRNA分子は，アミノ酸を連結してポリペプチド鎖をつくる順序を決めるのに用いられる．すなわち，あるポリペプチドのアミノ酸配列はDNAの塩基配列によって決められている．RNAの塩基配列からアミノ酸配列がつくられる過程は**翻訳**（translation）と呼ばれ，つくられるタンパク質は遺伝子産物（gene product）と呼ばれる（2.2.3項参照）．

　遺伝子発現の最初の段階は，遺伝子を構成するDNA部位からコピーされるRNA分子を合成することである．RNA合成の前駆体はリボヌクレオチド5′-三リン酸，すなわちアデノシン三リン酸（ATP），グアノシン三リン酸（GTP），シチジン三リン酸（CTP），およびウリジン三リン酸（UTP）である．これらは，糖がDNAがもつデオキシリボースではなくリボースである点，塩基がチミン（T）の代わりにウラシル（U）である点でDNA前駆体と異なっている（図2.3）．

2.2.1　遺伝子の転写

　RNA分子の合成は，以下の順で行われる（図2.4）．

　① プロモーターの認識：RNAポリメラーゼは，プロモーター（promoter）と呼ばれる塩基配列がDNA上に存在すれば，その部位に結合する．真核生物のプロモーターは多くの場合，RNAポリメラーゼ結合部位であり，その結合部位は転写開始点（+1部位）から−20～−35塩基上流に存在するTATAAT配列を含むTATAボッ

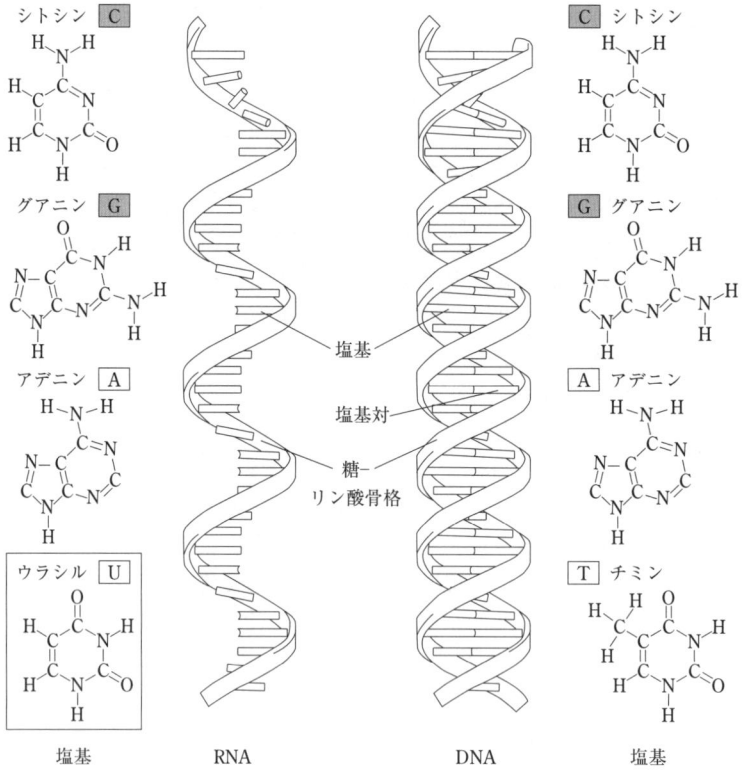

図 2.3　DNA と RNA の構造の比較

クス（TATA box）と一致する．

② RNA 鎖の開始：RNA ポリメラーゼがプロモーター領域に結合すると，+1 と記された転写開始点から RNA 合成を開始する．最初のヌクレオチド三リン酸がこの部位に配置され，続いて次のヌクレオチドがリボースの 3′ 炭素に連結される．以下，同様の過程が繰り返される．RNA 合成では，DNA の一方の鎖だけが転写の鋳型になる．RNA は 5′→3′ の方向で合成されるから，DNA の鋳型は 3′→5′ の方向で読まれる．

③ RNA 鎖の伸長：新しいヌクレオチドが 1 つずつ新生 RNA 鎖の 3′ 末端に付加されることから，RNA 鎖は 5′→3′ の方向で伸長する DNA 鎖とよく似た伸長様式を示す．RNA ポリメラーゼが鋳型鎖に沿って移動するときには，どの時点でも二本鎖 DNA のおよそ 17 bp が巻き戻され，一本鎖 DNA となっている．いったん RNA ポリメラーゼが通りすぎると，一本鎖 DNA は合成された RNA 鎖から遊離して再び二本鎖 DNA が形成される．

④ RNA 鎖の伸長停止：DNA の特別な配列が RNA 合成を終了させる．RNA ポリメラーゼが DNA の転写終結配列に達すると，RNA ポリメラーゼが DNA から解離し，新しく合成された RNA 分子（鎖）が遊離する．

鋳型 DNA から合成される RNA 分子は，**転写一次産物**（primary transcript）と呼ばれる．転写一次産物は，通常プロセシング（化学修飾）を受けてからメッセンジャー RNA（messenger RNA：mRNA）になる．それぞれの遺伝子は一方の鎖のみが鋳型鎖として働くが，どちらの鎖が鋳型鎖であるかは DNA 分子上で遺伝子ごとに異なる．

2.2.2　RNA プロセシングと RNA スプライシング

mRNA 分子のすべての塩基がアミノ酸配列に翻訳されるわけではない．実際，ポリペプチド合成のためのアミノ酸翻訳は，RNA の 5′ 末端から何塩基も下流で開始する．RNA の翻訳されない 5′ 側部分は 5′ 非翻訳領域（5′ untranslated region）と呼ばれ，翻訳されるポリペプチド鎖を

指令する RNA 領域はオープンリーディングフレーム（open reading frame：ORF）と呼ばれる．ORF に続く mRNA 分子の 3′ 末端も翻訳されず，これは 3′ 非翻訳領域（3′ untranslated region）と呼ばれる．

RNA プロセシングは以下の 3 項目から構成されている．

① キャップ（cap）構造の付加：5′ 末端には 5′–5′ 結合により修飾グアノシンが付加される．この構造は，リボソームが mRNA を結合してタンパク質合成を開始するのに必要である．

② 3′ 末端は通常，200 個にも及ぶ連続したアデノシン三リン酸からなるポリ A 尾部（poly-A tail）と呼ばれる配列が付加される．ポリ A 尾部は mRNA の安定性の制御にかかわっている．

③ 転写産物の内部の特定領域（イントロン，intron）が RNA スプライシング（RNA splicing）によって取り除かれる（図 2.5）．

mRNA 分子（鎖）は，転写一次産物からイントロンが切り出され，コード部分（エキソン，exon）の再結合が起こることによってつくられる．RNA スプライシングは，スプライセオソーム（spliceosome）と呼ばれる核粒子中で起こる．多量に存在するこれらの粒子は，タンパク質ならびに複数の特別な低分子 RNA から構成され，低分子リボ核タンパク質（small nuclear ribonucleoprotein）粒子として細胞中に存在する．なお，遊離した個々のイントロンは，ループと尾部をも

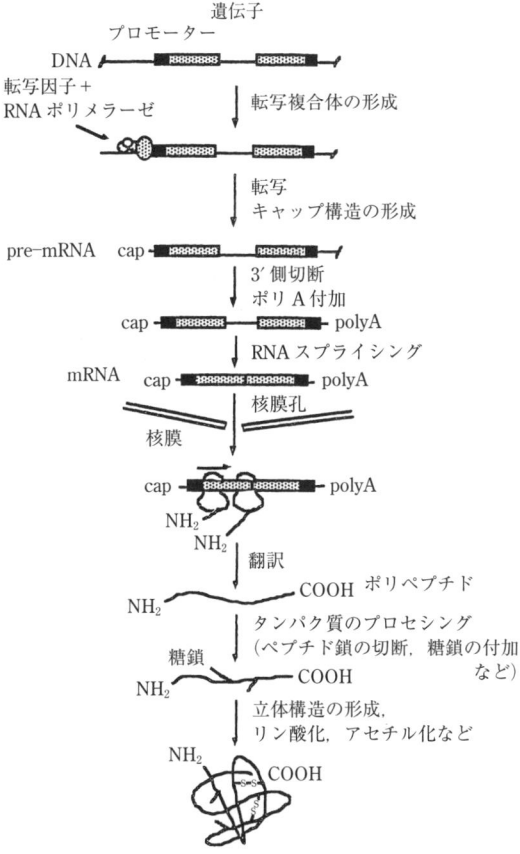

図 2.4 タンパク質合成の過程（東條ほか編，2007）
黒塗りは非翻訳領域，cap は Me7Gppp，S–S はジスルフィド結合．

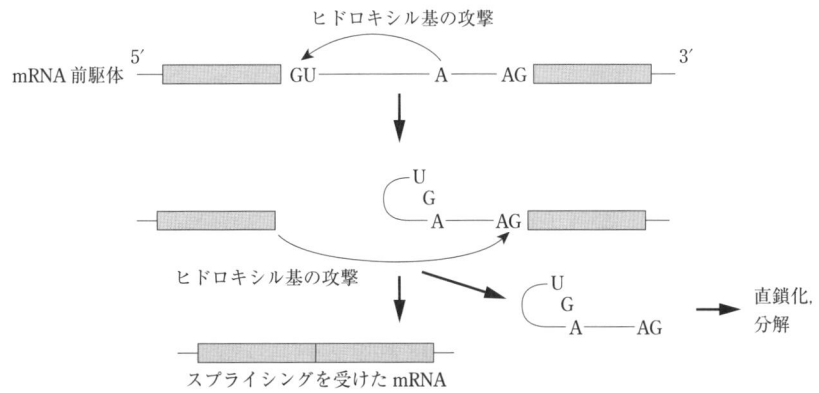

図 2.5 RNA スプライシングの過程（ブラウン，2000）
イントロン配列内のアデノシンヌクレオチドの 2′-炭素（C）についたヒドロキシル基によって，5′ 切断部位の切断が促進され，投げ縄構造が形成される．続いて，上流エキソンの 3′ OH 基が 3′ 切断部位の切断を誘導し，2 つのエキソンが連結される．イントロンは遊離し，線状になり分解される．

つ投げ縄状構造（lariat structure）をとり，ヌクレアーゼにより速やかにヌクレオチドに分解される．

2.2.3 リボソーム上でのポリペプチド鎖への翻訳

翻訳機構は以下の5つの構成要素からなる（図2.6）．

(1) mRNA

mRNAは，リボソーム・サブユニットを集結させ，合成されるポリペプチド鎖のアミノ酸配列を決定する．

(2) リボソーム

リボソームは粒子であり，その上でタンパク質合成が起こる．リボソームはmRNA分子に沿って移動し，次々と転移RNA（transfer RNA：tRNA）を並べ，ペプチド結合によって成長するポリペプチド鎖にアミノ酸が1つずつ加えられる．リボソームは，2つの別々のRNA-タンパク質粒子（小サブユニットと大サブユニット，図2.7参照）から構成され，それらはポリペプチド鎖の合成の際には，集合して成熟したリボソームを形成する．

(3) tRNA

ポリペプチドのアミノ酸配列は，それぞれが特定のアミノ酸に結合した一連のアダプター分子であるtRNA分子を利用して，mRNAの塩基配列に従って決定される．mRNA上の3つの隣接する塩基グループが1つの遺伝暗号（**コドン**，codon）を形成し，これがtRNA上の3つの隣接する塩基からなる特定のグループ（アンチコドン，anticodon）と結合する（表2.1参照）．tRNAに結合したアミノ酸は伸長するポリペプチド鎖に順次付加される．

(4) アミノアシル-tRNA合成酵素

この一連の酵素のそれぞれは，特定のアミノ酸をそれに対応するtRNA分子に付加する反応を触媒する．アミノ酸に結合したtRNAは，アミノアシルtRNA（aminoacylated tRNA）またはアミノ酸結合型tRNA（charged RNA）と呼ばれる．

(5) 開始，伸長および終結因子

ポリペプチド合成は，開始（initiation），伸長（elongation）と終結（termination）からなる3段階に分かれる．

翻訳はmRNA分子のリボソームへの結合で始まる（図2.6）．アミノアシルtRNAが，mRNA分子の翻訳を行うリボソームに1つずつ連続的に運ばれる．ペプチド結合は，コドン表（表2.1参照）に従って次々と配置されるアミノ酸間で形成されるが，この過程では，運ばれてくるアミノ酸のアミノ基と成長鎖の末端にあるアミノ酸のカルボキシル基とが結合する．最後のtRNAとそれに

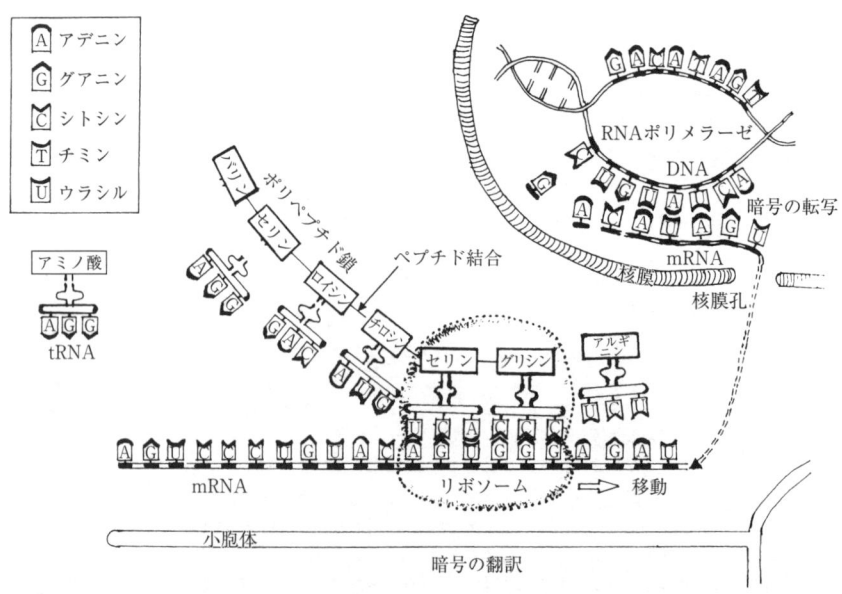

図2.6 DNAの転写と翻訳（東條ほか編，2007）

結合したアミノ酸との化学結合が切れて，完成したポリペプチド鎖が離れることで翻訳過程が終了する．

mRNA の 5′ キャップ構造は翻訳の開始に役立っている．伸長因子（タンパク質）の eIF4F にまず，キャップが結合し，続いて eIF4A と eIF4B が結合する．これにより，開始複合体の他の構成要素が結合する基盤をつくる．次に，その基盤にリボソーム（小サブユニット，40S）に，開始 tRNA（アンチコドン UAC，tRNA^{Met}）と eIF 開始因子群（eIF2，eIF3，および eIF5）が結合し，開始複合体が形成される．開始複合体はいったん形成されると，5′→3′ の方向に動いて，最初の AUG が現れるまで mRNA 上を走査する（図 2.7）．一度，開始複合体が mRNA 上を走査しはじめると eIF5 が開始因子群から，小サブユニット・リボソームと開始 tRNA を残し，eIF 因子群を開始複合体から引き離す．このとき，E（exit）部位，P（peptidyl）部位と A（aminoacyl）部位の 3 部位をもつ 60S リボソーム・サブユニット（大サブユニット，60S）が複合体に集合する．したがって，転写開始時の複合体は，40S サブユニット，tRNA^{Met}，60S リボソームの 3 要素から構成されている．

ポリペプチド鎖の伸長には，EF-1α-GTP/EF-2-GTP が働く．すなわち，翻訳複合体が 5′→3′ に移動（トランスロケーション，translocation）することによってポリペプチド鎖が伸長する．複合体が AUG コドンを見つけると，待機中の tRNA（次のアミノ酸を規定する tRNA）が 60S リボソームの A 部位に移動する．同時に，共役反応によりメチオニン（Met）の結合が tRNA^{Met} から次のアミノ酸へ移る．小サブユニットが mRNA 上を移動（次のコドンへの移動）し，tRNA が E および P 部位へ移動し，アミノ酸鎖が伸長する．停止コドンに至ると，そこにはどのような tRNA も結合できず，完成したポリペプチドが放出される．最後にリボソームが離れ，翻訳サブユニットが分離する．分離したサブユニットは次のポリペプチド鎖をつくるために再利用される．

翻訳後のポリペプチド鎖はリボソームから解離するが，ただちに機能を発揮しないこともある．とくに真核生物では，ポリペプチド鎖の機能する

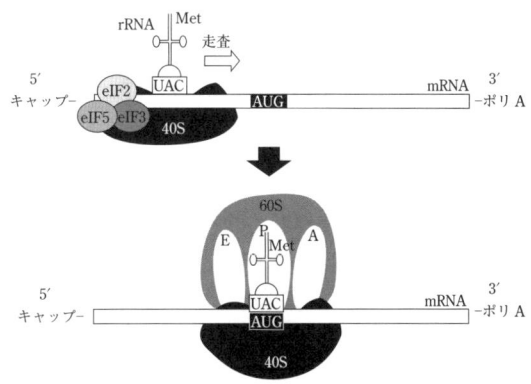

図 2.7 mRNA の翻訳の開始

場所が，合成される場所から遠く離れていることがある．翻訳後のポリペプチド鎖は細胞質から細胞内小器官や細胞外に輸送され，次に，化学的修飾を受けて機能を獲得するなどの**翻訳後修飾**（post-translational modification）を受ける．ポリペプチド鎖はリボソームから外れると立体構造をとる．ポリペプチド鎖のアミノ酸配列には，この立体構造決定の情報以外にシグナル配列が含まれており，このシグナル配列のために，特定の場所に輸送される．それらは，葉緑体，ミトコンドリアなどの細胞内小器官や核など，粗面小胞体やゴルジ装置を経由して細胞外に輸送されるものがある．翻訳後修飾には，① タンパク質分解，② 糖鎖修飾，③ リン酸化などがある．

① タンパク質分解：小胞体でシグナル配列が切りとられるのも一種のタンパク質分解である．タンパク質には，複数のタンパク質となる配列を 1 本のポリペプチド鎖に含んで合成されるものがある．そして，プロテアーゼによって分割され，それぞれのタンパク質ができあがる．このため，元のポリペプチド鎖はポリタンパク質（前駆体）と呼ばれる．

② 糖鎖修飾：小胞体やゴルジ装置で，ある特定のアミノ酸の側鎖に糖や短い糖鎖が修飾される．これらの糖鎖はタンパク質の行く先を決めることもあるが，立体構造や細胞表面でのタンパク質機能に重要な役割を果たすことが知られている．

③ リン酸化：タンパク質キナーゼによってタンパク質にリン酸基が付加されることもある．電荷をもつリン酸基の付加により立体構造変化が起こり，酵素の活性部位や他のタンパク質との結合

部位が露出することがある．

2.3 DNA損傷と突然変異

> 到達目標：
> 突然変異の発生機構を説明できる．
> 多様な突然変異を説明できる．
> 【キーワード】 突然変異，自発的突然変異，誘発的突然変異，転位因子（トランスポゾン）

突然変異（mutation）とは，祖先がもたなかった形質がある個体に突然現れ，かつその形質が子孫に遺伝的に伝えられるような不連続な変異をさす．したがって，突然変異は生物のもつ遺伝情報に生じた変化であり，とくに次世代を形成する生殖細胞の遺伝子に生じた変異ということになる．一方，体細胞の遺伝子に生じた変異は，次世代に伝わることなく，その個体限りである．このような変異を体細胞突然変異という．

動物のもつさまざまな遺伝的形質の違いは基本的に突然変異に起因すると考えられ，とくに質的形質（第3章参照）では1つまたは少数の遺伝子にその原因となる突然変異すなわち塩基配列の変化を見出すことが可能である．また，量的形質（第4章参照）についても，複数の遺伝子に存在する突然変異あるいは多型（5.1節参照）の組み合わせにより，その形質が発現すると考えられる．したがって，突然変異にはDNAの塩基配列上の微細な変化から染色体の形態の変化までさまざまなものが知られている．

2.3.1 DNAレベルの変異
a. DNAの自発的突然変異

すべての突然変異はDNAのヌクレオチド配列の変化，欠失，挿入，あるいはゲノムのDNA配列の再編成に起因し，外界の影響のない**自発的突然変異**（自然発生的突然変異，spontaneous mutation）と，化学突然変異原（mutagen）や放射線などにより誘発される**誘発的突然変異**（induced mutation）の2種類に分類することができる．

自発的突然変異の発生機構には，以下の4つが考えられている．

① DNAの4つの塩基はいくぶん不安定である：通常，AはTと，GはCとペア（塩基対）を組むが，まれな互変異性体になると，まちがった塩基とペアを組むことがある．たとえば，Cがまれな互変異性体であるとAと塩基対を形成する．もし，DNA複製時にこれが起きると，G→Aの点突然変異になってしまう．

② 化学反応によって塩基が変わることもある：一例として，シトシンのアミノ基が失われると（脱アミノ化），ウラシルになってしまう．DNA複製時であれば，シトシンのペアであるGの代わりに，ウラシルのペアとなるAが入り込んでしまい，G→Aの点突然変異となる．

③ DNAポリメラーゼもまた複製時にエラーを起こすことがある（2.4.1項参照）：たとえばGに対してTを入れてしまうことが起こってしまう．こうした突然変異の大半は，DNA複製複合体の校正機能によって修復されるが，なかにはその監視・校正機能を潜り抜けて恒常的な突然変異となるものがある．

④ 減数分裂は完璧ではない：減数分裂の際，染色体分離がうまく進まず，その結果，染色体数が多くなったり少なくなったりする（異数性，2.4.2項参照）．ランダムな染色体の切断と再結合は，欠失や重複，逆位，非相同染色体同士であれば転座の原因となる．

b. 突然変異原による誘発的突然変異の発生機構

誘発的突然変異には以下の3つがある．

① ある種の化学物質は塩基を変える：亜硝酸（HNO$_2$）とその類縁体は脱アミノ化（アミノ基−NH$_2$をケトン基−C=Oに変換する）によってシトシンをウラシルに変えてしまう．

② ある種の化学物質は塩基に官能基を付加する：タバコの煙に含まれるベンツピレンはグアニンに大きな官能基を結合させ，塩基対形成を阻害する．DNAポリメラーゼがそのように修飾されたグアニンに出会うと，そのペアとして4つの塩基のうちどれかを適当に入れてしまうことから3/4の確率で突然変異になってしまう．

③ 放射線はDNAに障害を与える：これには以下の2種類が考えられる．1つは，電離放射線（X線）によるラジカルという非常に反応性の高い化学物質の産生である．ラジカルによって塩基

がDNAポリメラーゼによって認識されないようなものに変えられてしまう．さらに，DNAの糖-リン酸骨格をも破壊し，染色体異常を引き起こしたりもする．2つ目は，太陽からの紫外線照射である．そのエネルギーがDNAのチミンに吸収されると，隣のヌクレオチドの塩基間で共有結合（チミン二量体）を形成しDNA複製を混乱させる．

c. 生物学的な要因による突然変異

DNAの塩基配列上のより大規模な変化は，前述のような単一あるいは少数の塩基の変異とはまったく別の機構により起こる．ここでいう大規模な変化とは数十bpから数kbpに及ぶ塩基配列の挿入あるいは欠失などである．この**転移因子**（**トランスポゾン**，transposable element）はヒトゲノムの40%以上を占めており，他の真核生物の3〜10%と比べると非常に高い割合である．真核生物のトランスポゾンにはおもに4つの種類がある．

① SINE（short interspersed nuclear elements，短鎖散在型反復配列）は，500 bp以下で，転写はされるが翻訳はされない配列である．ヒトゲノムには150万bpほど存在し，ゲノム全体の15%を占めている．そのなかでも300 bpほどのAlu因子は，100万コピーが全染色体に散らばっていて，ヒトゲノムの11%を占めている．

② LINE（long interspersed nuclear elements，長鎖散在型反復配列）は，7000 bp以下の配列で，転写も翻訳もされてタンパク質がつくられる．これはヒトゲノムの17%を占めている．

SINEもLINEも，まず自分のRNAコピーをつくり，それを鋳型に新しいDNAをつくり，それがゲノムの新しい場所に入り込む．

③ レトロトランスポゾンは自分のRNAコピーをつくって，ゲノム中を動く．ヒトゲノムの約8%を占めていて，自分の移動に必要なタンパクをコードしているものもある．

④ DNAトランスポゾンはRNAを中間体として使わず，複製なしで新しい場所にそのまま移動する．

これらのトランスポゾンが，どのような機能をもっているか，現時点ではほとんど知られていない．しかし，複製によるトランスポゾンの挿入は重要な結果を招く．つまり，トランスポゾンがある遺伝子のコード領域に挿入されると，結果的に突然変異となる．血友病や筋ジストロフィーなどのいくつかは，これが原因である（第7，8章参照）．

2.4 遺伝子突然変異と染色体突然変異

> **到達目標：**
> 突然変異の発生機構を説明できる．
> 多様な突然変異を説明できる．
>
> 【キーワード】 塩基置換，変異率，塩基転換型突然変異，塩基転位型突然変異，非同義突然変異（ミスセンス突然変異），コドン表，同義置換（サイレント置換），フレームシフト突然変異，染色体レベルの変異，不分離，トリソミー，モノソミー，ロバートソン型転座

2.4.1 塩基配列の変異

最も単純なタイプの突然変異は**塩基置換**（base substitution）であり，DNA二本鎖の1つのヌクレオチド対が異なるヌクレオチド対と置き換わることである．しかしながら，この突然変異はまれである．**変異率**（rate of mutation）は生命体によって違い，また同じ生命体でも遺伝子によって異なってくる．だいたい，1回のDNA複製につき1万bpに1つ以下の割合で起こるが，10億bpに1つという低頻度のときもある．多くの突然変異は，DNA複製時に新しいDNA鎖をつくる際に起こる塩基置換である．

塩基置換には，ピリミジンがプリンと，あるいはその逆に置き換わるものがある．これらは**塩基転換型突然変異**（transversion mutation）と呼ばれるものがあり，8種類の可能な転換型突然変異は以下のようになる．

$$T \to A, \; T \to G, \; C \to A, \; C \to G$$
（ピリミジン→プリン）
$$A \to T, \; A \to C, \; G \to T, \; G \to C$$
（プリン→ピリミジン）

塩基置換ではピリミジン塩基同士，あるいはプリン塩基同士が置換するものもある．これらは**塩基転位型突然変異**（transition mutation）と呼ばれ，4種類の可能な転位型突然変異は次のようなものである．

T → C　あるいは　C → T
（ピリミジン→ピリミジン）
A → G　あるいは　G → A
（プリン→プリン）

コード領域の塩基置換の多くは1個のアミノ酸を別のアミノ酸に置き換える．これらは**非同義突然変異**（nonsynonymous mutation）あるいは**ミスセンス突然変異**（missense mutation）と呼ばれる（コドン表）．タンパク質の1個のアミノ酸が置換すると，タンパク質の生物学的特性が変化する可能性がある．この一例として，フェニルアラニン水酸化酵素のR408Wアミノ酸置換がある．これは遺伝子コドン408の先頭の位置で，C-GからT-Aへ塩基対が置換されたことに由来する．もともとmRNAコドン408（CGG）はアミノ酸アルギニン（R）をコードするが，ミスセンス突然変異によりアミノ酸トリプトファン（UGG）に変化する．この変化は酵素を不活性化し，フェニルケトン尿症をもたらす．

遺伝暗号（**コドン表**，表2.1）を見ると，コドンの3番目の突然変異では，すべての塩基置換がアミノ酸の置換を起こすとは限らないことがわかる．3番目の位置にピリミジンをもつすべてのコドンで，特定のピリミジンが存在するかは重要ではない．同様に，プリンで終わる大部分のコドンも，どちらのプリンであるかは重要ではない．これは，コドンの3番目で転位型突然変異が起こってもほとんどの場合，コードされるアミノ酸は変わらないことを意味する．このように，ヌクレオチド配列を変化させてもアミノ酸配列は変わらないので表現型の変化は検出されない突然変異は，**同義置換**（synonymous substitution）あるいは**サイレント置換**（silent substitution）と呼ばれる．

塩基置換は，ときに新しい停止コドンUAA，UAG, UGAを生み出す．たとえば，正常なトリプトファンコドンUGGの3番目の位置でGがAに変化すると，トリプトファンコドンを停止コドンUGAに変換する（表2.1）．その結果，翻訳が突然変異コドンの位置で終結する．このようにして生まれたポリペプチド断片はほとんどの場合，機能しなくなる．新しい停止コドンを生み出す塩基置換は，**ナンセンス突然変異**（nonsense mutation）と呼ばれる．

小さな挿入や欠失がコード領域に起こると，付

表2.1　mRNAの遺伝暗号（コドン）と対応するアミノ酸

		2番目の塩基					アミノ酸	略	
		U	C	A	G			3文字	1文字
1番目の塩基（5′末端）	U	UUU UUC } フェニルアラニン (Phe)　UUA UUG } ロイシン (Leu)	UCU UCC UCA UCG } セリン (Ser)	UAU UAC } チロシン (Tyr)　UAA UAG } 終止	UGU UGC } システイン (Cys)　UGA 終止　UGG トリプトファン (Try)	U C A G	アラニン アルギニン アスパラギン アスパラギン酸	Ala Arg Asn Asp	A R N D
	C	CUU CUC CUA CUG } ロイシン (Leu)	CCU CCC CCA CCG } プロリン (Pro)	CAU CAC } ヒスチジン (His)　CAA CAG } グルタミン (Gln)	CGU CGC CGA CGG } アルギニン (Arg)	U C A G (3′末端)	システイン グルタミン酸 グルタミン グリシン ヒスチジン	Cys Glu Gln Gly His	C E Q G H
	A	AUU AUC } イソロイシン (Ile)　AUA メチオニン (Met)　AUG 開始	ACU ACC ACA ACG } トレオニン (Thr)	AAU AAC } アスパラギン (Asn)　AAA AAG } リジン (Lys)	AGU AGC } セリン (Ser)　AGA AGG } アルギニン (Arg)	U C A G	イソロイシン ロイシン リジン メチオニン フェニルアラニン プロリン	Ile Leu Lys Met Phe Pro	I L K M F P
	G	GUU GUC } バリン (Val)　GUA GUG } バリン (Val) 開始	GCU GCC GCA GCG } アラニン (Ala)	GAU GAC } アスパラギン酸 (Asp)　GAA GAG } グルタミン酸 (Glu)	GGU GGC GGA GGG } グリシン (Gly)	U C A G	セリン トレオニン トリプトファン チロシン バリン	Ser Thr Trp Tyr Val	S T W Y V

AUGとGUGはタンパク質鎖の開始以外の場所では，メチオニンとバリンを指定する．3つの塩基の集合をトリプレットと呼ぶ．DNAではUはTとなる．61種類のコドンはアミノ酸を表す．トリプトファンとメチオニン以外のすべてのアミノ酸には2種類以上のコドンが対応する．コドンの塩基は5′から3′の方向に記してある．

加したり削除するヌクレオチドの数がちょうどコドンの長さの3の倍数なら，アミノ酸が付加されたり削除されたりする．そうでない場合は，挿入や欠失によってリボソームがコドンを読む相がずれ，その結果，突然変異の部位から下流のアミノ酸をすべて改変してしまう．mRNAのコドンの読み枠がずれる突然変異は，**フレームシフト突然変異**（frameshift mutation）と呼ばれる．フレームシフト突然変異の一般的なタイプは，1塩基が付加または欠失するというものである．たとえば，アデニンが挿入されると，以下のようにずれる．

```
         Leu Leu Leu  Leu
       ……CUGCUGCUGCUG……
       ……CUGCAUGCUGCUG……
         Leu His Ala  Ala
```

このようなフレームシフトは，タンパク質がC末端に非常に近い場合を除き，通常，機能を欠くタンパク質を生じる．

2.4.2 染色体レベルの変異

細胞分裂の複雑な過程の中で，時としてエラーが生じることがある．減数第一分裂において，相同染色体の対が分離しそこなうだけではなく，減数第二分裂または体細胞分裂（有糸分裂，mitosis）においても姉妹染色体が分離しそこなう可能性もある．こうした現象は**不分離**と呼ばれる．反対に，相同染色体がくっつきそこなうことも考えられる．どのケースではあっても異数性（aneuploidy）細胞が生まれてしまう．異数性とは，1つ以上の染色体が不足したり，余分に存在する状態である．ヒトの卵の形成中に，21番染色体対の両方が減数第一分裂後期で同じ極へ行ってしまった場合，結果として21番染色体は2本を含むか，まったく含まない状態になる．これらの染色体を2本もつ卵が正常な精子と受精した場合，結果として受精卵は3本の染色体をもつことになり，21番染色体の三染色体性（**トリソミー**）になってしまう．21番染色体を1本多くもつ子はダウン症となる．一方，21番染色体をもたない卵が正常な精子と受精した場合，受精卵は21番染色体が1本しかなく，21番染色体の一染色体性（**モノソミー**）といわれる．

染色体全体を一式余分にもつ生物も偶発的あるいは人為的に生じうる．ある状況下では，三倍体（$3n$），四倍体（$4n$）およびそれ以上の倍数性（polyploidy）の核が存在しうる．もし，核が1セット以上の余分な染色体をもっていても，それぞれの染色体はその他の染色体とは独立して振る舞うために体細胞分裂は正常に進行する．しかしながら，減数分裂では，相同染色体は分裂を開始するためには対合しなければならない．1本の染色体に相同体がない場合，減数第一分裂後期で染色体を両極へ送ることができない．そのため，異数性の核をもつ生体では正常な減数分裂ができず，不妊になりやすい．

異数性や倍数性は，染色体の「数」の異常であるが，染色体全体が切断あるいは再結合し，遺伝情報の並びが大いに乱れる染色体の「構造」に基づく異常も存在する．そのような染色体の突然変異には，欠失，重複，逆位と転座の4種類が存在する（図2.8）．

① 欠失：染色体の一部分が消失することがあり，これは染色体の欠失（deletion, deficiency）と呼ばれる．この異常は生物にとって有害であり，欠失範囲が大きいほど有害度は大きい．とくに大きな欠失では，正常染色体とのヘテロ接合であっても通常は致死である．欠失を伴う染色体は，欠損遺伝子の野生型対立遺伝子をもたない事実を利用することによって，欠失を遺伝的に検出することができる．ショウジョウバエの *Notch* の欠失は通常，欠失の範囲が大きいため近傍にある *white* の野生型対立遺伝子も消失している．これらの欠失染色体が，劣性対立遺伝子 *w* をもつ構造的に正常な染色体とでヘテロ接合になると，その個体は白眼となる．これは，野生型の $w+$ 対立遺伝子が *Notch* の欠失染色体に存在しないからである．

② 重複：ある染色体領域が二重に存在することがあり，重複（duplication）と呼ばれる．縦列重複（tandem duplication）とは，重複した染色体部位が，元の方向のままで正常領域に接して存在する状態をいう．縦列重複は，不等乗換え（交叉，unequal crossing-over）という過程を介して重複部位のコピーをさらに増やすことができる（図2.9）．ヒトの色覚は，網膜の錐体細胞に存在する3種類の光受容色素タンパク質の働きによるものである．ヒトの赤緑色覚異常は不等乗換えによる染色体異常による（2.5.2項参照）．

色体異常は転座（translocation）と呼ばれる．この転座は2つの部位が相互に交換しあっているので，相互転座（reciprocal translocation）とも呼ばれる（図2.8）．転座のヘテロ接合では，1対に交換があり，別の1対は正常であることから，減数分裂における染色体の分離に支障が生じるからである．したがって，ヘテロ接合の相互転座の個体では，ふつう正常個体の半数の子しか生まれず，半不稔性（semi-sterility）といわれる．転座のホモ接合では2対とも交換があるので減数分裂は支障なく進行する．

ロバートソン型転座（Robertsonian translocation）と呼ばれるものもある．相互転座ではない特別なタイプの転座で，非相同の末端動原体染色体2本が動原体領域で融合して1つの動原体を形成するものであり，ダウン症候群の重要な原因の1つである．

2.5 分 子 進 化　応用

地球上の生物は，複雑なものほどより多くの（機能）遺伝子をもっているようである．たとえばヒトは原核生物の20倍もの遺伝子をもっている．では，新しい遺伝子はどのようにできたのであろうか？　一般的な答えは，さまざまな遺伝子は重複により生じ，その重複により増えた遺伝子を使ってよりよいものをつくってきたという考え方である．つまり，2コピーある遺伝子の1つに突然変異が起きても，残りの遺伝子が機能しているので生存には影響がないばかりでなく，その遺伝子は突然変異を繰り返していくこともできる．このようなランダムな突然変異が蓄積し有用なタンパク質を合成するようになれば，その遺伝子は自然選択され永続していくことになる．進化の中で，ある遺伝子のコピーは，それぞれ別の突然変異を受けていき，結果として非常に似た遺伝子グループ（遺伝子ファミリー，gene family）ができあがった．遺伝子ファミリーの中には，数種類の遺伝子しか含まれないグロビン遺伝子ファミリーのようなものがある一方，免疫グロブリンなど何百種類に及ぶものまで存在する．

2.5.1　グロビン遺伝子

筋肉の酸素結合タンパク質であるミオグロビン

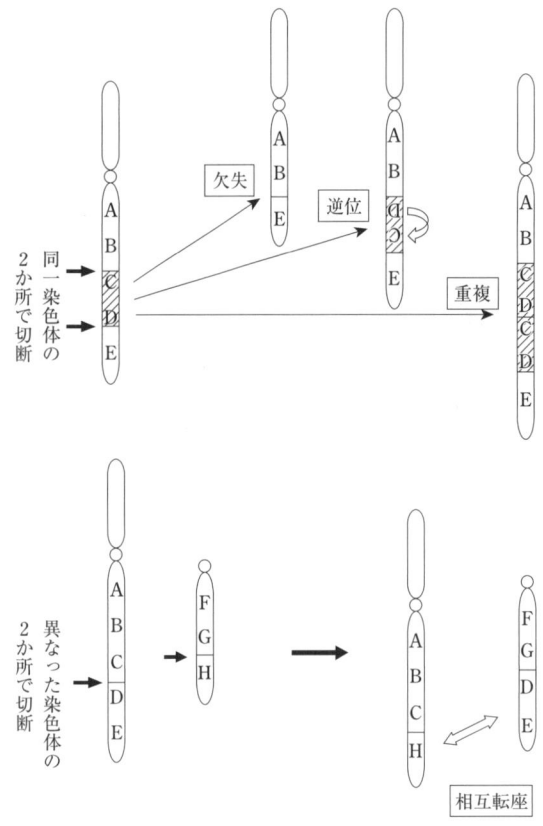

図2.8　染色体異常の発生機構
同一染色体の異なった2か所で切断が生じ，両端の断片が結合した場合には間の断片が失われた染色体が形成される（欠失）．また，中央の断片がもとと異なった両端の断片と結合すると，中央の断片の向きが逆転することとなる（逆位）．さらに，その部分が倍加することもある（重複）．また，異なった2本の非相同染色体で切断が生じ，互いに相手を換えて結合すると相互転座が生じる．

③ **逆位**：もう1つの重要な染色体異常には，複数の遺伝子の順序が逆転している逆位（inversion）がある．ヘテロ接合の個体では，相同染色体の一方は構造的に正常（野生型），もう一方が逆位をもつ．体細胞分裂ではそれぞれの染色体が複製された後，染色分体は他の染色体とは無関係に娘細胞に分配されるので，これらの染色体は問題なく継代される．ところが，減数分裂の場合，遺伝子の順序が逆転している領域では対合できない．また，逆位の領域内に動原体が含まれない逆位を偏動原体逆位（paracentric inversion）という．逆位が動原体を含む場合，狭動原体逆位（pericentric inversion）と呼ばれる．

④ **転座**：減数分裂中に非相同染色体の間で部分交換をすることがあり，これによって生じた染

を含むグロビンファミリーに属するすべての遺伝子は，共通の祖先となるある1つの遺伝子に由来する．成人のヘモグロビン分子は，2つのαグロビンサブユニットと2つのβグロビンサブユニットの四量体で，ヘム（鉄，heme）はサブユニットそれぞれに1個結合しているので合計4個がヘモグロビン分子に結合している．αグロビン遺伝子クラスター（cluster）には3種類の遺伝子が存在し，βグロビン遺伝子クラスターには5種類，γグロビンには2種類の遺伝子が存在する．

ヒトの発生過程で，それぞれのグロビン遺伝子は，別々の時期に別々の組織で発現し，そのことが生理的機能には重要である．αグロビンはほぼ6週齢の胎児で発現が最も高く，総グロビンタンパク質に対する割合は50%にも達するだけではなく，発現割合はその後も維持される．胎児期におけるγグロビンの発現量もαグロビンに近いが出生直前に発現量が減少する．一方，胎児期のβグロビン発現量は低いが，出生直前，発現量は一気に増加する．このため，出生直前にγグロビンからβグロビンへとスイッチされる．γグロビンをもつ胎児のヘモグロビンは，成人のヘモグロビンよりも酸素を強固に結合する．母体と胎児の循環血液が近接する胎盤では，この酸素結合力の差により酸素が母体側より胎児側へと移行する．出生直前に，肝臓での胎児型ヘモグロビンの産生は停止し，骨髄細胞由来の成人型ヘモグロビンへと引き継がれていく．

2.5.2 オプシン遺伝子と色覚

多重遺伝子族のように類似した配列をもつ遺伝子が縦列に並んで遺伝子クラスターを形成している場合に，これらの遺伝子が欠失あるいは重複する変異が発生しやすいことも知られている．たとえば，ヒトの赤緑色盲は視物質である**オプシン遺伝子**に起因する．赤オプシンと緑オプシン遺伝子はX染色体で遺伝子クラスターを形成している．このオプシン遺伝子クラスターにおいて，不等交叉という現象により，一部の遺伝子が欠失することで赤緑色盲が発生することが知られている．不等交叉とは，減数分裂において相同染色体の間で生じる組換え（交叉）が本来の位置ではなく，相同性のある近接の配列との間で生じることである．その結果，片方の相同染色体では欠失が，もう片方の相同染色体では遺伝子の重複が発生することになる（図2.9）．このような不等交叉は，遺伝子の欠損などの突然変異を引き起こすだけではなく，進化の過程において不等交叉による遺伝子の重複により多重遺伝子族や新たな機能をもった遺伝子を形成したと考えられている．

2.6 抗体の多様性獲得機構　応用

遺伝子重複によって非常に複雑な構造を造り上げた遺伝子の1つに，免疫系で重要な役割を果たす抗体の遺伝子である免疫グロブリン遺伝子がある．免疫グロブリン遺伝子が遺伝子重複によって生じた複雑な構造をもつことで，いかにして多様な病原体に対処しているかについて解説する．

2.6.1 クローン選択による免疫系の多様性，特異性，自己寛容，免疫記憶の獲得機構

獲得免疫では，体内に侵入した異物は非自己である抗原として認識され，その抗原と特異的に反応する抗体の生産やT細胞の活性化などの免疫応答を引き起こす．個体を取り巻く環境には抗原となりうる物質は無数にあるにもかかわらず，免疫系は多様な抗原の1つ1つに対して特異的に結合する抗体を生産することが可能である．また，免疫系は自己免疫疾患などの例外を除いて，自己

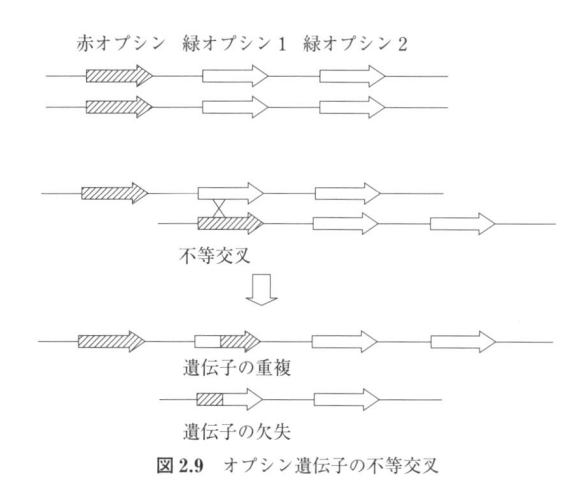

図2.9 オプシン遺伝子の不等交叉
視物質であるオプシンの遺伝子はX染色体上に赤オプシン遺伝子と複数の緑オプシン遺伝子と並んでクラスターを形成している．これらの遺伝子間で不等交叉が生じると，片方の染色体では遺伝子数が増加し（重複），もう片方の染色体では減少する（欠失）．その結果，正常なオプシン遺伝子の機能が失われることで，ヒトの赤緑色盲は発生する．

を構成する分子を異物として排除することはない．さらに，一度体内に侵入した抗原は免疫記憶と呼ばれる現象により，再度体内に侵入したときにはより強い免疫応答をより迅速に引き起こす．

このようなクローン選択説の前提となるのが，特定の抗原に特異的に反応する，1億をはるかに上回るといわれる多様な抗体がどのようにしてつくられるのかということである．もし，抗体という1つのタンパク質をつくるのに1つの遺伝子が必要とされるなら，このような多様な抗体をつくるには1億以上の遺伝子が必要なことになるが，哺乳類のゲノム中には全体で数万程度の遺伝子しか存在しないことから，このように多数の遺伝子をもつことは不可能である．このような矛盾に分子レベルで明確な解答を与えたのがDNAの再編成による抗体の多様性獲得機構である．抗体を構成するタンパク質は免疫グロブリンと呼ばれ，2本の重鎖（H鎖）と2本の軽鎖（L鎖）がジスルフィド結合したY字型の四量体を形成している（図2.10）．重鎖，軽鎖のいずれもN末端側の約110個のアミノ酸は非常に多様性に富むことから可変部といわれ，この部分が抗原との特異的な結合に関与している．それに対し，C末端側は重鎖と軽鎖の間では構造が異なるが，可変部のような多様性は認められず定常部といわれている．哺乳類のゲノム中には軽鎖の遺伝子はκ鎖とλ鎖の2個，重鎖の遺伝子は1組しか存在しないにもかかわらず，以下に述べる特殊な分子機構によりこれら少数の遺伝子から非常に多様な抗体分子が形成されることが明らかとされている．免疫グロブリンの遺伝子は通常の遺伝子と比べてかなり特殊な構造をし，遺伝子群を構成している（図2.11）．たとえば重鎖遺伝子群では，可変部に対応する領域は，V, D, J の3つの領域に分けられるが，1つの重鎖遺伝子の中には200以上のV領域をコードする少しずつ塩基配列の異なった遺伝子が存在し，その間は介在配列により隔てられている．同様にD領域は20以上の，J領域は4の隔てられた遺伝子よりなっている．しかも，B細胞以外の細胞ではこのような免疫グロブリン遺伝子群の構造がみられるにもかかわらず，抗体を生産する分化したB細胞では，免疫グロブリン遺伝子群の構造は大きく変化し，多数あるV, D, J領域をコードする遺伝子のうちそれぞれ1つずつが結合した配列が存在しているのである（図2.11）．さらに異なった抗体を生産するB細胞の各クローンではそれぞれV, D, J遺伝子の組み合わせが異なっている．このような免疫グロブリン遺伝子群の特徴的な構造から，B細胞の分化の過程で，免疫グロブリン遺伝子群のDNAに大きな再編成が起こり，その結果，抗体分子の多様性が獲得されていることが明らかにされた（図2.12）．すなわち，B細胞の分化の過程で，まず，多数のD遺伝子中の任意の1つとJ遺伝子の1つが選択され，その間にある配列が除去されることで，任意の1つのD遺伝子とJ遺伝子が結合する．この過程はD遺伝子とJ遺伝子に隣接する相補的な7塩基（ヘプタマー）と9塩基（ナノマー）の配列の間での組換えにより媒介される．続いて，V遺伝子とD遺伝子の間でも同様に介在配列が除去されることで，最終的に任意のV, D, J遺伝子が結合した1つの配列が形づくられることになる．すなわち，1つのB細胞がもつ重鎖遺伝子は，200以上のV遺伝子，20以上のD遺伝子，4のJ遺伝子からそれぞれ1つを選んだ組み合わせとなり，計2万通り以上が可能となる．軽鎖の遺伝子の場合も多様性の獲得機構は，重鎖と基本的は同様であるが，重鎖にみられるD遺伝子は存

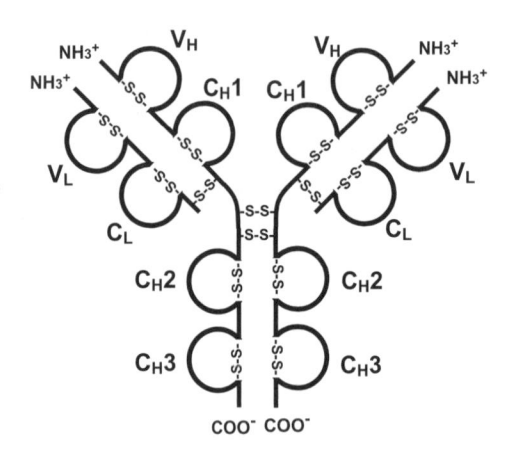

図2.10 抗体（免疫グロブリン，IgG）の構造（ロディッシュほか，2010）
抗体は重鎖2本と軽鎖2本がジスルフィド結合により結合した四量体であり，抗体分子のN末端部分は重鎖，軽鎖ともに変異に富む可変領域であり，その他の部分は定常領域となる．定常領域の違いにより，抗体はさらにIgM, IgD, IgE, IgAに分けられる．V_H：重鎖可変領域，C_H：重鎖不変領域，V_L：軽鎖可変領域，C_L：軽鎖不変領域．

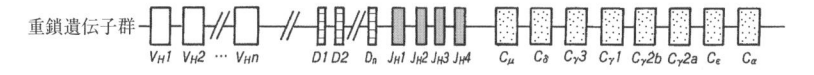

図 2.11 免疫グロブリン遺伝子の構造

重鎖遺伝子群では定常領域にも複数の遺伝子が存在し，これらは免疫グロブリンのクラスであるIgM（C_μ），IgD（C_δ），IgG（C_γ），IgE（C_ε），IgA（C_α）に対応し，クラススイッチにより変化する．それに対して軽鎖（ここでは κ 鎖）遺伝子群では約 300 の V 遺伝子と 5 の J 遺伝子より構成されている．

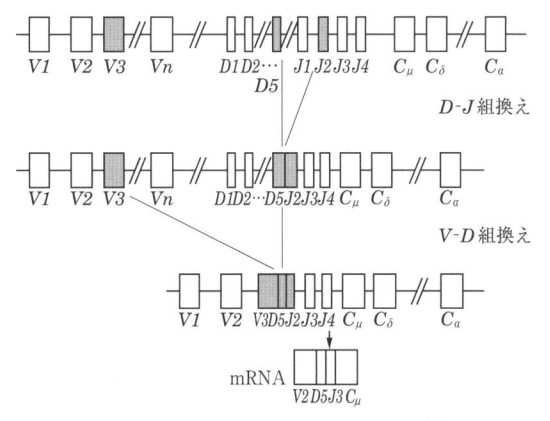

図 2.12 免疫グロブリン重鎖遺伝子群の再編成（東條ほか編，2007）

Bリンパ球の分化の過程で，重鎖遺伝子群のなかで，まず任意の D 遺伝子の1つと J 遺伝子の1つの間の領域が欠失することで，D–J 間の組換えが生じる．引き続き V と D の間でも同様の組換えが生じることで，任意の V, D, J の組み合わせをもつ免疫グロブリン遺伝子が形成される．

在せずに，可変部は 300 以上の V 遺伝子と 4 の J 遺伝子から構成されているため，計 1000 通り以上の組み合わせとなる．したがって，重鎖と軽鎖の組み合わせによる抗体分子は 2×10^7 以上の多様な分子が可能である．

2.6.2 超可変領域と体細胞突然変異

免疫グロブリン遺伝子群の再編成により，多様な抗体を生産することが可能となるが，これだけではまだ，あらゆる抗原に対応できるといわれる抗体の多様性を説明するには十分な数ではない．免疫グロブリン遺伝子の再編成の過程では，さらに V–D あるいは D–J の間の結合部位に高頻度で変化が生じることで多様性が増加することが知られている．すなわち，組換えの境界では1から数塩基ずれて V と D あるいは D と J が結合することや結合部位に余分な塩基が挿入されることにより，この部位のアミノ酸配列に高い頻度で変化が生じるのである．さらに免疫グロブリン遺伝子の可変部は，V–D–J の再編成の後に高頻度でランダムな体細胞突然変異が起こり，これによっても可変部のアミノ酸配列が変化し，多様性が生じることが知られている．したがって，抗体の可変部の多様性は，① V, D, J 領域の組換えによる遺伝子の再編成，② 組換え部位での変異，③ 高頻度で生じるランダムな体細胞突然変異の3種類の機構により獲得され，その多様性は理論的には 10^9 をはるかに上回る莫大な値となる．このようにして B 細胞の分化の過程で，それぞれの細胞がもつ免疫グロブリン遺伝子は特異的な単一の抗体を生産する遺伝子へと変化し，その結果，分化した個々の B 細胞はそれぞれが特定の抗原と反応する抗体のみを生産するクローンとなる．なお，これらクローンのかなりの部分は，自己を構成する分子と反応する自己抗体を生産するクローンであり，これらのクローンは発生の過程で排除されることになる．このようにして，最終的に体内に侵入したあらゆる異物を効率的に排除する免疫システムが形づくられるのである．なお，同様な多様性の獲得機構は細胞性免疫を担う T 細胞における T 細胞受容体遺伝子にも認められている．

以上のように抗体の多様性獲得機構は，B 細胞の分化の過程で免疫グロブリン遺伝子の塩基配列が大きく変化するという非常に特殊な DNA の再編成により成り立っている．従来，体を構成している各細胞のゲノム DNA の配列は同一であり，細胞の分化により変化するのは遺伝子の発現パターンのみであり，遺伝子自身の構造が変化することはないという考えが一般的であった．しかし，

免疫グロブリン遺伝子の再編成は，特殊な例外であるとはいえ細胞の分化に伴ってゲノムの塩基配列自身が変化する場合があることを示す非常に貴重な例である．

なお，免疫グロブリンは IgM, IgD, IgG, IgE, IgA の5つのクラスに分けられ，それぞれ免疫応答において異なる機能をもつが，B細胞分化の過程ではこれらのクラスの変化が起きる．これをクラススイッチという．免疫グロブリンのクラスの違いは，重鎖の定常部の構造の違いに起因するが，重鎖遺伝子群にはこれらのクラスに対応した C 遺伝子が存在し（図 2.11），これらの組み合わせが変化することで，クラススイッチが調節されている． 〔今川和彦・国枝哲夫〕

参 考 文 献

ブラウン，T.A. 著，村松 實監訳（2000）：ゲノム，メディカル・サイエンス・インターナショナル．

ハートル，D.L.・ジョーンズ，E.W. 著，布山喜章・石和貞男監訳（2005）：エッセンシャル遺伝学，培風館．

ロディッシュ，H. ほか著，石浦章一ほか訳（2010）：分子細胞生物学，東京化学同人．

東條英昭・佐々木義之・国枝哲夫編（2007）：応用動物遺伝学，朝倉書店．

演 習 問 題
（解答 p.155）

2-1 ヌクレオソームの説明は以下のどれか．
 (a) 減数分裂の間だけ存在する．
 (b) 減数分裂の前期のみに存在する．
 (c) すべて DNA からなる．
 (d) ヒストンコアのまわりに巻きついている DNA からなる．
 (e) 染色体でつくられている．

2-2 核酸を合成する際に鋳型となる核酸を必要としない酵素はどれか．
 (a) テロメラーゼ
 (b) RNA ポリメラーゼ
 (c) ポリ A ポリメラーゼ
 (d) DNA ポリメラーゼ
 (e) プライマーゼ

2-3 DNA の複製の際に，複製フォークの移動とは逆方向にヌクレオチドの縮合が進行する DNA 鎖を何と呼ぶか．
 (a) DNA ヘリカーゼ
 (b) リーディング鎖
 (c) ラギング鎖
 (d) 岡崎フラグメント
 (e) RNA プライマー

2-4 真核生物の DNA 複製について誤っているものはどれか．
 (a) DNA 複製はセントロメア領域から始まる．
 (b) DNA 鎖の合成は 5′→3′ の1方向へ進行する．
 (c) 複製フォークのラギング鎖では短い DNA 鎖がつくられ，つなげられる．
 (d) DNA 複製は短い RNA 鎖から始まる．
 (e) 複製された2つの DNA 分子はそれぞれ古い鎖と新しい鎖から構成される．

2-5 突然変異のうち，アミノ酸配列の変化を伴わないものを何というか．
 (a) ナンセンス変異
 (b) ミスセンス変異
 (c) トランジション変異
 (d) サイレント変異
 (e) トランスバージョン変異

2-6 塩基対合に関する以下の記述のうち，正しくないものはどれか．
 (a) 相補的塩基対合は DNA 複製に関与する．
 (b) DNA では，チミン（T）はアデニン（A）と対になる．
 (c) 塩基対の長さは等しい．
 (d) DNA では，シトシン（C）はグアニン（G）と対になる．
 (e) プリンはプリンと対になり，ピリミジンはピリミジンと対になる．

3章　質的形質の遺伝

一般目標：
生産形質や一部の遺伝性疾患，あるいは特定の疾患に関する感受性などの，少数の因子*に支配されている遺伝形質を理解する．

3.1　産業動物の生産形質の遺伝

到達目標：
産業動物の生産形質の遺伝様式を説明できる．
【キーワード】　質的形質，家畜の生産形質，ミオスタチン遺伝子，主働遺伝子，遺伝性疾患，浸透率

3.1.1　生産形質の遺伝的特徴

ウシ，ブタ，ニワトリなどの産業動物（家畜，家禽）の遺伝学にとって重要な形質はたとえば，乳量，肉質，成長速度など，連続的な変化を示す形質であり，量的形質と呼ばれる．また，これらの形質は産業動物の経済的価値に結びつくことから経済形質とも呼ばれることもある．このような量的形質には数多くの遺伝子がかかわるため単純なメンデル遺伝の様式を示すことはなく，また，飼育環境などの環境的要因にも大きく影響を受けることから，その遺伝様式を推測し，優れた遺伝的性質をもつ個体を選抜することは容易ではない．これら量的形質の評価と選抜法については第4章に詳しく記述する．一方，産業動物の形質にも単純な遺伝様式を示す形質も多くあり，それらは量的形質に対して**質的形質**（qualitative trait）と呼ばれている．質的形質は単一あるいは少数の遺伝子に支配される場合が多く，第1章で解説したようにメンデルの法則に従って特定の遺伝子座の遺伝子型によって決定されることになる．表3.1に各種動物において遺伝子の変異が同定されている質的形質についてまとめた．これらのう

ち，キャリピージは変異型ホモ，正常型ホモのいずれも異常を示さないが，ヘテロ個体のみが筋過形成という特定の形質を示す超優性といわれる遺伝様式をとり，血友病はヒトの場合と同様に伴性遺伝の様式をとるが，それ以外は基本的に常染色体劣性の遺伝様式である．

動物における質的形質には，従来，毛色，血液型などがよく知られている．これらは動物の経済形質に直接結びつくものではない．一方ベルジアン・ブルー種の肉牛にみられる筋肉倍増形質（ダブルマッスル）と呼ばれる筋過形成（musculer hypertrophy）や，排卵数の増加によるヒツジの多胎（ブールーラ，インバーデール）など数は多くないが，好ましい家畜の生産形質にかかわるものもある．ウシのダブルマッスルは1807年に最初に報告されて以来，さまざまな品種において発生が報告されている．わが国の黒毛和種でも発生し，「豚尻」という形質として知られている．ダブルマッスルの個体は，正常個体と比べると臓器重量は減少しているにもかかわらず，筋重量は平均で20%程度も増加する．ダブルマッスルの個体では筋重量の増大だけでなく，脂肪と結合組織の減少も認められ肉質が赤身で柔らかいこと，摂食量の減少がみられ飼料効率が向上するなど，家畜生産上の有利な側面を多数もつが，一方で出産に際して分娩が困難な場合が多いこと，呼吸器系の疾患に罹患しやすいことなどの肉牛生産上の好ましくない形質も多い．1997年に，ウシのダブルマッスルの原因遺伝子は**ミオスタチン遺伝子**であることが明らかとされた．ミオスタチンは骨格筋の発生を制御する分化増殖因子であり，この遺伝子の機能が失われることで，筋肉の分化，増殖の正常な制御ができず，筋過形成になると考えられている．その後，各品種の肉用牛にて，異なった多数の突然変異が見つかっている．ミオスタチ

---

* 『獣医学教育モデル・コア・カリキュラム 平成24年版』には「多数の因子」と表記されているが，「少数の因子」が正しい．

表 3.1 原因となる遺伝子が同定されている動物の遺伝形質

種 類	形質名	表現型	動物種	同定されている原因遺伝子
生産形質	ダブルマッスル	筋過形成，肉量の増大	ウシ	MSTN / GDF8
	テキセル	筋過形成，肉量の増大	ヒツジ	MSTN / GDF8
	キャリピージ	筋過形成，肉量の増大	ヒツジ	DLK1-GTL2 region
	ブールーラ	多胎，産子数増加	ヒツジ	BMPR-1B
	インバーデール	多胎，産子数増加	ヒツジ	BMP15
	RN	肉のpH，保水性低下など	ブタ	PRKAG3
	乳質（乳脂肪率）	乳脂肪率上昇	ウシ	DGAT1
	成長速度	筋成長率の増大	ブタ	IGF2
	PSE豚肉	フケ肉	ブタ	RYR1
	異臭乳	牛乳の魚臭	ウシ	FMO3
遺伝性疾患	チェディアック-ヒガシ症候群	出血傾向，毛色の淡色化	ウシ	LYST
	軟骨異形成性矮小体躯症	四肢の短小化，関節異常	ウシ	LIMBIN
	尿細管形成不全症	腎機能不全，過長蹄	ウシ	CL16/ PCLN1
	白血球粘着不全症	免疫不全	イヌ，ウシ	ITGB2
	複合脊髄形成不全	脊髄形成異常，死産	ウシ	SLC35A3
	球状赤血球症	溶血症貧血	ウシ	SLC4A1
	ウリジン酸合成酵素欠損症	胎生致死	ウシ	UMPS
	悪性高熱症	高体温，筋硬直	ウマ，イヌ，ブタ	RYR1
	高コレステロール血症	血中脂肪濃度上昇	ブタ	LDLR
	糖原病 I，II，IV，V，VII型	低血糖，肝腫大	イヌ，ウシ，ウマ，ヒツジ	G6PC, GAA, GBE1, PYGM, PFKM
	致死性白斑症候群	全身の白色化，巨大結腸症	ウマ	EDNRB
	血友病	血液凝固不全	イヌ，ウシ，ヒツジ，ネコ	F8, F9
	筋ジストロフィー	進行性筋萎縮	イヌ，ネコ	DMD
	ナルコレプシー	睡眠発作	イヌ	HCRTR2
	重症複合免疫不全症	免疫不全	イヌ，ウマ	PRKDC1, IL2RG
	マンノシドーシス	骨格異常，神経症状	ウシ，ネコ	MAN2B1, MANBA
	ガングリオシドーシス	発達遅滞，麻痺	イヌ，ネコ	GLB1
	ムコ多糖症 I，III，VI，VII型	ムコ多糖の蓄積，骨格異常	イヌ，ネコ	IDUA, SGSH, ARSB, GUSB
	セロイドリポフスチン蓄積症	視力障害，行動異常	イヌ，ウシ，ヒツジ	NCL
	単趾症	趾数の減少	ウシ	MEGF7 / LRP4

上記は家畜などで知られている形質に関する遺伝子の代表的なものだけをあげている．

ンという単一の遺伝子にこのように多数の突然変異が存在し，また特定の品種内でその遺伝子頻度も高いという事実は，肉牛の長い育種の過程での選抜の結果であると考えられる．すなわち，ミオスタチン遺伝子が変異型のヘテロ個体は正常型ホモの個体に比べて筋形成が若干増大する傾向のあることから，これらの突然変異はヘテロ状態においても肉牛として選抜上有利な表現型を与え，その結果として変異型遺伝子の集団内での頻度を増加させたものと考えられる．以上のようにミオスタチン遺伝子の突然変異は，分娩困難などの不利な表現型が伴うとはいえ，ホモでは筋重量の大幅な増大という生産上きわめて有利な形質が出現し，またヘテロでは微妙な影響ではあるが，ホモのような不利な形質を伴わずに生産上有利な形質が出現するという産業動物の質的形質の典型的な例である．また，ミオスタチン遺伝子の変異はイヌ，ウマにおいても報告され，それぞれにおける

運動能力に関連することが報告されている．

3.1.2 主働遺伝子

伴侶動物の質的形質では，このほかに，大型犬と小型犬の体の大きさの違いが *IGF1* という成長因子の遺伝的な変異に起因していることが報告されている．もちろん，動物の体の大きさは，小さいものから大きなものまで連続的な変化を示す量的形質であり，その遺伝的な違いには多数の遺伝子が関与していることが推測される．しかし，もしその遺伝的な違い（遺伝分散）のある程度の部分が特定の遺伝子の効果により説明できる場合，その遺伝子を**主働遺伝子**（メジャージーン，major gene）といい，これらの形質は主働遺伝子による質的形質に近いものとして扱うことができる．*IGF1* の変異は，単一の遺伝子の効果で小型犬と大型犬というイヌの体の大きさの違いのかなりの遺伝的分散を説明できることから，主働遺伝子のいい例である．そのほかに，イヌでは *FGF5*，*RSPO2*，*KRT71* という3つの遺伝子の変異の組み合わせにより，イヌの各品種にみられる多様な毛の長さや質の違いは説明できることが明らかとされている（表3.2）．なお，上記の例のように，体の大きさのような基本的は形質が少数の主働遺伝子によって決定されているのは，イヌという家畜の特殊性に起因していることには注意が必要である．すなわち，イヌでは比較的短い期間に強い人為的な選抜によって，大型犬，小型犬を含む現在の多様な品種が成立している．このような短期間での大きな形質の変化は，大きな効果をもつまれな突然変異が，少数の個体からなる集団で固定され品種として成立したことで引き起こされたものと考えられ，その結果として，特定の主働遺伝子の効果が大きくなったと考えられる．一方，たとえばヒトでは身長にかかわる遺伝子は200以上あり，それらの個々の遺伝子の効果は小さいことが報告されている．これは多くの動物でも同様と考えられている．したがって，イヌのような特定の動物の限られた例から一般化して，ヒトを含む動物の形態や運動能力などの複雑な形質が少数の主働遺伝子により支配されていると考えることは妥当ではない．

質的形質として変わったところでは，ウマの歩様に関するものがある．通常ウマは前肢，後肢の左右を逆に動かす斜対歩（trot）という歩様をとるが，一部には前肢，後肢の左右を同時に動かす側対歩（pace）という歩様をとるウマもいる．斜対歩に比べて側対歩は背の上下動が少ないために荷の運搬や馬車の牽引に適しているといわれている．調教により側対歩の歩様をとらせるのだが，側対歩が可能な品種とそうでない品種があり，その違いは遺伝的に決まっていると考えられていた．最近この側対歩を決めているのが，脊髄の神経細胞で機能する *DMRT3* という遺伝子であり，この遺伝子に変異をもつと側対歩が可能となることが明らかとされている．これも質的形質にかか

表3.2 イヌの体毛の遺伝子（Cadieu *et al.*, 2009）

毛のタイプ	FGF5	RSPO2	KRT71	品種の例
ショート （短毛）	−	−	−	バセットハウンド
ワイヤーコート （かたい毛質）	−	+	−	オーストラリアンテリア
ワイヤーアンドカリー （かたい毛質で巻き毛）	−	+	+	エアデールテリア
ロング （長毛）	+	−	−	ゴールデンレトリーバー
ロングウィズファニッシング （眼と口のまわりに長毛）	+	+	−	ビアデット・コリー
カリー （巻き毛）	+	−	+	アイリッシュウォータースパニエル
カリーウィズファニッシング （眼と口のまわりに長毛，巻き毛）	+	+	+	ビションフリッセ

3.1.3 突然変異の遺伝様式

このように，生産上に好ましい影響を及ぼす質的形質も知られているが，動物において単一遺伝子に支配される質的形質で最も多いのは好ましくない特定の異常が出現する遺伝性疾患であることは間違いない．形質に現れる質的な変化は，特定の遺伝子に生じた突然変異に起因するものであり，このような突然変異は多くの場合，その遺伝子が機能しなくなることで，個体の発生や生理的機能になんらかの異常を生じることになるからである．したがって，動物を対象とした遺伝学で最も重要なことは，このような特定の突然変異によって生じる多くの遺伝性疾患について，その発生機構や遺伝様式について正確に理解することである．なお，突然変異がどのように発生するのかは第2章を，動物に発生する遺伝性疾患の詳細については第7，8章を参照されたい．

遺伝子に生じた突然変異が，遺伝子の機能にどのような影響を与えるかは，その突然変異の種類によって多様である．たとえば，突然変異によって正常な遺伝子の機能が失われる場合を機能消失型変異という．このような変異では，ホモで特定の表現型を呈するが，ヘテロでは異常は示さない劣性の表現型を引き起こす場合が多い．ヘテロ個体では2つの対立遺伝子のうち片方が欠損しても，もう一方の対立遺伝子が正常に機能しているため個体レベルでの表現型の変化につながらないためである．一方，片方の正常な対立遺伝子のみでは個体レベルでの正常な機能が維持するには十分でなく，ヘテロ個体で表現型に変化が現れる場合をハプロ不全型変異といい，この場合は優性の遺伝様式となる．また，突然変異により生じた遺伝子産物（タンパク質）が正常な遺伝子産物の機能を阻害するような場合も知られている．このような場合はヘテロで正常なタンパク質が存在していても，異常なタンパク質がその機能を阻害してしまうために，優性の遺伝様式をとり，優性ネガティブ型変異という．一方，突然変異により遺伝子産物に新たな機能を生じる場合を機能獲得型変異という．特定のアミノ酸置換により酵素活性が異常に亢進するような場合や，遺伝子の発現調節領域の変異により発現が亢進する場合などである．この場合も片方の対立遺伝子の変異のみで表現型に影響を及ぼすのに十分であるため，優性の遺伝様式となる．

また，実際の動物の質的形質の遺伝様式では，たとえ単一に遺伝子に支配される形質であっても，1.1.2項に例示した致死遺伝子が関与するアグーチ遺伝子座や浸透度が100％未満の場合など，メンデルの遺伝様式から逸脱する例も多いことに注意しなければならない．

3.2 動物の毛色の遺伝

> **到達目標：**
> 少数の因子*に支配される動物の遺伝的疾患の特徴を説明できる．
> **【キーワード】** メラニン色素，色素細胞，色素顆粒，ネコの三毛

毛色あるいは羽色は，動物にみられる質的形質の典型的な例であり，品種を特徴づけるとともに，ウマなどでは個体の識別にも重要な情報となることから，各種動物で多くの毛色に関する遺伝子座が明らかにされている．とくにマウスでは多数の毛色に関する遺伝子座が知られ，それらの形質に関与する遺伝子が明らかにされている（表3.3）．毛色に関与する遺伝子には，**メラニン色素**の合成に関与するもの，細胞内での**色素顆粒**などの物質の輸送と分布に関与するもの，**色素細胞**におけるメラニン色素の合成を刺激するホルモンである色素細胞刺激ホルモン（αMSH）にかかわるもの，色素細胞の発生，分化，全身への分布に関するものなどがあり，これらの組み合わせにより多様な毛色が発現する．

3.2.1 メラニン色素の合成

哺乳類の毛色は色素細胞においてアミノ酸であるチロシンから，図3.1に示すような一連の酵素反応を経て合成されるメラニン色素によりおもに決定されている．メラニン色素には黒色のユーメラニンと黄色のフェオメラニンがあり，これら2つのメラニン色素の組み合わせにより，哺乳類の

---
* p.31の脚注を参照．

表 3.3 マウスの毛色に関する遺伝子

遺伝子座	毛色	遺伝子	遺伝子産物の機能
c	アルビノ	Tyr	メラニン色素合成にかかわるチロシナーゼ
b	茶色	Tyrp1	メラニン色素合成にかかわる DHICA 酸化酵素
slt	スレート色	Dct	メラニン色素合成にかかわるドーパクロム異性化酵素
cht	淡色化（チョコレート）	Rab38	Tyrp1 の細胞内移動にかかわる GTP 結合タンパク質
e	淡色化（エクステンション）	Mc1r	色素細胞刺激ホルモン受容体
a	濃色化（非野生色）	Agouti	色素細胞刺激ホルモンの拮抗タンパク質
mg	濃色化（マホガニー）	Atrn	アグーチタンパク質と相互作用により黄色メラニン色素の合成を抑制
d	淡色化（ダイリュート）	Myo5a	細胞内での色素胞の移動にかかわるタンパク質
ash	淡色化（灰白色）	Rab27a	細胞内での色素胞の移動にかかわるタンパク質
ln	淡色化（鉛色）	Mlph	細胞内での色素胞の移動にかかわるタンパク質
ep	淡色化（蒼白耳）	Hps1	細胞内の物質輸送にかかわるタンパク質，ヒト HPS1* の原因遺伝子
pe	淡色化（真珠色）	Ap3b1	細胞内の物質輸送にかかわるタンパク質，ヒト HPS2 の原因遺伝子
coa	淡色化（ココア）	Hps3	細胞内の物質輸送にかかわるタンパク質，ヒト HPS3 の原因遺伝子
le	淡色化（淡色耳）	Hps4	細胞内の物質輸送にかかわるタンパク質，ヒト HPS4 の原因遺伝子
bg	淡色化（ベージュ）	Lyst	色素胞などの細胞内小器官の間の物質輸送にかかわるタンパク質
ru2	淡色化（ルビー色）	Hsp5	色素胞などの細胞内小器官の形成にかかわるタンパク質，ヒト HPS5 の原因遺伝子
ru	淡色化（ルビー色）	Hsp6	色素胞などの細胞内の小器官の形成にかかわるタンパク質，ヒト HPS6 の原因遺伝子
mi	白斑	Mitf	色素細胞の発生分化にかかわる転写因子，Tyr 遺伝子の発現を調節
Sp	白斑	Pax3	色素細胞の発生分化にかかわる転写因子，Mitf 遺伝子の発現を調節
s	白斑	Ednrb	色素細胞の移動，増殖に関与するエンドセリン受容体
ls	致死性白斑	Edn3	色素細胞の移動，増殖に関与する 3 型エンドセリン
W	優性白斑	Kit	色素細胞の移動，増殖に関与するチロシンキナーゼ型受容体
Sl	鋼鉄色	Kitl	色素細胞の移動，増殖に関与する Kit のリガンド
bt	帯状白斑	Admts20	色素細胞の移動に関与する分泌性メタロプロテアーゼ

マウスの毛色に関する遺伝子の代表的なものだけをあげている．詳しくは MGI データベース（http://www.informatics.jax.org/）参照．
*ヘルマンスキー−パドラック症候群．

多様な毛色は決定されている．この反応の初期のチロシンからドーパキノンの生成に関与する酵素であるチロシナーゼの遺伝子は c 遺伝子座と呼ばれ，この遺伝子の機能が欠損するとユーメラニンとフェオメラニンはまったく生成されず，全身白色のアルビノとなる．なお，メラニン色素は毛や皮膚の色だけでなく，眼球の脈絡膜の色にもかかわっているため，チロシナーゼが欠損したアルビノでは眼の色は赤色（脈絡膜の毛細血管の透過による色）となる．アルビノはヒトを含めていろいろな動物で存在が報告されているが，ヒトでは上記の理由から視覚障害を伴う．一方，その後のドーパクロムから DHICA にかかわるドーパクロム異性化酵素，DHICA からユーメラニンの生成に関与する DHICA 酸化酵素（b 遺伝子座）の機能が失われた場合は，ユーメラニンは生成されないが，フェオメラニンは生成されるため茶色となる．なお，このようにある形質の発現に関する一連の生化学的反応経路の中で異なった位置に存在する酵素の遺伝子は，互いにエピスタシスの関係（1.1.2 項 d 参照）にある場合が多い．すなわち，毛色が黒色あるいは茶色となるのは，毛色が有色であることが前提であり，色素が合成されずに全身白色となるアルビノでは，B あるいは b 対立遺伝子の作用はまったく発現しない．したがって有色かアルビノかを決めている c 遺伝子座は b 遺伝子座に対して上位であり，b 遺伝子座は下位ということになる．なお，毛色の濃淡にかかわる遺伝子にはこれらのほかに希釈（dilute）作用により毛色を淡色化させる効果をもつものも知られている．これらの遺伝子は色素細胞内でつくられたメラニン色素の細胞内の移動にかかわるものであ

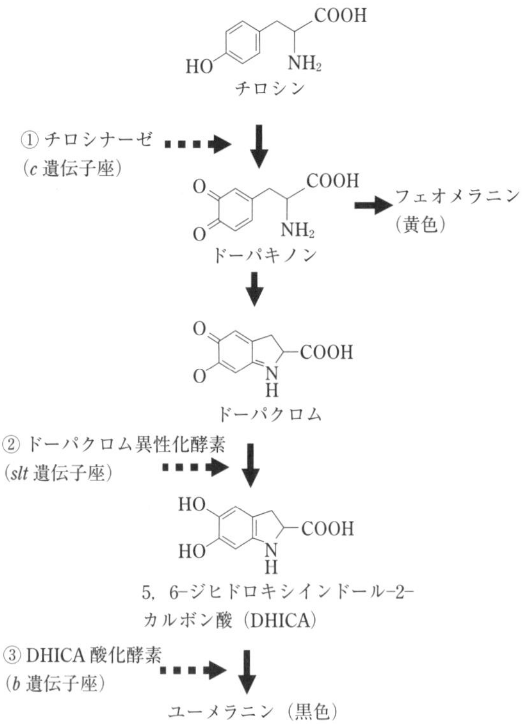

図3.1 チロシンによるメラニン色素の生合成過程
哺乳類の毛色はアミノ酸であるチロシンから，いくつかの反応を経て合成される黒色のユーメラニンと黄色のフェオメラニンにより決定される．ユーメラニンとフェオメラニンの合成に共通の酵素①が欠損すれば，色素は形成されず白色（アルビノ）となるが，ユーメラニンの経路のみにある酵素②，③の欠損では，フェオメラニンは合成されるので，茶色あるいは黄色となる．なお，経路の上流に存在する酵素①が欠損すれば，下流の酵素②，③の作用は現れない．

り，たとえばマウスの d 遺伝子座はミオシン 5a というモータータンパク質の一種の遺伝子であり，この遺伝子の機能が失われると細胞内での色素顆粒の分布に異常が生じ，毛色が淡色化する．

なお，チロシナーゼについては各種の動物で温度感受性突然変異が知られており，特徴的な毛色を呈する．図3.2に，ネコ，ウサギ，マウスにおける，ポイントあるいはヒマラヤンと呼ばれているチロシナーゼの温度感受性変異による毛色を示した．いずれの動物でもこの毛色は，耳，尾，鼻先，四肢の先端などの体の末端部分が濃色で，それ以外の部分は淡色となっている．このような特徴的な毛色を示す理由は，チロシナーゼ遺伝子に生じた突然変異により，たとえばマウスでは420番目のアミノ酸がヒスチジンからアルギニンに置換することで，チロシナーゼの酵素活性に変化が生じたためである．すなわち，アミノ酸配列の変化により，図3.3に示すようにチロシナーゼの酵素活性の至適温度が低下している．その結果，正常なチロシナーゼの至適温度である哺乳類の体温（37℃）では十分な酵素活性がなく，メラニンは生成されずに淡色となる．一方，体の末端部分の表面の温度は通常体温より低下しているために変異型のチロシナーゼであっても色素合成が可能であり濃色となることで，このような特徴的な毛色なる．

3.2.2 色素細胞刺激ホルモン

下垂体より分泌され全身の色素細胞に作用する色素細胞刺激ホルモン（αMSH）による色素細胞におけるメラニン色素合成の調整機能にかかわる遺伝子も，動物の毛色にかかわっている．色素細胞における αMSH の受容体である *MC1R* はアデニルシクラーゼ活性をもち，αMSH の結合によ

A シャムネコ（ペットストリート運営局提供）　**B** ヒマラヤンウサギ（向坂典子氏提供）　**C** ヒマラヤ変異マウス（The Jackson Laboratory 提供）

図3.2 各種動物におけるチロシナーゼの温度感受性突然変異

3.2 動物の毛色の遺伝

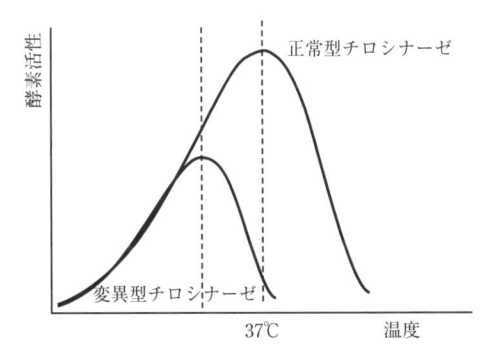

図3.3 チロシナーゼの温度感受性突然変異による酵素活性の変化

り細胞内のcAMP濃度を上昇させ，メラニン色素の合成を促進させる（図3.4）．一方，毛根において色素細胞の周辺に存在する細胞からは ASIP というタンパク質が分泌されるが，このタンパク質は MC1R に結合することで αMSH の作用を阻害する競合拮抗作用をもつ．ASIP は毛の成長周期の特定の時期に発現して，ユーメラニンの生成を抑えるために，多くの哺乳類の毛は，毛軸の一部に黄色い帯が入ることで特徴的な，くすんだ毛色となる．哺乳類の野生動物に一般にみられるくすんだ褐色で，腹部が比較的淡色な毛色はアグーチと呼ばれ，この ASIP の作用に起因している．したがって，MC1R の遺伝子（e 遺伝子座）および ASIP の遺伝子（a 遺伝子座）の変異はそれぞれ独自の毛色を引き起こす．すなわち，MC1R が機能しない変異型ホモの e/e ではユーメラニンが生成されずに毛色はおもにフェオメラニンによる褐色となり，ASIP が機能しない場合は MC1R の抑制による黄色の帯は現れず単一の黒色となる．一方，正常型ホモあるいはヘテロの E/E, E/e あるいは A/A, A/a はそれぞれ黒褐色あるいはアグーチ色となる．なお MC1R には e, E 以外にも E^D という対立遺伝子が存在し，この対立遺伝子では MC1R のアミノ酸置換により，アデニルシクラーゼ活性が αMSH に依存せずに恒常的に活性化することでメラニン合成を亢進させ，その結果 E^D をもつと黒色となる．したがって，E^D は MC1R の機能更新型変異，e は機能消失型変異ということになり，これらの対立遺伝子の間の優性，劣性の関係は $E^D>E>e$ となる．e 遺伝子座および a 遺伝子座は多くの動物の毛色にかかわっており，たとえばウマの主要な毛色である鹿毛，栗毛，青毛は e 遺伝子座と a 遺伝子座の組み合わせによって決まる．すなわち MC1R, ASIP ともに正常な機能をもつ場合（E/E, E/e および A/A, A/a）は，体幹部では ASIP の働きによりユーメラニンの合成が抑制され褐色となるが，ASIP が分泌されない四肢やたてがみ，尾は黒色である鹿毛となる．一方，MC1R の機能が失われると（e/e），全身が褐色の栗毛となり，ASIP の機能が失われると全身が黒色の青毛となる（a/a）（表3.4）．

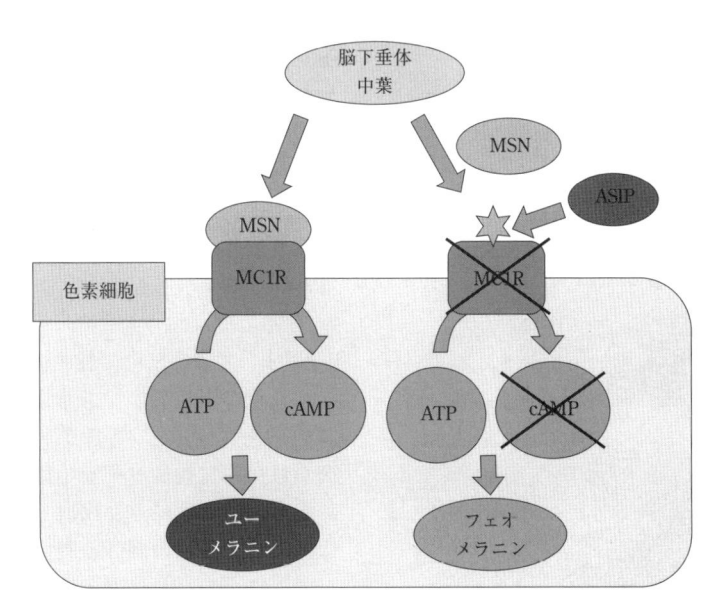

図3.4 色素細胞刺激ホルモン（αMSH）によるメラニン色素合成の調整

表3.4 ウマの毛色の決定機構

	MC1R	ASIP	MATP	STX17	KIT
鹿毛	E/•	A/•	C/C	g/g	w/w
栗毛	e/e	A/•	C/C	g/g	w/w
青毛	E/•	a/a	C/C	g/g	w/w
河原毛	E/•	A/•	C/c	g/g	w/w
月毛	e/e	A/•	C/c	g/g	w/w
佐目毛	•/•	•/•	c/c	g/g	w/w
芦毛	•/•	•/•	•/•	G/•	w/w
白毛	•/•	•/•	•/•	•/•	W/•

"•"はいずれの対立遺伝子でも可.

3.2.3 色素細胞の移動

色素細胞は発生の過程で神経堤と呼ばれる背側の中央部に発生し、そこから移動することで全身に分布する（図3.5）. したがって, もしこの色素細胞の移動が正常に行われなければ, 色素細胞の分布に異常を生じ, 色素細胞が分布した有色の部分と, 分布しなかった白色の部分が混在することになる. これがいわゆる斑の毛色の原因である. このような色素細胞の移動にかかわる遺伝子として KIT, EDNRB, EDN3 などが知られており, これらの遺伝子の機能が失われると, 色素細胞が十分に移動することができずに体の一部に色素細胞が分布しない白色の部分が生じる. したがって, 斑では有色の部分が背中側で, 白色の部分が腹側になることが多い（図3.6）. とくに KIT 遺伝子は, ウマ, ウシ, ブタなどの多くの動物種で

斑の毛色に関与していることが知られている. なお, 色素細胞は内耳の蝸牛において聴覚機能に重要な役割を果たしていることが知られており, イヌのダルメシアンのように色素細胞の移動の異常により斑を生じる個体では, 内耳への色素細胞の分布にも異常が生じ聴覚障害が発生する場合がある. ウマでは, 斑模様の毛色の一部は EDNRB 遺伝子の変異に起因しているが, この変異がヘテロでは斑の毛色の健康なウマとなるが, ホモとなると致死性白色症候群と呼ばれる, 全身が白色となるとともに先天性の消化管障害によって死に至る. 毛色自身は飼育動物にとっては重要な形質であり, ウマ, イヌ, ネコなどでは長い年月をかけて多様な毛色をもつ個体が選抜と育種によってつくられ, 各品種を特徴づけているが, 一方で一部の毛色については遺伝的な異常と不可分の関係にあることは注意が必要である.

もし色素細胞がまったく移動しない場合は全身が白色となるが, メラニン色素自体は合成されるために, アルビノとは異なり眼は黒くなる. ウマでは, 世界各国でみられる白毛のウマ（白馬）に多数の異なった KIT 遺伝子の突然変異が見つかっている. これは古来白馬が高貴なものとして珍重されたことから, KIT 遺伝子に突然変異が生じて白色となった個体が選抜されることが, 世界各地で繰り返されたためと考えられる. 白馬の遺伝子には KIT 以外に, 加齢に伴って白毛となる芦毛の遺伝子である STX17, 毛だけでなく皮膚や眼の色素も減少する佐目毛の遺伝子である MATP などが知られている. なお, MATP 変異型のホモは佐目毛となるが, ヘテロではクリーム色の月毛あるいは黄褐色の河原毛となる. したがって, ヘテロは変異型ホモと正常型ホモの中間の毛色となり, この形質は半優性の遺伝様式をとることになる（表3.4）.

3.2.4 ネコの三毛の発生機構

哺乳類の毛色の中でも非常に興味深いのは, ネコの三毛（calico）である. 白, 黒, 茶の三色の斑からなる比較的単純な毛色であるが, この毛色は基本的には雌にしか出現しない. この毛色の模様は, まず白色の部分と有色の部分に分けることができるが, これは上述の色素細胞の移動の異常によって説明できる. すなわち, 白色の部分には

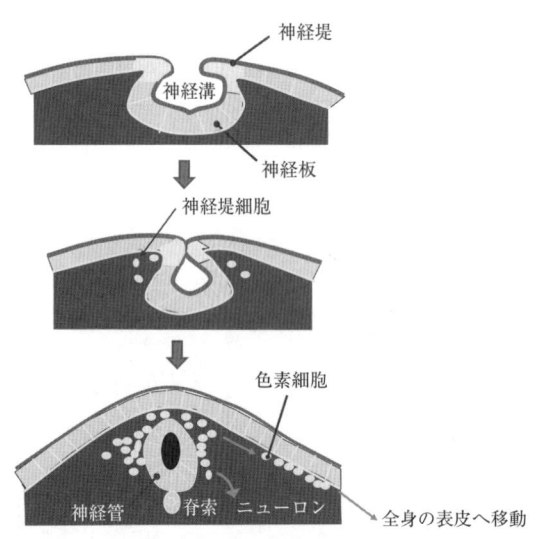

図3.5 色素細胞の移動と分布

図 3.6 ネコの斑毛

色素細胞は分布せず，有色の部分にのみに分布している．一方，有色の部分の中で黒色と茶色の違いを決めている機構は少し複雑である．毛色の黒色か茶色を決定する遺伝子座は X 染色体上に存在することから，X 染色体を 1 本しかもたない雄では黒色あるいは茶色のいずれかしか現れない．すなわち，黒色の対立遺伝子を O，茶色の対立遺伝子を o とし，O をもつ X 染色体を X^O，o をもつ X 染色体を X^p とすると，雄は $X^O Y$，$X^o Y$ のいずれかであり，Y 染色体上には毛色に関する遺伝子は存在しないことから，$X^O Y$ は黒色，$X^o Y$ は茶色となり，黒色と茶色が混在することはありえない（図3.7）．一方，雌では，性染色体の構成は，$X^O X^O$，$X^O X^o$，$X^o X^o$ のいずれかとなり，$X^O X^O$，$X^o X^o$ はそれぞれ，当然黒色あるいは茶色となり，この場合も黒色と茶色は混在しない．しかし，$X^O X^o$ では黒色の対立遺伝子 O，茶色の対立遺伝子 o の両方が存在することから，黒色，茶色のいずれにもなりうることになる．しかし，これが常染色体に存在するなら，1 つの細胞で両方の対立遺伝子発現することから，優性の形質のみが現れ，体の一部が黒色，一部が茶色となるようなことはない．しかし，X 染色体は，遺伝子量補償のため必ず 2 本のうちの 1 本しか働かず，1 本は不活性化され，どちらの X 染色体が不活性化されるかはランダムに決まり，たとえば体の一部では片方の染色体 X^O が不活性化し，その結果 X^o のみが働いて茶色となり，他の部分ではもう 1 本の X^o が不活化し，X^O が働いて黒色となる．したがって，黒色と茶色が混在した三毛ネコは雌にしか出現しないことになる（図3.7）．なお，ごくまれに雄の三毛ネコが生まれることがあるが，これは X 染色体が 1 本多いトリソミー XXY の雄であり，XXY はヒトではクラインフェルター症候群といわれている．

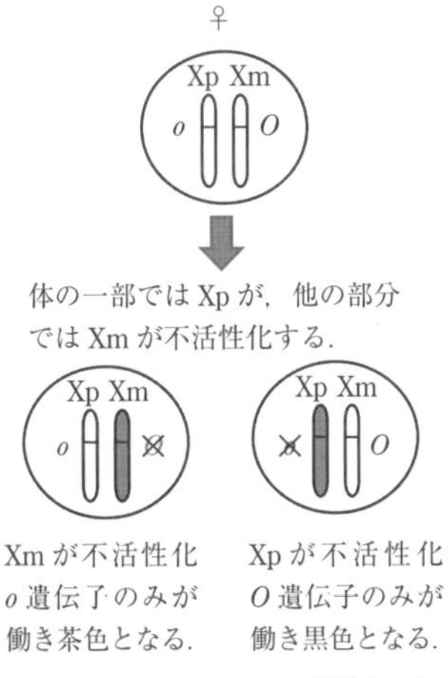

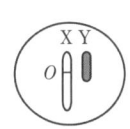

性	遺伝子型	毛色
雄	$X^O Y$	黒色
雄	$X^o Y$	茶色
雌	$X^O X^O$	黒色
雌	$X^O X^o$	黒茶斑
雌	$X^o X^o$	茶色

図 3.7 ネコの三毛の発生機構

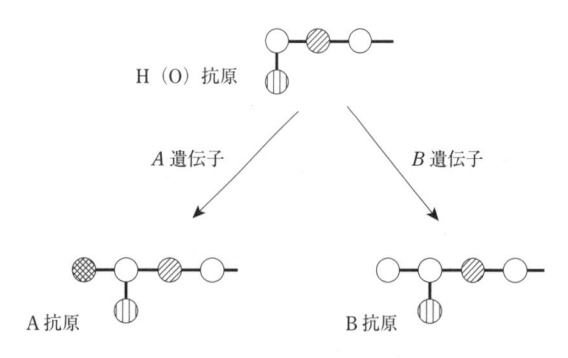

図3.8 ヒトのABO式血液型の糖鎖の構造
A遺伝子は*N*-アセチルガラクトサミンを，B遺伝子は*D*-ガラクトースを赤血球表面の糖鎖に付加し，O遺伝子は何も付加しないため，抗原性が異なってくる．

3.3 血液型と免疫遺伝学　応用

これまでみてきたように，動物の質的形質に関する遺伝子としては，生産形質にかかわる遺伝子，毛色の遺伝子，そして遺伝性疾患が顕著なものである．しかし，このような外観上顕著な違いを示す形質以外にも，動物の遺伝的な形質で重要なものに分子多型がある．多型とは，特定の遺伝的変異であって，個体の生存性や繁殖性などの淘汰圧に大きな影響を与えないために集団中にある一定の頻度（通常1%以上）で維持されているようなものをさす．したがって，多型には毛色などの個体の表現型に現れるが淘汰圧には影響しないような変異である場合もあれば，直接表現型には現れない生体構成分子の違いである場合もある．生体を構成する分子にはタンパク質，糖など多様なものがあるが，これらの特定の分子の構造が個体間で遺伝的に異なっていれば，それらは1つの遺伝的多型という形質となる．たとえば，タンパク質ではアミノ酸配列が，多糖では糖鎖の構造が異なっていて，それらがなんらかの方法で検出することが可能であれば，これらの形質はメンデルの遺伝様式をとる質的な形質の一種と考えることができ，このような分子の構造の違いに基づく多型が分子多型と呼ばれる．これらの分子多型を検出する方法としては抗原性の違いによる免疫反応で検出する方法や，分子量や分子の電荷の変化を電気泳動により検出する方法などがある．近年では，分子多型というとDNAの塩基配列上の変化をさす場合も多いが，本節ではこれらの分子多型に関連した遺伝形質として血液型と主要組織適合性遺伝子複合体（MHC）について説明する．

3.3.1 血液型

血液型は遺伝的多型の一種であり，ヒトではABO式血液型が有名であるが，表3.4に示すように，各種の飼育動物においても多数の血液型のシステムが知られている．これらの血液型システムは動物ではおもに個体の識別や親子関係の判定，集団遺伝学的研究おけるマーカーとして用いられてきた．たとえばウシでは人工授精や受精卵移植の普及に伴い，公正な取引を担保するための正確な親子判定は不可欠となり，わが国ではおもに抗血清を用いた血液型の検査が，家畜改良事業団により行われている．これらの血液型システムの中でもBシステムは非常に多くの型からなる高い多型性を示し，これらのシステムの組み合わせることでは莫大な数の遺伝子型を特定できることから，非常に正確に親子判定が可能となっている．近年ではこれらの検査はマイクロサテライトマーカーやSNPsといったDNAマーカーに置き換えられつつあるとはいえ，依然として各種動物の血液型は遺伝学的なマーカーとして利用されている．

血液型は一般に赤血球表面の血液型物質（抗原）の個体間変異であり，これら抗原に対して特異的に反応する抗血清を用いた抗原抗体反応により検出される．たとえばヒトのABO式血液型では，A, B, Oの3つの赤血球表面抗原が存在し，表3.5に示すように，3つの抗原の組み合わせにより，A型，B型，AB型，O型の4種類の血液型が生じることになる．これらは，第1章で説明したように，A，B，Oの3つの対立遺伝子が1つの遺伝子座に存在する複対立遺伝子を構成している．これらの対立遺伝子は，赤血球表面のムコ多糖の糖鎖の末端へ糖を付加する糖転移酵素の遺伝子の変異であり，その結果，付加する糖の種類により抗原性に違いが生じる．すなわち，図3.9に示すようにA抗原では糖鎖末端が*N*-アセチル

ガラクトサミン，B抗原ではガラクトースであり，O抗原ではいずれの糖も存在しない．これらの糖鎖は抗原性により，A型の抗原をもたないB型，O型の人の血清は抗A抗体をもち，B型の抗原をもたないA型，O型の人の血清は抗B抗体をもち，両方の抗原をもつAB型の人の血清はいずれの抗体ももたないことから，表3.5に示すような免疫反応を示すことになる．また，たとえばA型の人が事前にB抗原に暴露されていないにもかかわらず，抗B抗体をもつ理由は，腸内細菌にA抗原，B抗原に類似した抗原性物質が存在し，生後それらの抗原性物質に暴露されるためであると考えられている．

3.3.2 主要組織適合性遺伝子複合体

移植抗原として知られる**主要組織適合性遺伝子複合体**（MHC）は，動物の免疫系にとって重要な役割を果たす遺伝子群であるが，これらの分子は個体間で高い多型性を示すことが知られている．MHCは，移植において強い拒絶反応を引き起こす細胞表面抗原として発見されたものであるが，MHCを構成する分子は細胞表面に存在し，免疫反応においてウイルス構成分子などの外来の異物と結合し，免疫系が外来の抗原分子を認識し免疫応答を引き起こす上で重要な機能を果たしている．したがって，MHC分子のアミノ酸配列の違いは特定の抗原に対する免疫応答の違いとなるため，多様な病原体の抗原に対して宿主の免疫系が有効に対処するためには，より多種類のMHC分子をもつほうが有利であり，そのことがMHC遺伝子が多重遺伝子族として多くの遺伝子から構成され，かつ各遺伝子座に多数の対立遺伝子が存在することで，高い多型性を示す理由と考えられている．このようにMHC分子は高い多型性を示すことから，一方でこれら分子のアミノ酸配列の違いは抗原性の違いとなり，同一のMHC分子を

もつ細胞は自己として認識されるが，異なるMHC分子をもつ細胞は非自己として認識されない．したがって，MHCが一致しない限り個体間での組織の移植は拒絶されることになる．

ジョージ・スネル（G. D. Snell）は異なった近交系マウスの間で組織の移植を行うと，拒絶反応が起こるが，同じ近交系のマウス同士の移植では拒絶反応は起こらないことに着目して，拒絶反応を起こす遺伝子を同定することを試みた．すなわち，図3.9に示すように，拒絶反応が起こる2つの近交系マウス（A，B）同士を交配して雑種第1代（F_1）を作成すると，このF_1個体の染色体の半分はA系統に由来し，半分はB系統に由来するが，この組織をA系統移植すると拒絶反応が起こる．そこで，さらにそのF_1にA系統を交配（このような交配を戻し交配という）して得られた個体は，理論的には全染色体の1/4がB系統に由来し，残りの3/4はA系統に由来することになるが，この戻し交配第1代（N_1）の組織をA系統に移植すると，拒絶反応を起こす個体と起こさない個体が出現する．さらにこのN_1の中で拒絶反応を起こす個体をA系統と交配しN_2を得ると，これらは全染色体の1/8がB系統に由来し，残りの7/8はA系統に由来することになるが，それでもA系統に移植すると拒絶反応を起こす個体が存在する．このような戻し交配を何回も繰り返すと，染色体のほとんど領域がA系統に由来するが，わずかの領域だけがB系統に由来するマウスができる．このようなマウスを**コンジェニック系統**という．このように染色体の大部分がA系統に置き換わっている，すなわち大部分の遺伝子がA系統のものとなっているにもかかわらず，A系統に移植したときに拒絶反応が起こるということは，残ったB系統に由来する染色体に存在する遺伝子が，拒絶反応を引き起こしていることになる．実際に拒絶反応を起こす

表3.5 ヒトABO式血液型の特性

血液型	遺伝子型	付加される糖	血球の抗原性	血清中の抗体	A型血清との反応	B型血清との反応
A型	*AA, AO*	Galnac	A	抗B	−	+
B型	*BB, BO*	Gal	B	抗A	+	−
O型	*OO*	なし	なし	抗A, 抗B	−	−
AB型	*AB*	Galnac, Gal	A, B	なし	+	+

Galnacは*N*-アセチルガラクトサミン，Galはガラクトース．

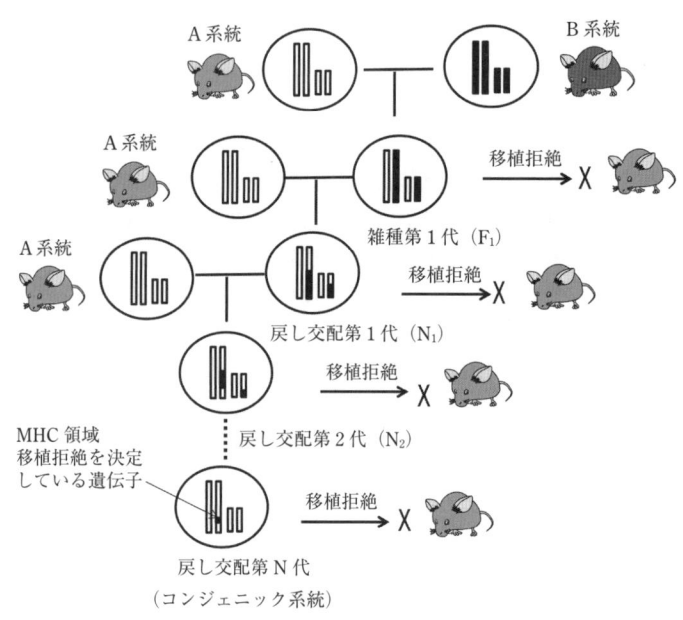

図3.9 マウスの主要組織適合性遺伝子複合体の同定

マウスは，必ずマウスの第17染色体の一部がB系統に由来していた．したがって，この領域に存在する遺伝子がおもに拒絶反応を決めていると考えられ，主要組織適合性遺伝子複合体（MHC）と名づけられた．

a. MHCの構造と機能

MHCは動物によって異なった名前がつけられ，ヒトではHLA，マウスではH-2と呼ばれている（表3.6）．MHCには多数の遺伝子座が存在し，その数は動物種によって異なるが，たとえばヒトのHLAでは少なくとも30遺伝子座が存在している．これらの遺伝子はクラスⅠ，Ⅱ，Ⅲの3遺伝子群に分類され，それぞれMHC領域の中で特定の位置に存在している（図3.10）．これらのうち，MHCとして免疫応答の機能を果たしているのはおもにクラスⅠ，Ⅱの遺伝子群であり，クラスⅠにはヒトではB，C，Eなどの遺伝子座が存在し，クラスⅡにはDP，DR，DQなどの遺伝子座がある．

MHC分子は，抗原提示機能をもつ膜タンパク質であり，クラスⅠ分子はα鎖とβ-2ミクログロブリンよりなる二量体，クラスⅡ分子はα鎖とβ鎖の二量体を構成している（図3.11）．これらの分子は，細胞内に取り込まれた外来の抗原がペプチドに分解された後に，MHCクラスⅠあるいはクラスⅡ分子のこれらのドメインと結合して細胞表面に提示されることで，T細胞受容体を介したT細胞による抗原認識を可能としている（図3.12）．MHC分子の中でもクラスⅠ遺伝子はすべての細胞に発現し，おもにウイルス感染細胞や腫瘍細胞などの排除に関与している．たとえばウイルス感染細胞では，ウイルスを構成するタンパク質が細胞内にてペプチドまで分解され，クラスⅠ分子に結合することで細胞表面に提示される結果，T細胞によりウイルス感染細胞として認識

表3.6 各種動物のMHC

動物種	MHCの名称
ヒト	*HLA*
アカゲザル	*RhLA*
ブタ	*SLA*
ウシ	*BoLA*
ヒツジ	*OLA*
ウマ	*ELA*
ヤギ	*GLA*
イヌ	*DLA*
ネコ	*FLA*
ウサギ	*RLA*
モルモット	*GPLA*
マウス	*H-2*
ラット	*RT1*
ニワトリ	*B*

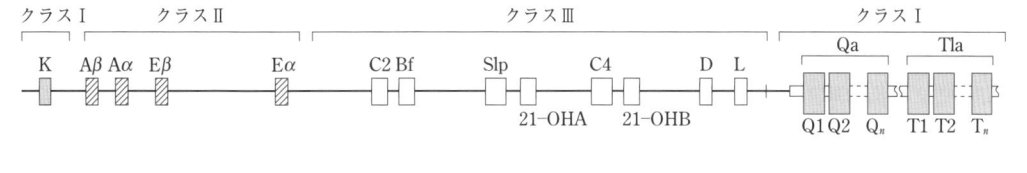

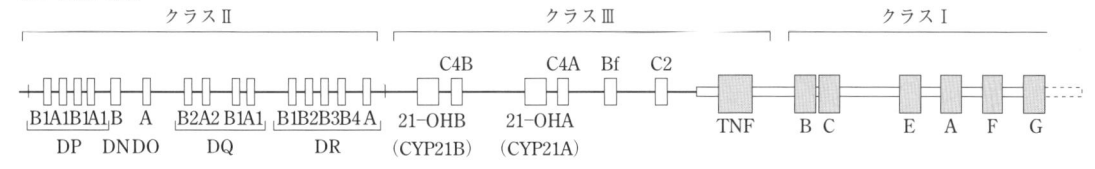

図3.10 マウスおよびヒトのMHCの構造
マウスのH-2およびヒトのHLA領域はそれぞれマウス第17染色体，ヒト第6染色体に存在し，クラスⅠ，クラスⅡ，クラスⅢの亜領域に分けられる．それぞれの亜領域には複数の遺伝子座が存在している．

され排除されることになる．一方，クラスⅡ分子はおもにB細胞やマクロファージなどの抗原提示細胞に発現し，外来の抗原がマクロファージなどにより貪食された後，細胞内で分解されてクラスⅡ分子とともにこれらの細胞の表面に提示される．その結果，T細胞が刺激され，B細胞による抗体生産などの当該抗原に対する特異的な免疫反応を惹起させることになる．以上のようにMHC分子は外来の抗原に対する特異的な免疫反応を引き起こす上で重要な役割を果たしている．

b. MHCの多型性およびその疾患との関連

前述のように，MHCはクラスⅠ，クラスⅡ領域ともに多数の遺伝子座より構成され，さらに，それぞれの遺伝子座は多数の対立遺伝子をもつ．たとえば，表3.7に示すようにHLAの各遺伝子座には多数の対立遺伝子が存在することから，

MHC領域の全遺伝子座の対立遺伝子の組み合わせは理論的には莫大な数になる．実際には，MHCのように染色体上で近接して存在する遺伝子はともに子孫に伝えられることから，各遺伝子

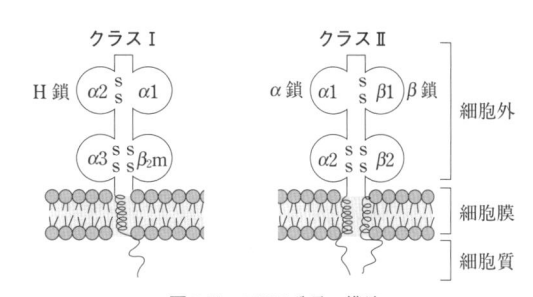

図3.11 MHC分子の構造
クラスⅠ分子はH鎖とβ_2ミクログロブリンの，クラスⅡ分子はα鎖とβ鎖の二量体であり，クラスⅠ分子はα_1, α_2, α_3およびβ_2mの，クラスⅡ分子はα_1, α_2およびβ_1, β_2の4つの免疫グロブリン様ドメインより構成される．

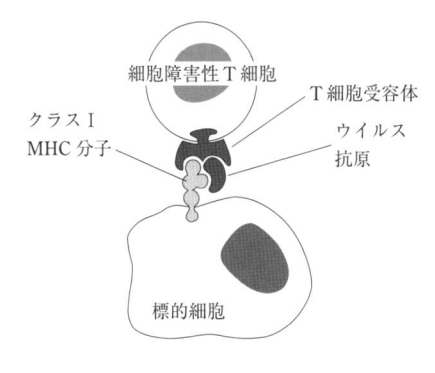

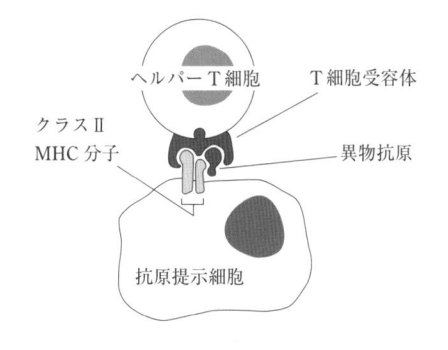

クラスⅠ分子　　　　　　　クラスⅡ分子

図3.12 MHC分子による抗原提示
細胞表面に提示されたMHC分子と抗原の複合体がT細胞受容体により認識されることで，T細胞による免疫応答が引き起こされる．

座の対立遺伝子の組み合わせはランダムになるわけではなく，ハプロタイプと呼ばれる特定の対立遺伝子の組み合わせにより子孫に伝えられ，まれにMHC領域内の遺伝子の間で組換えが起きた場合に新たな組み合わせのハプロタイプが生じることになる．それでも各種動物には相当数のハプロタイプが存在し，たとえばヒトの骨髄移植では，拒絶反応を起こさないためにはこのハプロタイプの一致が必要であるが，実際にハプロタイプが一致し移植が可能となるドナーとレシピエントの組み合わせはきわめて少ない．このような**MHCの多型性**はその機能から宿主の病原体に対する反応の強弱に影響を与えることは当然であり，動物においてもMHCの型が特定のウイルス性疾患への感受性に影響を与えている例がいくつか知られている．それ以外にもMHCの多型性は自己免疫疾患などの多くの疾患の感受性にも影響を与えていることが知られている．たとえば，ヒトでは強直性脊椎炎や，睡眠発作を呈するナルコレプシーなどがMHCに強く関連することが報告されている．このように，MHCは動物においてさまざまな疾患に対する感受性を支配している遺伝子であることから，獣医遺伝育種学にとっては重要な研究対象となっている．

表3.7　HLAの遺伝子座と対立遺伝子

A抗原	B抗原		C抗原	D抗原	DR抗原	DQ抗原	DP抗原
A1	B5	Bw50 (21)	Cw1	Dw1	DR1	DQw1	DPw1
A2	B7	B51 (5)	Cw2	Dw2	DR2	DQw2	DPw2
A3	B8	Bw52 (5)	Cw3	Dw3	DR3	DQw3	DPw3
A9	B12	Bw53	Cw4	Dw4	DR4	DQw4	DPw4
A10	B13	Bw54 (w22)	Cw5	Dw5	DR5	DQw5 (w1)	DPw5
A11	B14	Bw55 (w22)	Cw6	Dw6	DRw6	DQw6 (w1)	DPw6
Aw19	B15	Bw56 (w22)	Cw7	Dw7	DR7	DQw7 (w3)	
A23 (9)	B16	Bw57 (17)	Cw8	Dw8	DRw8	DQw8 (w3)	
A24 (10)	B17	Bw58 (17)	Cw9 (w3)	Dw9	DR9	DQw9 (w3)	
A25 (10)	B18	Bw59	Cw10 (w3)	Dw10	DRw10		
A26 (10)	B21	Bw60 (40)	Cw11	Dw11 (w7)	DRw11 (5)		
A28	Bw22	Bw61 (40)		Dw12	DRw12 (5)		
A29 (w19)	B27	Bw62 (15)		Dw13	DRw13 (w6)		
A30 (w19)	B35	Bw63 (15)		Dw14	DRw14 (w6)		
A31 (w19)	B37	Bw64 (14)		Dw15	DRw15 (2)		
A32 (w16)	B38 (16)	Bw65 (14)		Dw16	DRw16 (2)		
Aw33 (w19)	B39 (16)	Bw67		Dw17 (w7)	DRw17 (3)		
Aw34 (10)	B40	Bw71 (w70)		Dw18 (w6)	DRw18 (3)		
Aw36	Bw41	Bw70		Dw19 (w6)			
Aw43	Bw42	Bw72 (w70)		Dw20	DRw52		
Aw66 (10)	B44 (12)	Bw73		Dw21			
Aw68 (28)	B45 (12)	Bw75 (15)		Dw22	DRw53		
Aw69 (28)	Bw46	Bw76 (15)		Dw23			
Aw74 (w19)	Bw47	Bw77 (15)		Dw24			
	Bw48			Dw25			
	B49 (21)	Bw4		Dw26			
		Bw6					

3.4 疾患および薬剤への感受性にかかわる遺伝子　応用

前節で述べたようにMHCは疾患の感受性に深くかかわることが知られているが，それ以外にも特定の疾患に対する感受性にかかわる遺伝子もいくつか知られている．たとえば，ヒツジにはスクレイピーという，牛海綿状脳症（bovine spongiform encephalopathy：BSE）に対応するプリオン病があるが，プリオンタンパク質遺伝子（*PrP*）の変異により，いくつかのアミノ酸配列に変化が生じるとスクレイピーに対する抵抗性となることが知られ，これらの変異を指標として選抜することでスクレイピー抵抗性の集団を育種することが試みられている．また，ヒトの鎌形赤血球貧血症はグロビン遺伝子のアミノ酸の置換により，ヘモグロビンの分子特性が変化し，変異型対立遺伝子のホモでは，赤血球の形態的変化を伴う重度の貧血となる．しかし，この疾患では変異型のヘテロ個体では貧血を呈さないだけでなく，マラリア原虫の感染に対し抵抗性となる．したがって，図3.13に示すように，マラリアがおもに発生する熱帯地方では鎌形赤血球貧血症の遺伝子頻度が顕著に上昇し，マラリア発生地域と鎌形赤血球貧血症の遺伝子頻度が高い地域は重複している．これは，マラリアに対する抵抗性が選択圧となって，遺伝子頻度を上昇させたものと考えられる．

ヒトの医療と同じように獣医療においても，種々の治療薬，予防薬の投与にあたっては，対象とする個体が，それらの薬剤に対してどのような感受性をもっているかを把握することは，薬剤の効果的投与と副作用の防止のために重要であることはいうまでもない．医学薬学分野では薬効や副作用の個人差に関する遺伝子を同定し，それらの情報を治療の指針の1つとすることが進められている．薬剤に対する感受性も，多くの遺伝子と環境要因の相互作用によって連続的な変化を示す量的な形質の一種であるが，これまでにヒトや動物で，薬剤への感受性に主働的効果をもついくつかの遺伝子が明らかにされている．獣医学領域で薬剤感受性にかかわる遺伝子として最も重要なものはイベルメクチンに対する感受性である．イベルメクチンは線虫に対する特異的な神経遮断作用をもつ寄生虫駆除薬として知られているが，とくにイヌではフィラリアの予防薬として一般に使われている．しかし，コリーやオーストラリアンシェパードなどの一部の牧羊犬系の品種では，イベルメクチンを含む複数の薬剤に対して他の品種と比べて顕著に高い感受性を示し，高用量の投与により意識混濁，昏睡などの神経症状を伴う副作用を呈する場合がある．これらの品種では*MDR1*という遺伝子の変異により，p糖タンパク質という細胞膜上に存在する輸送タンパク質が欠損し，細胞外への薬物の排出が正常に行われないためにこれらの副作用が出現する．コリーでは半数以上の個体が*MDR1*遺伝子の変異型ホモであるとの報告もあり，イベルメクチン以外にも複数の薬剤に対する感受性が高いため，この品種の治療にあたっては注意が必要となっている．

ヒトやブタ，ウマなどではハロセンなどの麻酔により顕著な筋肉の硬直を引き起こす悪性高熱症と呼ばれる遺伝的な疾患が知られている．これは麻酔における併発症であるが，やはり薬剤に対する感受性の遺伝的な違いの一例である．とくにブタでは，その発生頻度は特定の品種ではきわめて高く，屠殺前の輸送や，急激な運動などのストレスで発症し，その結果フケ肉と呼ばれる肉質の顕著な低下が生じることから，産業上も大きな損害を及ぼすブタストレス症候群（PSS）として知られている（8.2節参照）．本疾患は骨格筋におけるカルシウムチャネルとして機能する*RYR1*というリアノジン受容体の一種の機能の変異に起因している．すなわち，ハロセンなどの吸入麻酔剤が変異型のリアノジン受容体に作用すると，筋小胞体からの過剰なカルシウムイオンの放出を引き起こし，大量のATPを消費することで高熱を発生することになる．しかし，一方でブタではこの変異をヘテロでもつ個体は赤肉割合などの生産形質に好ましい形質をもつ可能性も指摘されており，また，ピエトレン種などの一部の品種ではその遺伝子頻度がきわめて高くなっていることもあり，家畜の育種上はこれらの品種での変異遺伝子の扱いは単純ではないことも事実である．また，抗凝固剤として用いられているワルファリンに対してもヒトや動物で遺伝的な感受性の違いが多数報告されている．ワルファリンはウシのスイートクローバー病という牧草中毒をきっかけとして発見され

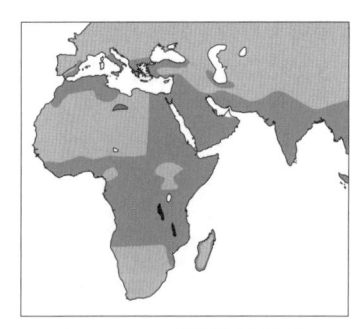

A マラリア（撲滅計画開始前の1920年代）

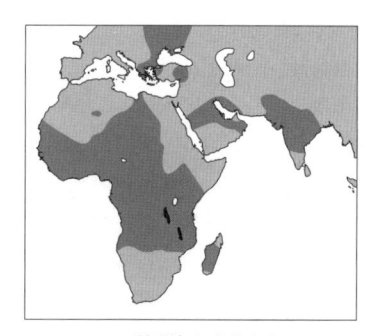

B 鎌形赤血球貧血症

図3.13 マラリアと鎌形赤血球貧血症の分布（ハートル・ジョーンズ，2005）

た，ビタミンKに対する拮抗作用をもつ化合物である．投与量によっては顕著な出血を引き起こすことから，ネズミの駆除薬としても用いられているが，この薬品の大規模な使用によって，各地でワルファリンに抵抗性をもつネズミが出現して個体数を増加させることが問題となっている．近年，このネズミのワルファリン抵抗性は*VKORC1*というビタミンKの代謝にかかわる酵素のアミノ酸置換を伴う変異に起因している可能性が指摘されている．この例も，特定の遺伝子の変異が薬剤に対する感受性を大きく変化させる一例である．

以上のように，獣医領域では薬剤感受性に関してすでに特定されている遺伝子は*MDR1*と*RYR1*が典型的な例であるが，今後動物のゲノム解析の進展に伴ってその数は大幅に増加することが予想され，これらの遺伝子の情報を遺伝学的知識に基づいていかに治療に役立てていくかは，獣医療にとって重要な課題となるだろう．

〔国枝哲夫〕

参 考 文 献

Cadieu, E. *et al.*（2009）: Coat variation in the domestic dog is governed by variants in three genes. *Science*, **326**: 150-153.

ハートル，D. L.・ジョーンズ，E. W. 著，布山喜章・石和貞男監訳（2005）: エッセンシャル遺伝学，培風館．

東條英昭・佐々木義之・国枝哲夫編（2007）: 応用動物遺伝学，朝倉書店．

演 習 問 題
（解答 p.155）

3-1 質的形質の特徴を述べたものとして正しいのはどれか．
 (a) 動物の毛色に関係している．
 (b) 肉牛の肉質に関係している．
 (c) メンデルの法則に従わない．
 (d) 乳牛の泌乳量に関係している．
 (e) 環境的要因に大きく影響される．

3-2 特定の突然変異により異常なタンパク質が生じて，正常なタンパク質の機能を阻害することでヘテロの個体でも形質が発現するような変異を何というか．
 (a) ハプロ不全型変異
 (b) 機能獲得型変異
 (c) 優性ネガティブ型変異
 (d) 機能喪失型変異
 (e) ミスセンス変異

3-3 実験動物において，ある系統と染色体の特定の領域のみが異なり，他は同じであるような系統を何と呼ぶか．
 (a) 近交系
 (b) コンジェニック系統
 (c) リコンビナント近交系
 (d) コンソミック系統
 (e) レシピエント系統

3-4 次のうちで動物の毛色にかかわらないものはどれか．
 (a) チロシナーゼ

(b) 色素胞刺激ホルモン受容体
(c) アグーチシグナルタンパク質
(d) 副腎皮質ホルモン
(e) *KIT* 遺伝子

3-5 ヒトのABO式血液型に関する記述として間違っているものはどれか.
(a) 複対立遺伝子よりなる.
(b) 共優性の遺伝様式をとる.
(c) 伴性遺伝をする.
(d) 抗原抗体反応が関与する.
(e) 糖転移酵素が関与する.

4章　遺伝的改良の基礎

一般目標：
育種法による家畜改良とその機構を理解する．

4.1　量的形質と統計遺伝学の基礎

> **到達目標：**
> 集団遺伝学の理論を説明できる．
> 【キーワード】量的形質，ポリジーン，分布，変異，表現型値，遺伝子型値，育種価，優性偏差，エピスタシス偏差，環境偏差，選抜育種，交配様式，近交係数，血縁係数，近交退化，交雑育種，雑種強勢

ウマのサラブレッド種は走力増強のために，ウシのホルスタイン種は泌乳量が多くなるように**選抜育種**（breeding by selection）された．また，牛追い用の牧畜犬であるブルドッグの鼻が極端に低いのは，牛追いのときにウシの後肢に噛みついても呼吸ができるように選抜育種されたからである．このような例をみるまでもなく，産業家畜や伴侶動物，実験動物までもが「ある目的」をもって選抜育種されてきた（4.1.4項に詳述）．それに伴い，特定の形質だけではなく，ゲノム構造，遺伝子発現パターンや遺伝性疾患（第7章参照）も固定されていったに違いない．とはいえ，第1章や第2章で見てきたように，動物は有性生殖や減数分裂を経るために，クローン動物を除けば，子のゲノムが親と同一でないだけでなく，動物集団の中にもさまざまな形質の違いが生じてしまう．そのため，動物育種（animal breeding）を知ることは，動物種のゲノムの特性だけではなく，その動物種の形質の表現型（phenotype）の**変異**（variation）を知ることにもなる．

動物の形質の表現型の変異には，表現型の属性が少数のクラスに明瞭に区別され，表現型が不連続な分布を示す場合と，表現型が値（value）として表され，連続的な分布を示す場合とがある．前者の形質を**質的形質**，後者の形質を**量的形質**（quantitative trait）と呼び，とくに量的形質を取り扱う遺伝学を量的遺伝学（quantitative genetics）という．資源動植物においては，経済的に重要な形質すなわち経済形質の多くは量的形質であり，量的遺伝学は，主として動植物の育種学の領域における統計学の応用分野として発展してきた．

遺伝学の知識をベースとして生物集団の各種のデータを統計的方法によって解析し，有用な情報を引き出すための学問分野を統計遺伝学（statistical genetics）という．近年，DNA情報が蓄積され，それらをもとにした育種がますます発展しており，資源動物の遺伝性疾患の特定や解明にも活かされている．すなわち，生化学的および分子生物学的な手法による分子遺伝学と統計遺伝学とは車の両輪のようにともに重要であり，統計遺伝学も大きな役割を果たすものと期待されている．

分子生物学や分子遺伝学の知識については他の章に譲り，ここでは，統計遺伝学的手法による量的遺伝学の基礎について学ぶ．なお，平均，分散，標準偏差など，生物統計学の入門的基礎について補足説明を付け加えたが，詳細は向井ほか（2011）などの成書を参照されたい．

4.1.1　表現型値の分布と変異

図4.1は，ウシのショートホーン種における毛色の分布であり，質的形質の分布の例である．ショートホーン種の毛色は，褐色遺伝子 R と白色遺伝子 r の2対立遺伝子の1遺伝子座の支配を受けている．遺伝子型（genotype）が RR，Rr および rr の個体の表現型はそれぞれ褐色，糟毛色および白色となり，表現型が3つの明瞭なクラスに区別される．質的形質は，このように，不連続な

4.1 量的形質と統計遺伝学の基礎

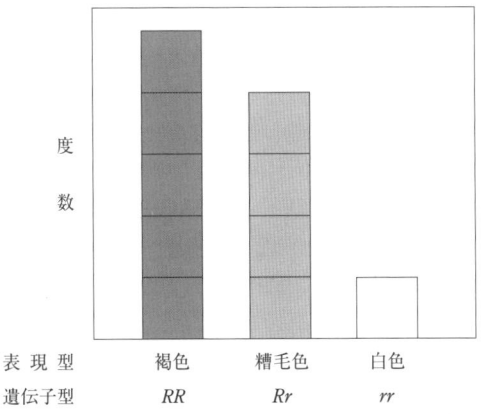

図 4.1 ウシのショートホーン種における毛色の分布

分布を示す．

一方，図 4.2 はウシのショートホーン種の生時体重の分布であり，量的形質の表現型の値の分布の例である．この例においてさらにデータ数を増やしていき，度数分布のクラスの幅をより小さくしてクラス数を増やしていけば，重ねて示した連続分布にしだいに近づいていく．量的形質の特徴は，一般に多数の遺伝子座の多くの遺伝子に支配されており，しかも環境の影響も受けることであり，表現型の値が連続分布に従うことである．通常，量的形質の表現型の値の分布は，中心極限定理により，正規分布（normal distribution）で近似できることが知られている．

正規分布は，図 4.3 に例示したように，つり鐘状の左右対称の分布である．値の中心を示すパラメータ（真値）である母平均（μ）と，分布のすそ野の広がりの程度を示すパラメータである母分散（σ^2）とによって，$N(\mu, \sigma^2)$ のように表記される．この図は，母平均は同じ値であるが母分散が異なる正規分布の例である．母分散 σ^2 の平方根 σ は母標準偏差と呼ばれ，母平均と分布の曲線が上に凸から下に凸に変化する変曲点との距離

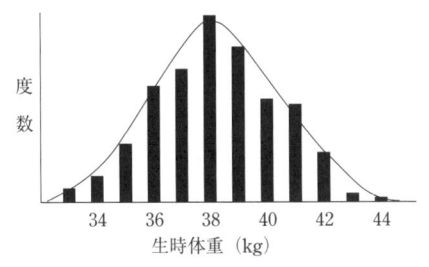

図 4.2 ウシのショートホーン種における生時体重の分布

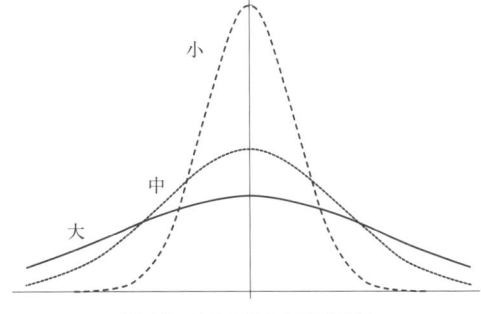

図 4.3 分散の異なる正規分布

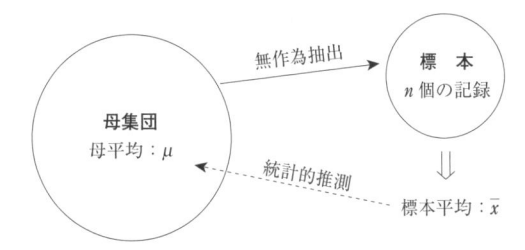

図 4.4 母集団から抽出された標本と標本推定値からのパラメータの推測

である．量的形質における変異の大きさ，すなわち分布のすそ野の広がりの程度は，通常は分散によって測られる．

母平均や母分散のようなパラメータを実際に推測する場合には，どのようにするのであろうか．そのプロセスの概要を少し説明しておこう．母平均の推測の場合を例にとると（図 4.4），パラメータは，興味の対象のすべての記録の集まりから一部の記録を抽出し，それらの抽出された記録に基づいて計算される統計量の値から推測される．多数のすべての対象の記録の集まりを**母集団**（population），母集団から抜き出された記録の集まりを**標本**（sample）という．また，母集団から標本を抜き出すことを**標本抽出**（サンプリング，sampling）といい，通常，標本は無作為に抽出される．

■ 補足

いま，多数のブタの一定期間での増体量の記録（すなわち母集団）から無作為に抽出された 5 頭のブタの記録（標本）が 1, 2, 3, 4 および 5 kg であるとする．

標本における n 個の記録を $x_1, x_2, \cdots, x_n$ とすれば，算術平均（$\bar{x}$ で示す）は，

$$\bar{x} = \frac{x_1 + x_2 + \cdots + x_n}{n} = \frac{1}{n}\sum_{i=1}^{n} x_i$$

として計算される．ここで，ギリシャ文字のΣ（シグマ）は和を示す記号であり，$\sum_{i=1}^{n} x_i$ は記録（観測値）x_1 から x_n までのすべての値を加算した和を表す．したがって，**平均**（mean）$\bar{x}$ は，

$$\bar{x} = \frac{1+2+3+4+5}{5} = 3$$

より，3 kg と計算される．単に平均といえば，通常は算術平均のことをさす．

標本の**分散**（variance, s^2 で示す）は，それぞれの記録の平均からの隔たりが平均的にみるとどの程度かを表す1つの統計量であり，

$$s^2 = \frac{(x_1-\bar{x})^2 + (x_2-\bar{x})^2 + \cdots + (x_n-\bar{x})^2}{n-1}$$

$$= \frac{1}{n-1} \left\{ \sum_{i=1}^{n} x_i^2 - \frac{1}{n} \left(\sum_{i=1}^{n} x_i \right)^2 \right\}$$

として，それぞれの記録と平均との偏差の平方和（すなわち，2乗の和）を $n-1$ で割って求められ，**不偏分散**（unbiased variance）と呼ばれる．よって，この数値例では，

$$s^2 = \frac{(1-3)^2 + (2-3)^2 + (3-3)^2 + (4-3)^2 + (5-3)^2}{5-1}$$

$$= 10/4 = 2.5$$

である．ここで，それぞれの記録の平均からの偏差の値が2乗して取り扱われるのは，

$$(1-3) + (2-3) + (3-3) + (4-3) + (5-3) = 0$$

のように，個々の記録の平均からの偏差のままで取り扱うと，それらの正負の値が相殺されて，どのような標本の場合でもその和は常に0となってしまうからである．このように，不偏分散の値は観測値の単位の2乗の単位で表されるので，不偏分散の平方根をとって元の単位に戻した値 s は，**標本標準偏差**（sample standard deviation）と呼ばれ，この例の場合には，

$$s = \sqrt{2.5} = 1.58$$

として得られる．

そこで，これらの統計量の値により，母集団パラメータの母平均 μ，母分散 σ^2 および母標準偏差 σ は，それぞれ3，2.5および1.58と推測され，これらの値はパラメータの点推定値と呼ばれる．

なお，以降において，平均，分散や標準偏差，**共分散**（covariance）などに言及する場合には，とくに断らない限り，母集団のパラメータを取り扱う．

4.1.2 表現型値の構成

個体が量的形質の表現型として示す値を**表現型値**（phenotypic value）という．表現型値は，形質の性質に応じて多かれ少なかれその個体が保有している遺伝子の作用を受けて発現している．また，表現型値は環境の影響も受ける．表現型値の構成のうち，遺伝の作用による構成部分を**遺伝子型値**（genotypic value），非遺伝的な環境要因による構成部分を**環境偏差**（environmental deviation）と呼ぶ．量的形質の遺伝子型値は，少数の効果の大きな遺伝子すなわち**主働遺伝子**（メジャージーン）の関与を受けている場合もあるが，一般には，多くの遺伝子座の効果の小さな多数の遺伝子の関与を受けており，それら多数の遺伝子の働きの複合的な産物と考えられている．このような遺伝子は，**ポリジーン**（polygene）と呼ばれる．

表現型値（P）は通常，遺伝子型値（G）と環境偏差（E）の和として，

$$P = G + E$$

と表され，さらに，

$$P = \mu + g + E$$

とも表される．ただし，$G = \mu + g$ であり，μ は集団平均，g は遺伝子型効果（genotypic effect）である．

ここで，環境偏差 E は，地域，年次，季節，飼料，温度などの大環境の条件を人為的に制御し，すべての個体を同一の大環境下においた場合でも，個々の個体が制御不可能な微細な小環境から受ける効果である．したがって，環境偏差 E は小環境効果とも呼ばれ，個々の個体に特有のランダムな効果であり，同一の大環境下におかれた多数の個体について平均をとれば0になる性質のものである．測定記録が大環境の影響を受けている場合，通常は統計的方法によって可能な限りの補正を行い，それらの影響を取り除いて扱うので，環境偏差 E には大環境の効果を含めないのが通例である．

4.1.3 遺伝子型効果の構成と育種価

先にみたように，遺伝子型値 G は集団平均 μ と遺伝子型効果 g とによって表されるが，遺伝子型効果 g には，① 個々の遺伝子の固有の効果（**相加的遺伝子効果**，additive genetic effect），② 同じ遺伝子座の対立遺伝子の間の相互作用（**優性効果**，dominance effect）および③ 2つ以上の異

なる遺伝子座の遺伝子もしくは遺伝子型の間の相互作用による効果（**エピスタシス効果**，epistatic effect）が寄与する．

■ 補足

いま，簡単に説明するために，量的形質に，2つの対立遺伝子 A_1 と A_2 をもつ遺伝子座 A，2つの対立遺伝子 B_1 と B_2 をもつ遺伝子座 B が関与しているとする．遺伝子 A_1 および A_2 の遺伝子型効果 g へのそれぞれの寄与を α_1 および α_2，遺伝子 B_1 および B_2 のそれぞれの寄与を β_1 および β_2，遺伝子座 A 内での対立遺伝子 A_1 と A_2 との間および遺伝子座 B 内での対立遺伝子 B_1 と B_2 との間の相互作用による寄与をそれぞれ γ_A および γ_B，さらに，遺伝子座 A の遺伝子もしくは遺伝子型と遺伝子座 B の遺伝子もしくは遺伝子型との間の相互作用による寄与を γ_{AB} とすれば，これら2つの遺伝子座の遺伝子型効果 g への総寄与は，

$$\alpha_1 + \alpha_2 + \beta_1 + \beta_2 + \gamma_A + \gamma_B + \gamma_{AB}$$

となる．ここで，個々の遺伝子の固有の効果である $\alpha_1 \sim \beta_2$ が相加的遺伝子効果，同じ遺伝子座の対立遺伝子の間の相互作用による効果である γ_A および γ_B が優性効果，γ_{AB} のような相互作用による効果がエピスタシス効果である．

より多数の遺伝子座が関与する場合，それらすべての遺伝子座に関する相加的遺伝子効果の総和を**相加的遺伝子型値**（additive genetic value）という．相加的遺伝子型値は**育種価**（breeding value）とも呼ばれ，育種価は実際の育種の場でも汎用されている重要な呼称である．親から子への遺伝では，伝達されるのは遺伝子型そのものではなく，個々の遺伝子のコピーである．遺伝子型は，毎世代，それぞれの両親から由来する遺伝子によって新たにつくられる．したがって，遺伝子型を構成する2つの対立遺伝子個々のもつ相加的遺伝子効果に基づいた育種価は，個体が次世代に寄与する遺伝的価値の指標として非常に重要である．優性効果のすべての遺伝子座についての総和は**優性偏差**（dominance deviation），エピスタシス効果のすべての遺伝子座についての総和は**エピスタシス偏差**（epistatic deviation）と呼ばれる．

個体の遺伝子型効果 g は，育種価（A），優性偏差（D）およびエピスタシス偏差（I）のすべてが寄与する場合には，これらの和として

$$g = A + D + I$$

と表され，したがって，表現型値 P の構成は

$$P = \mu + A + D + I + E$$

として表記される．なお，ここで，A，D，I および E は，いずれも集団平均からの偏差として表されている点に留意を要する．

4.1.4 選抜育種

イヌは人類が初めて家畜化した動物で，現在ではかつての狩猟での役割だけではなく，伴侶動物としてなくてはならない存在となった（第6章に詳述）．また，われわれの生活は多くの家畜によって支えられている．家畜（資源動物）の多様な機能と生産物は，今や人類の生存にとって必要不可欠である．人類はその時代や将来の必要に応じて，産業家畜や伴侶動物，実験動物の集団を生産効率のより高い，あるいはより望ましい動物集団へと遺伝的に改良してきた．動物の遺伝的な改良を図ることを動物育種といい，その基本は，改良を図る上で有用な個体を親として選び，それらの個体のみに後代を生産させることを通じて，集団のレベルを望ましい方向へと遺伝的に変化させることである．

ある所与の基準によって親として用いる個体を選ぶことを，人為選抜（artificial selection）あるいは選抜という．所与の基準は選抜基準と呼ばれ，この基準に従ってあらかじめ設定された育種目標に照らしてより望ましい個体とそれら以外の望ましくない個体とを判別し，前者の個体を保留してそれらに後代を生産させる．選抜基準としては，育種価の評価値やそのよりどころとなる情報などが用いられる．選抜と交配の継続的なプロセスを通じて望ましい遺伝子の頻度が高まれば，集団平均の望ましい方向への変化すなわち遺伝的改良が期待できることになる．このような，選抜による育種を選抜育種という．

選抜は，選抜基準に基づいて，異なる遺伝子型の個体の間で次世代に残す子の数すなわち適応度（fitness）に差を生じさせ，結果的に次世代への寄与に差を生じさせることでもある．望ましくないとして淘汰（culling）された個体は，後代を生産することはない．

ちなみに，動物の自然集団における各個体の遺伝的な適応度の差異は，自然に生じる選抜の一種

であるが，集団遺伝学（population genetics）や自然集団を対象とする遺伝学では自然選択あるいは自然淘汰（natural selection）と呼ばれる．いま，簡単に説明するために，2つの対立遺伝子 A と a をもつ遺伝子座が遺伝的な適応度に影響を与え，遺伝子型 AA の適応度が最も高い場合を例にとれば，各遺伝子型の個体が次世代に残す子の相対的な数である相対適応度は，

| 遺伝子型 | AA | Aa | aa |
| 相対適応度 | 1 | $1-hs$ | $1-s$ |

として与えられ，$0.5 \geq h \geq 0$, $1 \geq s \geq 0$ である．たとえば，遺伝子型 AA, Aa および aa が次世代に残す平均的な子の数がそれぞれ10，8および5であるとすると，$h=0.4$, $s=0.5$ である．ある遺伝子型に対する淘汰の強さを表す係数 s を，淘汰係数という．h は優性の程度を表す．

家畜の集団でも，個体の能力に基づく人為選抜は各個体の次世代への遺伝的な寄与に差をつくり，対象の形質に関与する遺伝子型の間での適応度に差を生じさせて，各個体の次世代への遺伝的な寄与の差異をつくりだすことになり，望ましい遺伝子の頻度を高めるように働く．

4.1.5 交配様式

同じ品種や系統の繁殖集団における雄と雌の交配，すなわち純粋繁殖（pure breeding）での交配のしかたを交配様式（mating system）といい，一般に図4.5のように分類される．交配様式は，**任意交配**（無作為交配，random mating）と**作為交配**（non-random mating）とに大別され，前者は集団中の雌雄のランダムな交配すなわち無作為に抽出された雌雄の間での交配であり，集団中のすべての個体について，どの個体も相手の性のいずれの個体とも交配する確率が等しいような交配である．

作為交配は，任意交配からずれている交配である．作為交配は，"類似性" の基準に基づく交配である**同類交配**（assortative mating）と**異類交配**（disassortative mating），血縁関係の遠近に基づく**近親交配**（内交配，inbreeding）と**外交配**（outbreeding）とに分けられる．

同類交配は，集団や繁殖個体群の中から無作為に抽出された組み合わせよりも形質の表現型（値）や能力がより似たもの同士の交配であり，異類交配はより似ていないもの同士の交配である．たとえば，体型の優れた繁殖雌に，同じく体型の優れた種雄を交配する場合は，同類交配である．また，通常行われている計画交配，すなわち育種価の評価値の優れた繁殖雌に同様の種雄を計画的に交配し，メンデリアンサンプリングによるより優れた種畜の作出を目的とした交配も同類交配に含まれる．一方，雌の経済形質のうちで相対的に遺伝的に劣っている形質を改良するために，当該形質の育種価の評価値が優れている種雄を交配する矯正交配は，異類交配の一種といえる．

近親交配（内交配）と外交配は，育種学では，血縁関係が当該集団の平均的なレベルよりもそれぞれ近い個体の間および遠い個体の間での交配をいう．血縁関係の程度を示す重要なパラメータの1つに，2個体間の育種価の相関係数と定義される**血縁係数**（coefficient of relationship）がある．

■ 補足 ■

血統情報から計算される個体 X と Y の間の血縁係数 R_{XY} は，X と Y の共通祖先から X および Y までの径路を示した径路図（path diagram）を作成し，径路図法と呼ばれる方法により，次の公式（Wright, 1922）を用いて求められる．

$$R_{XY} = \frac{\sum_i \sum_j \left\{ \left(\frac{1}{2}\right)^{n_{Xij}+n_{Yij}} (1+F_{Ai}) \right\}}{\sqrt{(1+F_X)(1+F_Y)}}$$

ここで，F_X, F_Y および F_{Ai} は，それぞれ個体 X, Y および i 番目の共通祖先 A_i の近交係数であり，n_{Xij} は個体 X から共通祖先 A_i までの j 番目の径路における世代数，n_{Yij} は個体 Y から共通祖先 A_i までの j 番目の径路における世代数である．

ここでは，全きょうだいである2個体 X と Y の間の血縁係数を算出してみよう．この場合には，図4.6に示した血統と径路図（矢線図）から，個体

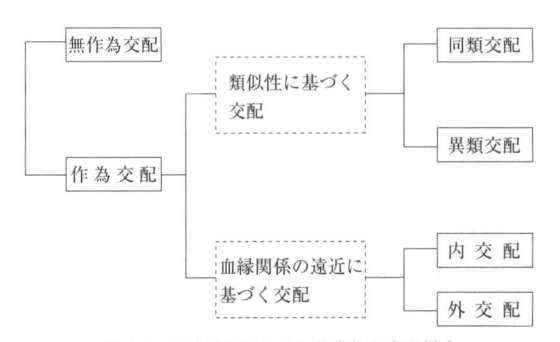

図 4.5 純粋繁殖における基本的な交配様式

1と2の近交係数をいずれも0と仮定すれば,

共通祖先	径路	個体Xから共通祖先までの世代数 n_{Xij}	個体Yから共通祖先までの世代数 n_{Yij}	$(1/2)^{n_{Xij}+n_{Yij}}(1+F_{Ai})$
1	X←1→Y	1	1	$(1/2)^2$
2	X←2→Y	1	1	$(1/2)^2$

より,
$$R_{XY}=(1/2)^2+(1/2)^2=0.5$$
となる.

親子交配,両親を同じくする全きょうだい間や片方の親を同じくする半きょうだい間の交配(すなわち全きょうだい交配や半きょうだい交配)などは近親交配である.全きょうだい交配は,実験動物の分野では兄妹交配と呼称されるほか,集団遺伝学では,inbreeding は共通な祖先をもつ個体間での交配と定義されており,強いあるいは弱い近親交配などと表現される.近親交配(内交配)の程度を近交度といい,個体の近交度は**近交係数**(coefficient of inbreeding)によって表される.近交係数は,個体の任意の遺伝子座における2つの対の遺伝子が,ともにその個体の両親の共通祖先がもっていた1つの遺伝子のコピーである確率,いいかえれば,ある遺伝子座における2つの遺伝子が同祖的(identical by descent: IBD)である確率として定義される.近交度の上昇は,集団の遺伝子型頻度,集団平均および遺伝分散に影響を及ぼすことが知られている.

近交度の上昇に伴って形質の集団平均が低下する現象を**近交退化**(近交弱勢, inbreeding depression)という.近交退化の原因として,関与する遺伝子座にその形質に関して望ましい方向への優性(定向的優性)の効果が存在すると,近交度が上昇していくとそのような優性効果を示すヘテロ接合体が失われていくこと,また,集団にヘテロ接合体として存在している有害劣性遺伝子が,近交度の上昇に伴ってホモ接合体となって発現する機会が増えることなどが考えられている.表4.1は,動物における近交退化の推定例である.一般に,優性効果の関与が相対的に大きいと考えられている繁殖性や生存性,強健性などにかかわる形質では近交退化の程度は大きく,相加的な作用の遺伝子の関与が大きい形質では,近交退化の程度は小さい.

■ **補足**

個体Xの近交係数(F_X)は,Xの両親である個体SとDの共通祖先A_iからXまでの径路の情報に基づいて

$$F_X = \sum_i \sum_j \left\{ \left(\frac{1}{2}\right)^{n_{Sij}+n_{Dij}+1}(1+F_{Ai}) \right\}$$

によって求められる(Wright, 1922).ただし,n_{Sij}は個体Xの父親Sからi番目の共通祖先A_iまでのj番目の径路における世代数,n_{Dij}は個体Xの母親Dから共通祖先A_iまでのj番目の径路における世代数,F_{Ai}は共通祖先A_iの近交係数である.

全きょうだい交配による産子Xの近交係数を求めてみよう.この場合の血統と径路図は図4.7のごとくであり,共通祖先は個体1と2の2個体であ

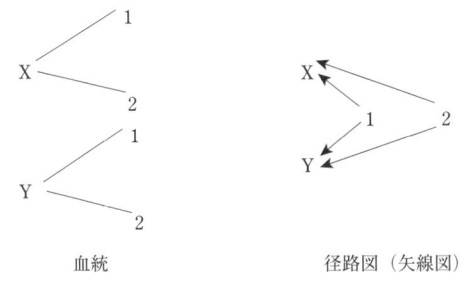

図4.6 全きょうだいの血統と径路図

表4.1 近交度の上昇に伴う近交退化の推定例(Falconer and Mackay, 1996 および佐々木, 1996 より引用・改変)

動物種	形 質	平均の低下量*
乳用牛	泌乳量(kg)	135
肉用牛	産子率(%)	1.1
	離乳時体重(kg)	4.4
	成熟時体重(kg)	13
ブタ	一腹子数(頭)	0.38
	154 日齢体重(kg)	2.6
ヒツジ	毛長(cm)	0.12
	毛重量(kg)	0.29
	1歳齢体重(kg)	1.32
ニワトリ	産卵数(個)	9.26
	ふ化率(%)	4.36
	体重(g)	18.1
マウス	一腹子数(匹)	0.56
	6週齢体重(kg)	0.19

*近交係数の10%の上昇当たりの値.

る．ここでは，個体1と2の近交係数をいずれも0と仮定すると，

共通祖先	径路	父親S・母親Dから共通祖先までの世代数 n_{Sij}　n_{Dij}	$(1/2)^{n_{Sij}+n_{Dij}+1}(1+F_{Ai})$
1	S←1→D	1　　1	$(1/2)^3$
2	S←2→D	1　　1	$(1/2)^3$

より，個体Xの近交係数は，
$$F_X=(1/2)^3+(1/2)^3=0.25$$
と求められる．

4.1.6 交雑育種

異なる品種や系統の間での交配を**交雑**（crossing）という．交雑は，実際の生産現場での実用畜の生産，選抜育種のための基礎集団の造成，育種集団の改良などに利用される．交雑を利用した育種は交雑育種（cross-breeding）と呼ばれ，交雑のねらいは，**雑種強勢**（ヘテローシス，heterosis, hybrid vigor）や補完（complementarity）の利用，斉一性の向上の獲得，優良遺伝子の導入などである．

a. 雑種強勢

雑種強勢とは，交雑によって雑種に発現する形質値・能力レベルの増進のことであり，交雑によって近親交配によって低下していた適応度や形質レベルが回復する現象もみられる．雑種強勢は近交退化とは逆の現象であり，近交退化の場合と同じく，定向的優性の度合いに依存し，当の座位についての親品種（親系統）間での遺伝子頻度の差に比例することが知られている．優性のない遺伝子座に支配されている形質では，近交退化も雑種強勢もみられない．また，雑種強勢のメカニズムとして，ヘテロ接合体がホモ接合体のいずれよりも優れている超優性や，異なる遺伝子座の間の遺伝子や遺伝子型間の相互作用であるエピスタシスの関与がある．

雑種強勢の量は，交雑種集団（正逆交雑種）の能力の平均と両親の品種（系統）の能力の平均との差が後者の平均に比べて優れている程度（％）であり，これを直接ヘテローシス効果という．また，雑種強勢により，純粋種の母親よりも交雑種の母親の母性形質が優れる場合もある．交雑種の母親に現れる雑種強勢の効果をとくに母性ヘテローシス効果と呼ぶ．雑種強勢は，一般に繁殖性や生存性，活力，哺育能力など，遺伝率の低い形質に認められている（表4.2）．

補完は，異なる品種（系統）の間の交雑種が，単一の形質についてではなく，複数の経済形質の総合評価の結果である純収益の点で，もとの品種（系統）よりも高くなることをいう．たとえば，増体の優れた品種と肉質の良い品種とを交雑することにより，両方を適度に兼ね備え，結果としてとくに高い総合評価と純収益が得られるような実用畜が生産される場合などである．

個体間の斉一性を高める必要がある場合に，交雑が利用される場合もある．近交系間の交雑では，後代の遺伝子型がすべての個体で同じヘテロ型となるため，表現型の斉一性も高まることが期待できる．品種間（系統間）の交雑種でも，程度の差はあれ，もとの純粋種（系統）に比べて斉一性の向上がみられる．そのほか，実験動物による選抜実験の際やブタなどの閉鎖群育種では，遺伝的変異の大きな基礎集団をつくる目的で，しばしば複数の近交系間や系統間などでの交雑が行われる．また，交雑は，ある品種（系統）に他の品種（系統）の優良遺伝子や遺伝形質の導入を図る場合や，在来品種の能力を外来品種の能力に近づけていくような場合にも利用される．

b. 交雑の種類

交雑の利点を利用し，生産効率を高めるために，さまざまな交雑の方式が考えられている．大きくは，末端交雑システムと輪番交雑システムとに分けられる．

品種間交雑は，肉用牛，ブタ，ニワトリなどで利用され，同じ品種内の異なる系統間の系統間交雑は，ブタ，ニワトリなどで利用されている．近交系間の交雑は，実験動物，ニワトリ，ブタなどで利用されており，同一品種内に作出された近交

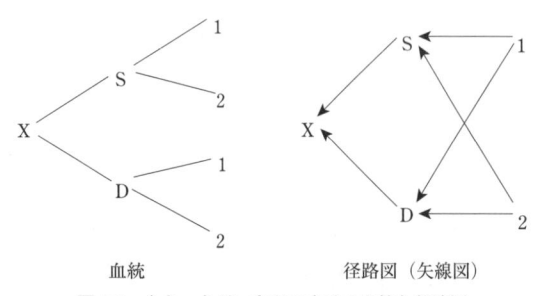

図4.7 全きょうだい交配の産子の血統と径路図

表4.2 動物における雑種強勢の推定例

動物種	形質	雑種強勢（%）個体自身	雑種強勢（%）雌親	動物種	形質	雑種強勢（%）個体自身	雑種強勢（%）雌親
肉用牛	離乳時体重	4.6	4.3	ブタ	一腹子数	3	8
	雌1頭当たりの離乳子重量	8.5	14.8		離乳時の一腹子数	6	11
	泌乳量（6週間）		7.5		離乳した一腹子の総体重	12	10
	枝肉等級（去勢牛）	0.3		ヒツジ	離乳時体重	5	6.3
	初発情日齢（雌）	9.8			離乳時までの生存率	9.8	2.7
					雌1頭当たりの離乳子数	15.2	14.7

系間の交雑種をインクロス，それぞれ異なる品種に属する近交系間の交雑種をインクロスブレッドと呼ぶ．また，近交系の雄と非近交系の雌との交雑種はトップクロス，非近交系の雄と近交系の雌との交雑種はボトムクロスと呼ばれる．

交雑に用いられる品種（系統）の数により，2品種（系統）AとBとの間の交雑は二元交雑あるいは単交雑，2品種（系統）の雑種第1代A×Bへのさらに別の品種（系統）Cの交雑すなわち(A×B)×Cは三元交雑，4品種（系統）による交雑(A×B)×(C×D)は四元交雑，それ以上の多くの品種（系統）を用いた交雑を多元交雑と呼ぶ．

図4.8は，ウシの3品種による末端交雑システムの三元交雑の例である．農家1で品種Aと品種Bとが交雑され，F₁が生産される．一方，農家2では，品種Cが生産されている．農家3は，農家1で生産されたF₁の雌ウシと農家2で生産された品種Cの雄ウシを導入して交配し，生まれた雌雄の後代はすべて実用畜として利用される．この場合，品種Cの雄ウシは，後代が繁殖に利用されることはないので，留雄あるいは末端種雄と呼ばれる．

2つ以上の品種あるいは系統を順番に循環させる交雑の方式は，輪番交雑システムである．2品種による輪番交雑では，品種Aの雌には品種Bの雄が，品種Bの雌には品種Aの雄が交配される．生まれた雄は実用畜とされ，雌にはAあるいはBのいずれかの雄が交配される．以後の交配では，雄の品種を輪番で変えて，父親が品種Aである雌には品種Bの雄が，父親が品種Bである雌には品種Aの雄が交配される．この二元の輪番交雑は，十字交雑と呼ばれる．輪番交雑では，通常は雌のみを循環させ，雄には純粋種が用いられる．雌にヘテロ性を保持させて，母性ヘテローシスを有効に利用するためである．3品種による三元輪番交雑のシステムでは，二元輪番交雑の場合に比べて雌のヘテロ性をより高く保持できることになり，より高い母性ヘテローシス効果が期待できるが，システムの経営規模は自ずと大きくなる．

累進交雑（grading-up）は，交雑によって他品種（系統）の優良遺伝子や遺伝形質を現有の集団に導入したり，在来品種を外来品種で置き換えていくような場合に利用される．現有集団の雌に導入した雄を交配し，生まれた雌後代にさらに導入した雄を交配することが繰り返される．たとえば，北米などでも現在では多くの和牛が飼養されているが，北米では当初，わが国から導入された和牛とアンガス種との累進交雑により，いわゆるアメリカ和牛が作出されていった．

c. 組み合わせ能力

雑種強勢は，異なる品種や系統の間で交雑を行えば常に認められるというものではなく，また，

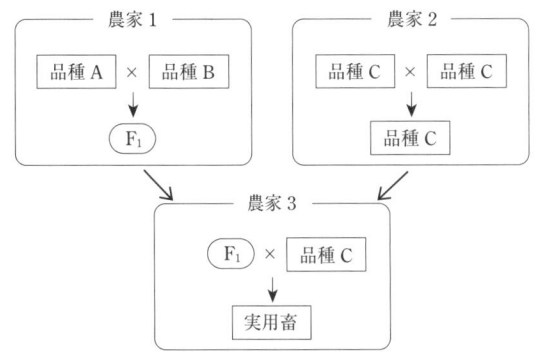

図4.8 ウシの3品種による末端交雑システム

その程度は組み合わせによっても異なる．組み合わせ能力には，どのような組み合わせの場合でも高い能力が発揮される一般組み合わせ能力と，ある特定の組み合わせの場合にとくに高い能力が発揮される特定組み合わせ能力とがある．交雑育種では，特定組み合わせ能力の高い近交系の作出や品種の探索が重要である．

この点に関して，多数の系統を対象とし，系統ごとの一般組み合わせ能力と特定系統間の特定組み合わせ能力の推定を目的とした交配が考えられている．ダイアレルクロスと呼ばれ，同じ系統を除いた総当たりの組み合わせでの交配である．また，組み合わせ能力を評価するために，ある系統を複数の系統に交配する検定交配（テストクロス）や複数の系統の間での任意交配を行うポリクロスも利用される．ただし，ポリクロスでは，一般組み合わせ能力の推定のみが可能である．

さらに，優れた組み合わせ能力を示した2つの系統を用いて，より高い組み合わせ能力を発揮する系統を作出するための選抜法として，相反反復選抜法（reciprocal recurrent selection : RRS）がある（図4.9）．RRSでは，AおよびBの2つの系統の間で正逆交配を行い，改良対象の形質について，生まれたF_1の能力を検定する．得られた検定成績により，AおよびB系統のそれぞれについて，最も優れた組み合わせに結果した親が選抜され，その他の親とF_1個体はすべて淘汰される．次に，選抜された同じ系統内の親同士を同系交配し，AおよびB系統におけるより組み合わせ能力の高い次代の親を生産する．このような一連のプロセスを繰り返すことにより，高い特定組み合わせ能力と一般組み合わせ能力を発揮する系統がつくられる．

4.2 遺伝的パラメータ

> **到達目標：**
> 遺伝的パラメータを説明できる．
> **【キーワード】** 表現型分散，遺伝分散，相加的遺伝分散，優性分散，エピスタシス分散，環境分散，遺伝率，反復率，表型相関，遺伝相関

産業家畜や実験動物の改良を効果的に行う上では，対象の量的形質について，遺伝的パラメータ（genetic parameter）の値を把握しておくことが必要であり，代表的なパラメータには，遺伝率，反復率，遺伝相関などがある．ここでは表型相関と環境相関をも含めて，いくつかのパラメータの基本的な概念について解説する．

4.2.1 表現型分散と遺伝分散

量的形質の表現型値Pの"値"の基本的な構成は，先にみたように，μを集団平均，gを遺伝子型効果，Eを環境偏差として，$P=\mu+g+E$と表されるが，表現型値や遺伝子型効果の変異の大きさは，分散によって測られる．表現型値の分散を**表現型分散**あるいは表型分散（phenotypic variance, σ_P^2），遺伝子型効果の分散を**遺伝分散**（genetic variance, σ_g^2），環境偏差の分散を環境分散（environmental variance, σ_E^2）といい，表現型分散の構成は，通常は，

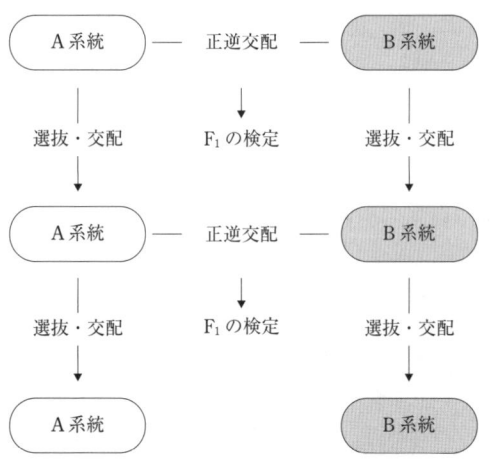

図4.9 相反反復選抜法

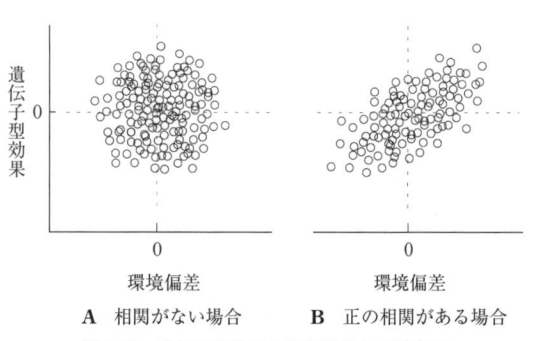

図4.10 遺伝子型効果と環境偏差との散布図
A 相関がない場合　B 正の相関がある場合

$$\sigma_P^2 = \sigma_g^2 + \sigma_E^2$$

と表される．

さらに，4.1節で学んだように，A を相加的遺伝子型値（育種価），D を優性偏差，I をエピスタシス偏差，E を環境偏差として，$g = A + D + I$ および $P = \mu + A + D + I + E$ より，遺伝分散 σ_g^2 および表現型分散 σ_P^2 は

$$\sigma_g^2 = \sigma_A^2 + \sigma_D^2 + \sigma_I^2$$
$$\sigma_P^2 = \sigma_A^2 + \sigma_D^2 + \sigma_I^2 + \sigma_E^2$$

と仮定される．ここで，σ_A^2 は A の分散，σ_D^2 は D の分散，σ_I^2 は I の分散であり，それぞれ**相加的遺伝分散**（additive genetic variance），**優性分散**（dominance variance）および**エピスタシス分散**（epistatic variance）と呼ばれる．

■ 補足

本来は，表現型分散 σ_P^2 は $\sigma_P^2 = \sigma_g^2 + 2\sigma_{gE} + \sigma_E^2$ と表され，右辺に遺伝子型効果 g と環境偏差 E との共分散 σ_{gE} が含まれる．通常は図4.10Aのように，環境偏差は遺伝子型効果のまわりにランダムに生起する値と仮定され，g と E との間に相関はない，すなわち $\sigma_{gE} = 0$ と仮定される．また，$\sigma_P^2 = \sigma_A^2 + \sigma_D^2 + \sigma_I^2 + \sigma_E^2$ と表されたが，この式では，優性偏差 D とエピスタシス偏差 I は，相加的遺伝子型値 A のまわりにランダムに生じると仮定されており，右辺には共分散の項は現れない．

4.2.2 遺伝率

量的形質の表現型値は，$P = G + E$ あるいは $P = \mu + g + E$ と表したように，遺伝（遺伝子型）と環境との産物である．そこで，表現型値が決定される上で遺伝と環境が相対的にどれほど重要であるか，表現型値の情報から遺伝子型値をどれだけ正確に判定できるかの指標が必要となる．この指標は**遺伝率**（heritability）と呼ばれ，広義の遺伝率と狭義の遺伝率とが定義されている．

広義の遺伝率 h_B^2 は，遺伝分散の表現型分散に対する割合，すなわち，

$$h_B^2 = \frac{\sigma_g^2}{\sigma_P^2}$$

と表され，個体の表現型値のうち遺伝子型値によって決定される程度を示すパラメータである．

一方，個体の遺伝子型はその世代限りのものであり，親から子に伝達されるのは遺伝子型ではなく，個々の遺伝子である．したがって，選抜育種や集団の遺伝的構成の変化の把握などの観点からは，親から子に伝えられる個々の遺伝子の相加的効果に起因する相加的遺伝分散 σ_A^2 のほうが遺伝子型による遺伝分散 σ_g^2 よりも重要である．そこで，相加的遺伝分散の表現型分散に対する割合として，次のように狭義の遺伝率 h^2 が定義されている．

$$h^2 = \frac{\sigma_A^2}{\sigma_P^2} = \frac{\sigma_A^2}{\sigma_A^2 + \sigma_D^2 + \sigma_I^2 + \sigma_E^2}$$

狭義の遺伝率は，表現型値が親から伝達された遺伝子の相加的効果によって決定される割合を示し，相加的遺伝子型値（育種価）A の表現型値 P に対する回帰係数として定義されるものでもある．単に遺伝率といえば，この狭義の遺伝率のことをさす．σ_g^2 や σ_A^2 の大きさはそれぞれの形質の測定単位に依存するが，h^2 や h_B^2 は測定単位に依存しないパラメータである．よって，遺伝率により，異なる形質や集団の間で遺伝的変異の相対的な重要度を比較することができる．

表4.3にいくつかの動物種における遺伝率の推定値を示した．多数の動物種について，多岐にわたる量的形質の遺伝率が推定されているが，一般には，繁殖性，生存性，活力などにかかわる形質の遺伝率は低く，発育性や泌乳性，屠肉性（carcass traits）などに関する形質の遺伝率は中程度から高めに推定されている場合が多い．

■ 補足

遺伝率の値は，当の量的形質についてのみならず，その集団の当該時点での遺伝的な性質の情報でもある．また，個体がおかれている環境にも関係しているその集団の性質の情報でもある．表現型分散 σ_P^2 を構成する遺伝分散の構成成分（σ_A^2, σ_D^2 および σ_I^2）のそれぞれの大きさは，その形質に関与する各遺伝子座の対立遺伝子の頻度の変化によって変わるので，同じ形質の遺伝率であっても，集団が異なれば異なった値をとりうる．また，長期にわたって維持され，遺伝子の固定あるいは消失の機会の高い小集団では，同一の形質の場合でも大集団におけるよりも低い遺伝率が期待される．さらに，環境分散 σ_E^2 は遺伝率の分母に含まれる

表 4.3 動物における遺伝率の推定値（大まかな範囲）

動物種	形質	推定値	動物種	形質	推定値
ウシ	生時体重	0.2～0.4	ニワトリ	32週齢体重	0.4～0.6
	1歳齢体重	0.3～0.6		卵重	0.4～0.6
	枝肉重量	0.4～0.6		産卵数	0.05～0.1
	脂肪交雑	0.3～0.6	マウス	6週齢体重	0.3～0.4
	皮下脂肪厚	0.3～0.6		一腹子数	0.1～0.2
	分娩間隔	0.05～0.2		春機発動日齢	0.05～0.2
	泌乳量	0.3～0.4	ショウジョウバエ	腹部剛毛数	0.4～0.6
	乳脂率	0.35～0.45		体の大きさ	0.3～0.5
ブタ	皮下脂肪厚	0.5～0.7		卵巣の大きさ	0.3～0.4
	飼料要求率	0.4～0.6		産卵数	0.1～0.2
	1日当たり増体量	0.3～0.5			
	一腹子数	0.05～0.1			

が，集団の個々の個体がおかれている環境の違いが大きく，結果的に環境分散が大きな場合には，相加的遺伝分散 σ_A^2 の大きさが同程度であったとしても，個々の個体が比較的斉一な環境におかれている集団の場合に比べてより低い遺伝率が期待される．加えて，選抜が行われている育種集団では，時間の経過とともに集団の遺伝的構造に変化が生じ，遺伝率も変化し低下していく．

このように，遺伝率が所与の値を示している場合，その値は，ある環境下の特定の集団におけるその時点での値である点を理解しておくことが重要である．

4.2.3 反復率

雌ウシの泌乳量や雌ブタの一腹子数，ヒツジのフリース重（刈り取り毛重量），ニワトリの卵重のような量的形質では，同じ個体について繰り返しの測定が可能であり，個々の個体の生涯において複数の記録が得られる．この種の形質での同一個体における複数回の記録の似通い（再現性）の程度を示すパラメータに**反復率**（repeatability, R）がある．反復率は，同じ個体について反復して得られる複数記録の間の相関係数（級内相関係数という）である．

反復率 R は，

$$R = \frac{\sigma_g^2 + \sigma_{E_c}^2}{\sigma_P^2}$$

と定義され，ここで σ_g^2 は遺伝分散，$\sigma_{E_c}^2$ は**永続的環境効果**の分散である．

重要な点として，上の定義式からも明らかなよ

うに，広義の遺伝率が $h_B^2 = \sigma_g^2/\sigma_P^2$ であることから，反復率は遺伝率の上限を示すパラメータでもある．

■ 補足

個体の生涯において1回のみ記録が得られるような形質では，その表現型値 P は，μ を集団平均，g を遺伝子型効果，E を環境偏差として，$P=\mu+g+E$ と表されるが，繰り返しの測定記録が得られる場合には，個体の表現型値の記録の1つ（P）は，

$$P = \mu + g + E_c + E_t$$

と表される．すなわち，表現型値に影響を及ぼす環境偏差 E は，永続的環境効果 E_c と一時的環境効果 E_t とからなる．永続的環境効果の具体例として，雌ブタの育成中の環境条件や栄養状態が卵巣などの発達に影響を与え，成雌になったのちのすべての産次の産子数に共通して一定の効果が及ぼされる場合や，雌ウシの育成時での栄養過多が乳腺の発達に悪影響を及ぼし，結果的に成畜となったのちの毎産次での乳量に対して共通して一定の影響を及ぼすような場合などがあげられる．一時的環境効果は，それぞれの個体および産次ごとに一時的に受ける小環境効果である．

この場合の表現型分散は，E が E_c+E_t と表されるので，通常は，

$$\sigma_P^2 = \sigma_g^2 + \sigma_{E_c}^2 + \sigma_{E_t}^2$$

と仮定されて，反復率の式が定義されている．

4.2.4 表型相関と遺伝相関

家畜の育種では，通常，複数の形質が対象とな

る．複数の形質の相互の関係は，互いに独立ではなく，形質間にはその程度は異なるものの，なんらかの関連性が認められる場合が多い．たとえば，体重と体高の表現型値の間には，体重の重い個体は体高も高く，体重の軽い個体は体高も低いという傾向がある．2つの変数の増減の直線的な関連の程度は相関（correlation）によって測られるが，表現型値の間の相関は**表型相関**（phenotypic correlation）と呼ばれ，2つの量的形質の表現型値を P_1 と P_2 とすると，表型相関 $\rho_{P_1P_2}$ は，

$$\rho_{P_1P_2} = \frac{\sigma_{P_1P_2}}{\sqrt{\sigma_{P_1}^2}\sqrt{\sigma_{P_2}^2}}$$

と定義される．ここで，$\sigma_{P_1P_2}$ は P_1 と P_2 との共分散，$\sigma_{P_1}^2$ および $\sigma_{P_2}^2$ はそれぞれ P_1 と P_2 の分散である．

表型相関が生じる原因には，遺伝子の相加的作用によって2つの形質の育種価の間に相関関係が生じる遺伝的原因と，2つの形質の環境偏差 E_1 と E_2 との間に相関関係が生じる環境的原因とがある．形質1と2の表現型値（P_1 および P_2）を，それぞれの形質の集団平均 μ_1 および μ_2，育種価 A_1 および A_2，環境偏差を含む残りの成分 E_1^* および E_2^* により，

$$P_1 = \mu_1 + A_1 + E_1^*$$
$$P_2 = \mu_2 + A_2 + E_2^*$$

と示せば，**遺伝相関**（genetic correlation）は育種価 A_1 と A_2 の間の相関 $\rho_{A_1A_2}$ であり，

$$\rho_{A_1A_2} = \frac{\sigma_{A_1A_2}}{\sqrt{\sigma_{A_1}^2}\sqrt{\sigma_{A_2}^2}}$$

と定義される．これは，厳密には相加的遺伝相関と呼ばれるものであるが，通常は，遺伝相関といえば，この相加的遺伝相関のことをさす．遺伝相関の生じる原因には，遺伝子の**多面作用**（pleiotropy）と**連鎖**とがあり，遺伝子の多面作用とは同一の遺伝子が2つ以上の形質の発現に関与することをいう．形質の間の遺伝相関の値は，ある形質について選抜による改良を進めていき，集団平均が変化すると，他の形質の集団平均がどのように変化するかの情報を与えてくれる．遺伝相関が正および負であれば，選抜によって一方の形質の集団平均が増加の方向に変化する場合，それに伴って他方の形質の集団平均はそれぞれ増加および低下の方向に変化することがわかる．

表4.4 は，家畜・家禽における遺伝相関の推定例である．たとえば，泌乳量と乳脂率との間には負の遺伝相関が，DG（daily gain，1日当たり増体量）と飼料要求率との間にも負の遺伝相関が推定されている．前者の値からは，選抜によって泌乳量と乳脂率ともに改良を図る上で，両形質は望ましい遺伝的な関係にないことがわかる．一方，後者の値は，選抜によってDGの集団平均が高まっていくと，飼料要求率の集団平均は下方向に変化していくことを意味している．したがって，この場合の負の遺伝相関は望ましい値である．ただし，遺伝相関の推定値もまた，ある環境におかれている特定の集団について，その時点での値を推定したものにすぎず，普遍的な値でない点に留意が必要である．

E_1^* と E_2^* との相関 $\rho_{E_1^*E_2^*}$ は，**環境相関**（environmental correlation）と呼ばれる．環境相関は，非相加的遺伝子効果が関与している場合には，当該成分を含めた環境偏差の間の相関である．

表型相関は，遺伝的および環境的な原因の関与によって生じるが，遺伝相関と環境相関のみによって単純に表されるものではなく，

表4.4 動物における遺伝相関の推定値（大まかな範囲）

動物種	形　質	推定値	動物種	形　質	推定値
乳用牛	泌乳量と乳脂肪分	0.7～0.8	ブ タ	DGと飼料要求率	−0.6～−0.8
	泌乳量と乳脂率	−0.4～−0.6		DGと背脂肪厚	0.2～0.4
	泌乳量と体型評点	0.05～0.1		DGとロース芯面積	−0.3～0.3
肉用牛	生時体重と離乳時体重	0.3～0.5	ニワトリ	卵重と体重	0.2～0.3
	DGと飼料要求率	−0.6～−0.8		卵重と飼料摂取量	0.3～0.4
	DGと枝肉等級	0.2～0.4		体重と産卵数	−0.2～−0.3
	DGとロース芯面積	0.4～0.6		産卵数と初産卵数	−0.4～0.8

$$\rho_{P_1P_2} = \rho_{A_1A_2}h_1h_2 + \rho_{E_1^*E_2^*}\sqrt{(1-h_1^2)(1-h_2^2)}$$

のような関係にある．ここで，h_1^2 および h_2^2 はそれぞれ形質1および2の遺伝率，h_1 および h_2 は遺伝率の平方根である．

4.3 選抜と遺伝的改良

表4.5 ブタの一腹子数の数値例

個 体	家 系			
	A	B	C	D
1	12	11	8	9
2	11	8	7	4
3	8	7	5	4
4	5	6	4	3
家系平均	9	8	6	5

集団平均：7

> **到達目標：**
> 人為選抜とその限界を説明できる．
> **【キーワード】** 選抜の基本的基準，きょうだい検定，後代検定，複数形質の選抜（順繰り選抜法・独立淘汰水準法・選抜指数法），選抜差，選抜強度，選抜の正確度，世代当たりの遺伝的改良量，遺伝的改良速度，育種計画の最適化，長期の選抜，選抜限界

選抜育種では，4.1節で概説したように，対象形質についての選抜基準（すなわち表現型値や育種価の予測値）に基づいて選抜の候補個体の中から望ましい個体を判別して選び出し，それらを繁殖に供して後代を生産させるプロセスを繰り返すことにより，集団の遺伝的改良が図られる．本節では，選抜の基本的な方法と考え方，望ましい個体の判別のための能力の検定法，遺伝的改良量の予測などについての基礎を学ぶ．

4.3.1 選抜の基本的な基準と方法

選抜の基本的な方法は，**個体選抜**，**家系選抜**，**家系内選抜**および**組み合わせ選抜**の4つに大別される．いま，個体の表現型値 P の集団平均 μ からの偏差 $d = P - \mu$ を，図4.11のように，その個体が属する家系の平均 $\overline{P}_f$ からの偏差 $d_w = P - \overline{P}_f$ と家系平均 $\overline{P}_f$ の集団平均 μ からの偏差 $d_f = \overline{P}_f - \mu$

に分けて考えると，

$$d = P - \mu = (P - \overline{P}_f) + (\overline{P}_f - \mu) = d_w + d_f$$

と表され，これら4つの方法は，d_w と d_f の2種類の情報に対してどのような重みづけをするかによって特徴づけられる．ここでは，ブタの4家系での一腹子数の表現型値を数値例（表4.5）として用い，4個体の上方向選抜を仮定して，4つの方法での基本的な考え方をみてみよう．

個体選抜は，個体の情報（この例では表現型値）のみを用いて選抜する方法であり，選抜に際して d_w と d_f に同等の重みづけを与えることに相当する．個体の表現型値に基づけば，A家系の個体1と2，B家系の個体1およびD家系の個体1の4個体が選抜される．一般に，遺伝率が高い形質では個体選抜が有効であり，実施が最も簡単な方法である．家系選抜は，家系内での偏差 d_w の情報には0の重みづけを与え，家系平均の情報 d_f の優劣のみに基づいて選抜する方法である．この場合には，家系間の差は遺伝的な差，家系内の差は環境の効果の違いに起因する差とみなされる．数値例では，家系平均の最も高い家系Aの4個体すべてが選抜されることになる．家系選抜は，選抜対象の形質の遺伝率が低く，共通環境による変異が無視できて，家系のサイズが大きいときに

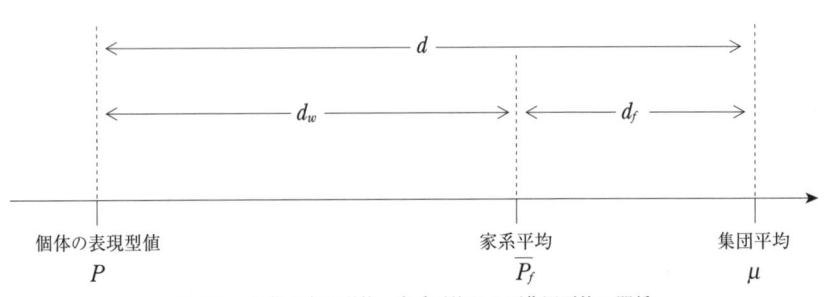

図4.11 個体の表現型値，家系平均および集団平均の関係

相対的に有効な方法である．一方，家系内選抜では，家系平均の優劣は環境によるものとみなし，d_f には0の重みづけを与え，家系内での偏差 d_w の優劣の情報のみに基づいて選抜が行われる．数値例では，各家系のそれぞれから最上位の個体が選抜される．

以上の3つの方法は，d_w と d_f に対して1あるいは0の単純な重みづけを与える方法であるが，理論的に最良の方法は，d_w と d_f の両者にそれぞれ最も適切な重みづけを与えて選抜する方法であり，組み合わせ選抜あるいは指数選抜と呼ばれる．指数選抜では，実際には利便性の観点から，d_w の代わりに個体の表現型値の情報として d を用い，指数の形を整理して b，b_f を重みづけ係数とした次のような指数 I

$$I = bd + b_f d_f$$

が用いられることが多い．ただし，d_f を求める際の家系平均には当の個体の表現型値も含まれる．指数選抜において，実際に適切な重みづけ係数を設定する上では，当該形質の遺伝率や家系の成員間の血縁関係などの情報が必要とされる．

4.3.2 きょうだい検定と後代検定

家系選抜の一種に，きょうだい選抜（sib selection）すなわち**きょうだい検定**（sib-testing）による選抜と**後代検定**（progeny-testing）による選抜がある．きょうだい検定では，候補個体の能力（育種価）の予測にあたり，その個体の血縁個体である全きょうだいや半きょうだいの記録が用いられる．きょうだい検定の典型的な例は，一腹子数の多いブタやニワトリなどの形質を対象とする場合である．

一方，泌乳形質や通常は屠殺しないと測定できないような形質の場合には，雄の後代検定に基づく選抜が行われる．検定場における雄ウシの後代検定では，図4.12に例示したように，まず，選抜候補の雄が集団の複数の繁殖雌 $D_1, D_2, \cdots, D_n$ に無作為に交配される．次に，生まれた $K_1, K_2, \cdots, K_n$ の n 頭の同父半きょうだい後代群の表現型値 $P_1, P_2, \cdots, P_n$ が測定され，それらの平均の情報から雄親の育種価が評価されて，選抜が行われる．

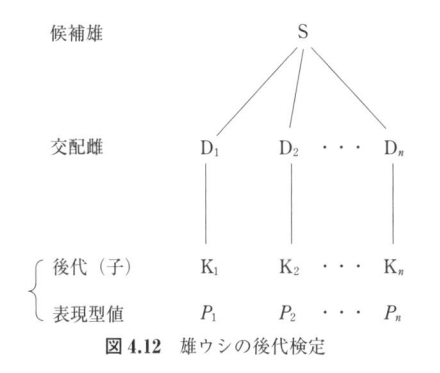

きょうだい検定や後代検定における育種価の評価では，通常は選抜の候補個体自身の記録は利用できないので，指数選抜 $I = bd + b_f d_f$ のより単純な形態である $I = b_f d_f$ などによって育種価が予測される．

4.3.3 複数の形質の選抜

育種の目標を単一の形質のみによって決めることができるケースはまれであり，通常は複数の形質を対象とした遺伝的改良が行われる．その場合，一般に，あまり重要でない形質をむやみに選抜対象に含めるべきではない．それは，対象の形質がすべて遺伝的に独立で，すべての形質の遺伝率が等しく，しかも経済的な重要度も等しいという単純な場合でも，対象形質の数が n 個になれば，個々の形質について期待される遺伝的改良量は $1/\sqrt{n}$ に減ってしまうことが知られているからである．また，選抜の対象形質を決めるにあたっては，対象に含めることによって生じる所要コストとその形質の改良によって実現される経済的な価値との収支関係を考慮に入れることも重要な点である．

実際に複数の形質の遺伝的改良を図ろうとする場合には，どのような選抜の方法を採用するかを決める必要があるが，ここでは，3つの基本的な選抜法について述べる．

a. 順繰り選抜法

順繰り選抜法（tandem selection method）は，1度に1つの形質のみを取り上げる選抜であり，まず，最も重要な1形質だけについて選抜による改良を図り，その形質の改良目標が達成されると，次に重要な形質に切り換えて選抜を行う．すなわち，1つずつ形質を取り上げて，順繰りに選抜を行っていく方法である．この選抜法では，1つの形質について選抜を行っている期間には，そ

図 4.12 雄ウシの後代検定

の他の対象形質は無視される．したがって，図4.13Aの個体aの場合のように，選抜対象の形質1が優れていれば，対象としていない形質2が相対的に劣っていても選抜されたり，個体bのように，形質2が優れていても淘汰されるような場合が生じる．ただし，1度には1形質しか対象としないので，その形質のみを測定すればよいという利点があり，形質間に正の遺伝相関がある場合には，選抜の対象形質が改良されるに伴って，他の形質も遺伝相関の程度に応じて改良される．しかし，負の遺伝相関がある場合には，選抜対象の形質の改良が進むにつれて，その期間には対象としていないもう一方の形質の集団平均は望ましくない方向に低下していくので，明らかに非効率的な選抜法である．

b. 独立淘汰水準法

独立淘汰水準法（method of independent culling levels）では，各形質に淘汰水準を設け，形質個々について少なくとも備えているべき能力水準をいずれもクリアした個体が選抜される．すなわち，2形質の場合であれば，図4.13Bのように，形質1の淘汰水準 k_1 による選抜率を p_1，形質2の淘汰水準 k_2 による選抜率を p_2 とすれば，全体での選抜率 p が $p = p_1 \times p_2$ のように選抜される．たとえば，雌ウシの発育段階に応じて，離乳時体重について $p_1 = 0.8$ で選抜し，その後さらに1歳齢体重について $p_2 = 0.5$ で選抜するようなケースであり，この場合の全体での選抜率は $p = 0.8 \times 0.5 = 0.4$ となる．また，和牛のような肉用牛の雄について，増体能力や飼料利用性の直接能力検定によって第1段階の選抜を実施し，さらに第2段階の選抜として，第1段階で選抜された個体の後代検定によって肉量や肉質について選抜する場合に，いずれの段階の選抜も淘汰水準によって切断的に行えば，この選抜法に該当する．独立淘汰水準法では，その名のとおり，選抜は単純に形質ごとに独立した水準を設けて行われ，実際の育種の場でもこの種に類する選抜は広く実施されている．しかし，この選抜法には，図4.13Bの個体aの場合のように，1つの形質のレベルが低ければ，他の形質がいくら優れていても淘汰されてしまうという特徴がある．また，最終の選抜率 p の値を実現する上で，p_1，p_2 などの各選抜率の値の具体的な組み合わせを的確に設定することが容易でないという難点もある．

c. 選抜指数法

選抜指数法（selection index method）は，選抜対象の複数の形質について，各能力値を適切に組み合わせた指数 I を設定し，この指数値を選抜基準として選抜する方法である．この指数は，一部の形質については二流の能力水準であったとしても，他の形質においてとくに優れた能力があれば，それを相殺することができるように設定される．たとえば，図4.13Cの指数選抜では，形質1あるいは形質2において非常に優れているにもかかわらず，独立淘汰水準法では選抜されなかったaやbのような個体は選抜されるように指数が設定される．その際，それぞれの形質にどれだけの重みづけを与えるべきかは，各形質の相対的重要度（経済的価値）や遺伝性，形質間の表型的および遺伝的な関連性の程度によって異なる．よって，実際に指数選抜を利用する際には，これらの情報を考慮に入れて適切な指数が設定される（Hazel, 1943）．

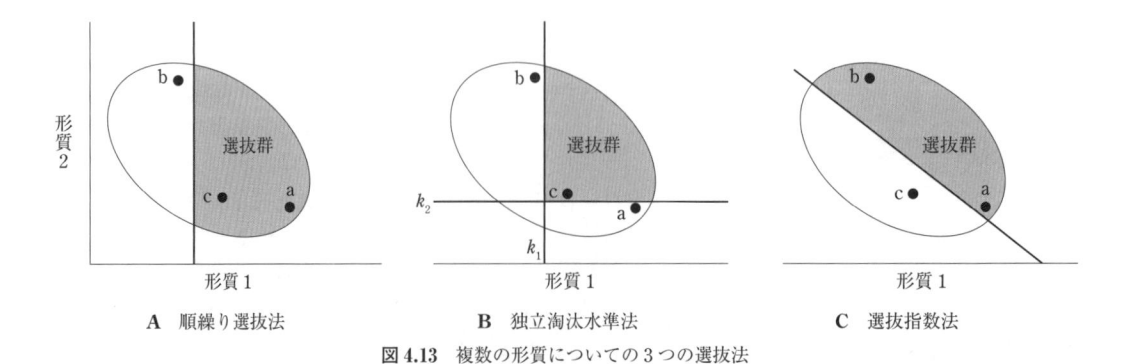

A 順繰り選抜法　　**B** 独立淘汰水準法　　**C** 選抜指数法

図 4.13 複数の形質についての3つの選抜法

4.3.4 遺伝的改良量の予測

選抜育種を行う上では，できる限り効率的に集団平均の変化を実現させ，遺伝的改良を図っていくことが重要である．したがって，育種計画案を実施に移した場合の集団平均の変化量の予測や複数の育種計画案の改良効率の比較，あるいは育種計画の最適化が求められる．本項では，遺伝的改良量に関与する因子と改良量の予測の基礎について述べる．

a. 世代当たりの遺伝的改良量

図4.14は，動物の育種における最も基本的な選抜のタイプである**切断型選抜**（truncated selection）とその場合の集団平均の変化を示した模式図である．ここでは，正規分布にしたがう表現型値を仮定し，選抜基準を個体の表現型値とする上方向選抜のケースを示している．親世代において，ボーダーラインである選抜の切断点 k が定められ，それをクリアしたすべての個体が選抜される．

このとき，親世代における選抜個体群の優越度，すなわち選抜個体群の平均 μ_s と選抜前の集団平均 μ_0 との差 $\Delta P = \mu_s - \mu_0$ は，**選抜差**（selection differential）と呼ばれる．より強い選抜が行われ，選抜率すなわち選抜個体群の全集団に占める割合が小さい場合ほど，ΔP は大きな値をとる．さらに，選抜個体群で無作為交配が行われて子世代が得られると，その場合の世代当たりの**遺伝的**

■ 補足

選抜指数法では，改良の対象として，複数の形質（ここでは，形質1と2）についての総合的なメリットである総合育種価（aggregate breeding value, H）が

$$H = v_1 A_1 + v_2 A_2$$

のように定義される．ここで，A は改良対象の形質の育種価であり，v はそれぞれの形質に対して育種家が与える相対的な重要度を表す重みで，一般にそれぞれの形質の1単位がもつ金銭的価値が用いられる．この v は，相対経済価値と呼ばれる．選抜指数は，この総合育種価 H を改良するための選抜基準として，

$$I = b_1 d_1 + b_2 d_2$$

のように表される．ただし，d_1 および d_2 は，それぞれ形質1および2の表現型値の対応する集団平均からの偏差であり，b_1 および b_2 はそれぞれ d_1 および d_2 に対する重みづけ係数である．

このとき，b_1 および b_2 の値は，指数 I と総合育種価 H との相関が最大になるように定められ，b_1 および b_2 を求めるためには，各形質についての表現型分散・共分散（$\sigma_{P_1}^2, \sigma_{P_2}^2, \sigma_{P_1 P_2}$），加法的遺伝分散・共分散（$\sigma_{A_1}^2, \sigma_{A_2}^2, \sigma_{A_1 A_2}$）と相対経済価値（$v_1, v_2$）の値が必要であり，$b_1$ および b_2 を変数とする次のような連立方程式を解く必要がある．

$$\sigma_{P_1}^2 b_1 + \sigma_{P_1 P_2} b_2 = v_1 \sigma_{A_1}^2 + v_2 \sigma_{A_1 A_2}$$
$$\sigma_{P_1 P_2} b_1 + \sigma_{P_2}^2 b_2 = v_1 \sigma_{A_1 A_2} + v_2 \sigma_{A_2}^2$$

いま，卵用鶏の体重（形質1）と卵重（形質2）において，$H = A_1 + 3A_2$ であり，

$$\sigma_{P_1}^2 = 0.16, \quad \sigma_{P_2}^2 = 1.21, \quad \sigma_{P_1 P_2} = 0.07$$
$$\sigma_{A_1}^2 = 0.03, \quad \sigma_{A_2}^2 = 0.73, \quad \sigma_{A_1 A_2} = 0.08$$

とすると，b_1 と b_2 を求めるための連立方程式は，

$$0.16 b_1 + 0.07 b_2 = 1 \times 0.03 + 3 \times 0.08 = 0.27$$
$$0.07 b_1 + 1.21 b_2 = 1 \times 0.08 + 3 \times 0.73 = 2.27$$

となるので，これを解けば $b_1 = 0.89$ および $b_2 = 1.82$ が得られる．したがって，$I = 0.89 d_1 + 1.82 d_2$ より，最終的に $I = d_1 + 2.04 d_2$ と指数式が求められる．

実際に選抜を行う際には，選抜候補の個々の個体について，それぞれの d_1 および d_2 の値を代入して I 値を求め，選抜率に応じて I 値が上位の個体を選抜する．

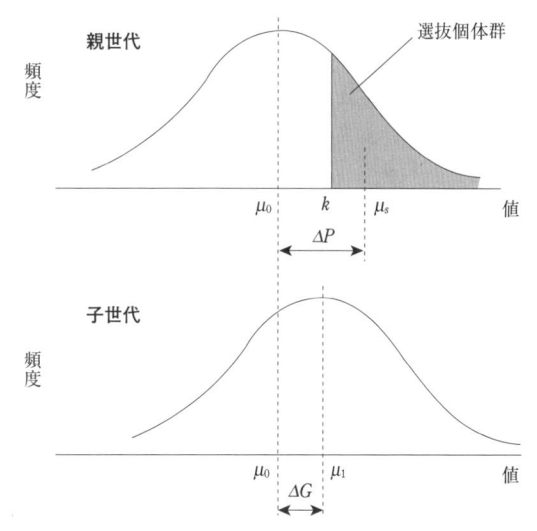

図 4.14 切断型選抜における集団平均の変化
ΔP は親世代での選抜差，ΔG は子世代に期待される遺伝的改良量を示す．

改良量（genetic gain, genetic progress）は、子世代の集団平均 μ_1 と親世代の集団平均 μ_0 との差として、$\Delta G = \mu_1 - \mu_0$ によって与えられる。ΔG のことを選抜反応ともいう。もし、選抜個体群の表現型値での優越度が遺伝的な優越度に一致すれば、μ_1 は μ_s に一致すると期待されるが、実際にはそのようなことはなく、μ_1 は μ_0 のほうに寄った値をとる。

通常、世代当たりの遺伝的改良量 ΔG は、当該形質の遺伝率 h^2 と選抜差 ΔP を用いて、

$$\Delta G = h^2 \Delta P$$

と表される。切断型選抜によって生じる、対象形質に関与する個々の遺伝子の頻度の変化の詳細がわからなくても、一般に集団平均の変化についての予測は可能であり、この式は世代当たりの遺伝的改良量の予測式と呼ばれ、選抜による遺伝的変化を予測する上で基本となる重要な式である。

■ 補足

離乳時体重の集団平均が 200 kg であるアンガス種牛の無選抜集団について、子世代を生産させるために表現型値に基づく切断型の個体選抜を実施し、選抜個体群の平均離乳時体重を求めたところ、280 kg であったとしよう。この場合、選抜差は $280-200=80$ kg であり、いま、アンガス種牛の離乳時体重の遺伝率が 0.25 であるとすると、世代当たりの遺伝的改良量 ΔG は、$\Delta G = h^2 \Delta P$ より、

$$\Delta G = 0.25 \times (280 - 200) = 20 \text{ kg}$$

と予測される。

ところで、選抜差 ΔP は、選抜の強さを表す指標ではあるが、実際に測定された形質の単位に依存する。したがって、同じ形質の分散が集団間で異なる場合や同じ形質が単位を異にして測定された場合、あるいは異なる形質の場合には、選抜の相対的な強弱についての判定は難しい。そこで、選抜の強さを表す上では、選抜差を表現型値の標準偏差すなわち表現型分散 σ_P^2 の平方根 σ_P を用いて $i = \Delta P / \sigma_P$ と変換した値が用いられ、標準化した選抜差あるいは選抜強度と呼ばれる。正規分布を仮定した場合の種々の選抜率に対応する選抜強度の値は数表から求められるが、ここではその一部を表 4.6 に示す。

選抜強度を用いれば、上述の遺伝的改良量の予測式は

$$\Delta G = i \sigma_A h$$

と表される。ただし、h は遺伝率 h^2 の平方根であり、表現型値と育種価との相関係数を示す。ここでは、選抜基準として表現型値を用いた個体選抜を仮定しているので h となるが、一般に、選抜基準 I を用いる場合には、

$$\Delta G = i_I \sigma_A \rho_{IA}$$

のように、i_I をその場合の選抜強度とし、h をその選抜基準と育種価との相関係数 ρ_{IA} で置き換えた予測式が用いられる。選抜基準と育種価との相関を選抜の正確度という。

先のアンガス種牛集団の数値例において、離乳時体重の相加的遺伝分散 σ_A^2 が 100 であれば、σ_A すなわち相加的遺伝標準偏差は 10 であり、$h=\sqrt{0.25}=0.5$ である。いま、表現型値による切断型の個体選抜において、上位 10% の選抜を仮定すると、表4.6 より選抜強度は 1.755 であるので、世代当たりの遺伝的改良量は、

$$\Delta G = 1.755 \times 10 \times 0.5 \cong 8.78$$

と予測される。

ここまでは、1 つの量的形質を取り上げ、切断型選抜によって期待される世代当たりの遺伝的改良量についてみてきたが、1 つの形質に対する選抜は、その形質以外の形質の集団平均にも変化を生じさせる場合がある。形質 1 についての切断型選抜によって別の形質 2 に期待される世代当たりの改良量 $\Delta G_{2 \cdot 1}$ は、

$$\Delta G_{2 \cdot 1} = i_1 \sigma_{A_2} h_1 \rho_{A_1 A_2}$$

として予測される。ただし、i_1 は形質 1 の選抜強度、σ_{A_2} は形質 2 の相加的遺伝標準偏差、h_1 は形質 1 の遺伝率の平方根、$\rho_{A_1 A_2}$ は形質 1 と 2 との遺伝相関係数である。

このように、形質 1 についての選抜によって別の形質 2 に生じる集団平均の変化（すなわち $\Delta G_{2 \cdot 1}$）は相関反応あるいは間接選抜反応と呼ばれ、選抜の直接の対象である形質 1 における集団平均

表 4.6　選抜率に対応する選抜強度

選抜率	選抜強度	選抜率	選抜強度
0.001	3.400	0.40	0.966
0.01	2.660	0.50	0.798
0.05	2.064	0.60	0.644
0.10	1.755	0.70	0.497
0.20	1.400	0.80	0.350
0.30	1.159	0.90	0.195

の変化は，直接選抜反応と呼ばれる．相関反応は，2つの形質の間の遺伝相関が0であれば生じない．遺伝相関が正であれば，形質2での相関反応は選抜対象の形質1での改良の方向と同じ方向になるが，遺伝相関が負であれば逆の方向になる．

b. 遺伝的改良速度

異なる家畜種では，一般に世代の長さが異なる．また，同じ家畜種の場合でも，能力の評価や選抜・淘汰の体制に応じて世代の長さは長くも短くもなる．したがって，異なる家畜の間や異なる育種計画の間で期待される遺伝的改良量を比較する場合には，世代当たりの遺伝的改良量よりも，一定期間当たり（たとえば，ウシの場合では通常は年当たり）の遺伝的改良量 ΔG_y を用いるほうが妥当であり，家畜の育種ではより重要である．この改良量 ΔG_y を**遺伝的改良速度**と呼び，

$$\Delta G_y = \frac{\Delta G}{L}$$

と定義されている．ここで，L は世代間隔であり，通常，親世代の出生時点から次代の出生時点までの期間をいうが，家畜の集団では一般に世代が重複しているので，子が生まれたときの親の平均年齢すなわち平均世代間隔が用いられる．

c. 育種計画の最適化

切断型選抜によって期待される遺伝的改良速度には，選抜基準の正確度，選抜強度，相加的遺伝標準偏差の大きさ，世代間隔および形質間の遺伝相関の5つの因子が関与する．したがって，育種計画を立案する場合や最適化を図るときには，これらの因子を総合的に考慮に入れることが重要である．また，計画案AとBとの比較では，それぞれの計画において期待される遺伝的改良量の比（$\Delta G_B / \Delta G_A$）である選抜効率などが検討される．

育種計画の最適化にあたって，とくに短期的な改良を考える際には，世代当たりの遺伝的改良量の最大化を図ることが重要である．しかし，短期的な最適化は，長期的な最適化とは異なるかもしれない．長期的な選抜と改良の観点からすると，相加的に作用する遺伝子のみによって制御されている形質の場合，強い選抜圧よりも，選抜圧を50％（すなわち選抜率50％）とした選抜を続けていったほうが選抜限界（4.3.5項参照）の最も高いレベルが達成されることが理論的に明らかにされている（Robertson, 1960）．これは，最も単純な遺伝形質の場合についての理論ではあるが，強い選抜を行うと世代当たりの遺伝的改良量は大きくなるが，選抜限界はむしろ相対的に低くなる可能性を示すものであり，知っておくべき重要な理論である．

4.3.5 長期の選抜と選抜限界

選抜を長期間にわたって進めていった際には，どのような選抜反応が生じるのであろうか．選抜の長期的な効果は実際の選抜実験を通じて知ることができるが，あらかじめ正確に結果を予測するのは困難である．長期選抜による反応は，選抜の開始の段階では通常は把握することのできない個々の遺伝子の性質に依存する．さらには，それらの遺伝子の性質が，予測できない突然変異が生じて遺伝的変異に寄与する．もし，突然変異によって新たに変異が生じなければ，選抜による反応はしだいに小さくなり，ついには反応が認められないプラトーの状態に達してしまう．選抜による集団の反応がプラトーに達したとき，集団は**選抜限界**にあるという．選抜限界には，選抜や近親交配によって遺伝分散が完全になくなってしまい，もはや反応が生じなくなる場合と，未だ遺伝分散が残存しているにもかかわらず反応が生じなくなる場合とがあり，後者のほうがより一般的な現象である．

前者の遺伝分散の消失による選抜限界は，突然変異によって新たな変異が生じても，それがごく小さいために，選抜に対して認知できる大きさの応答が認められないことや，大半の突然変異が適応度に対して不利な影響を及ぼすことなどに起因する場合が考えられる．

一方，遺伝的変異が存在するのに集団が選抜に応答しない場合については，たとえば，選抜系統で繁殖力が低下し，選抜差が減少していき，選抜限界に近づいているようにみえるケースがある．また，低頻度の望ましくない劣性遺伝子が存在し，分散の大部分が非相加的遺伝分散であるような場合には，望ましい方向への選抜にもかかわらず，近親交配の影響によって平均が望ましくない方向に変化してしまい，集団の応答がみられなくなる場合もある．さらに，人為選抜とは逆の方向

に働いている自然選択があり，結果として選抜差が低下して限界に達したようにみえる場合もある．また，人為選抜と自然選択との複合的な作用により，自然選択がヘテロ接合体を有利にする方向に働いた結果，遺伝子の中間的な頻度で平衡に達して限界が生じる場合もある．

なお，遺伝的変異が消失した集団に，交雑，突然変異誘発，遺伝子導入などによって遺伝的変異を導入すると，選抜に対して反応するようになる．

4.4　遺伝的評価とBLUP法

> **到達目標：**
> 人為選抜とその限界を説明できる．
> 【キーワード】　BLP法，BLUP法，個体モデル（アニマルモデル）

親から子への遺伝では，伝達されるのは遺伝子型そのものではなく，個々の遺伝子のコピーである．遺伝子型は，毎世代，それぞれの両親から由来する遺伝子によって新たにつくられる．したがって，遺伝子型を構成する2つの対立遺伝子個々がもつ相加的な効果に基づく相加的遺伝子型値（育種価）は，個体が次世代に寄与する平均的な量（遺伝的価値）の指標として重要である．そのため，選抜による量的形質の遺伝的改良を行う上では，選抜対象個体の遺伝的能力の評価（遺伝的評価，genetic evaluation）が必要である．遺伝的評価では，対象個体について当該形質の育種価の予測値（予測育種価）が求められ，それによって個体の優劣が評価される．

本節では，まず，育種価の予測における基本的な方法について概説し，次いで家畜の実際の育種の場において広く採用されている実用的な予測法について述べる．

4.4.1　BLP法

最良線形予測（best linear prediction：BLP）と総称される方法は，対象形質についての集団平均や遺伝的パラメータ（実際には，表現型分散・共分散および遺伝分散・共分散）の真の値が既知であり，対象個体のすべてが同一の大環境条件下で飼育されているような特定の場合に用いることのできる育種価の予測法である．選抜指数法はBLP法に分類され，実際に選抜指数を作成する上では，集団平均の真値や遺伝的パラメータの真値の情報が必要とされる．本項では，直接能力検定，後代検定などの場合を取り上げて，BLP法による育種価の予測について概説する．

a.　直接能力検定

個体の発育能力や飼料利用能力などの検定では，通常，選抜候補の個体自身の表現型を直接的に検定する直接能力検定（performance test）が行われる．この種の検定では，能力を評価したい個体が一定期間の間，検定場の同じ環境条件下で飼育され，表現型値が測定される．このような場合における育種価の予測式は，当の個体の表現型値の記録Pを用い，育種価の予測値を$\hat{A}$，遺伝率をh^2，表現型値の集団平均μからの偏差を$d=P-\mu$として，

$$\hat{A} = h^2 d$$

として与えられる．この式は，個体自身の表現型値の1回の記録から，遺伝率と集団平均の真値の情報を用いてその個体自身の育種価の予測を行う上での基本式である．一般に，予測育種価$\hat{A}$の正確度は，$\hat{A}$と真の育種価Aとの相関で評価されるが，直接能力検定の場合のように，個体自身の表現型値の1つの記録を予測に用いたときの正確度は，遺伝率の平方根hであることが知られている．

b.　後代検定

一方，屠殺しないと測定できない枝肉形質や，雌でしか発現しない泌乳形質などについて，雄の遺伝的能力の評価を行うときには，その雄の血縁個体である後代の情報を用いる後代検定（図4.12参照）が行われる．後代検定でのBLP法による育種価の予測式と予測の正確度は，評価の対象個体Sの予測育種価を$\hat{A}_S$，予測の正確度をρ_Sで示すと，

$$\hat{A}_S = \left\{ \frac{(1/2)nh^2}{1+(n-1)t} \right\} \bar{d}, \quad \rho_S = (1/2)h\sqrt{\frac{n}{1+(n-1)t}}$$

と表される．ここで，nは後代数（すなわち記録数），h^2は遺伝率，tは同父半きょうだい間の級内相関（すなわち同父半きょうだいの表現型値の

間の相関で，通常，$t=(1/4)h^2$，$\bar{d}$ は個々の後代の記録の集団平均 μ からの偏差の平均である.

c. きょうだい検定

多胎であるブタや産卵数の多いニワトリなどでは，一般に，後代の記録が得られるまでに相対的に長い期間を要する後代検定よりも，しばしばきょうだい検定が用いられる．この場合，評価個体 C の BLP 法による育種価予測式と正確度は，

$$\hat{A}_\mathrm{C} = \left\{ \frac{nrh^2}{1+(n-1)t} \right\} \bar{d}, \quad \rho_\mathrm{C} = rh\sqrt{\frac{n}{1+(n-1)t}}$$

と表される．ただし，$\hat{A}_\mathrm{C}$ および ρ_C はそれぞれ評価個体 C の予測育種価とその正確度，n はきょうだいの数（すなわち記録数），h^2 は遺伝率，r は評価個体 C とそのきょうだいとの間の血縁係数（全きょうだいのときは 1/2，半きょうだいのときは 1/4），t はきょうだい間の級内相関（全きょうだいのときは $(1/2)h^2$，半きょうだいのときは $(1/4)h^2$），$\bar{d}$ は個々のきょうだいの記録の集団平均 μ からの偏差の平均である．

後代検定は，遺伝率の低い形質についての育種価予測に際しても有効な方法である．記録を備える後代の数 n をより大きくすることによって，より高い正確度が期待できるからである．しかし，検定対象の雄の後代グループの成員がそれぞれの雄ごとに似通った飼養環境下に置かれ，各グループ内の後代個体の間に共通環境による似通いが生じると，後代数を大きくしても育種価予測の正確度は抑えられてしまうので，注意が必要である．

ブタなどの全きょうだい検定についても，母性環境が同腹子に対する共通環境として働くことによって影響を受ける形質の場合には，その共通環境の程度に応じて育種価予測の正確度が抑えられてしまう点は，後代検定の場合と同様である．

■ **補足**

BLP 法による予測例を示す．直接能力検定において，2 頭の雄ウシ X と Y の 1 日当たり平均増体量（DG）の表現型値の記録が 1.2 と 0.8 であったとする．集団平均および遺伝率の真値がいずれも既知で，それぞれ 1.0 および 0.5 であるならば，X と Y の育種価 A はそれぞれ，

$$\hat{A}_\mathrm{X} = 0.5 \times (1.2 - 1.0) = 0.1$$
$$\hat{A}_\mathrm{Y} = 0.5 \times (0.8 - 1.0) = -0.1$$

と予測され，これらの予測値の正確度は $h=\sqrt{0.5}=0.71$ である．

なお，泌乳量やフリース重，一腹子数などのように，同じ個体について複数の表現型値の記録が得られ，遺伝的パラメータと集団平均の真値が既知である場合には，個体の育種価 A は，

$$\hat{A} = \left\{ \frac{nh^2}{1+(n-1)R} \right\} \bar{d}$$

によって予測できる．ここで，n は記録数，h^2 および R はそれぞれ遺伝率および反復率，$\bar{d}$ は n 個の個々の記録の集団平均 μ からの偏差の平均である．

次に，後代検定の場合をみてみよう．いま，肉用種の雄ウシ S の検定場での後代検定において，S の子である半きょうだい去勢肥育牛の枝肉重量の記録が 420，410 および 430 kg であるとする．この場合，集団平均が 400 kg，遺伝率が 0.4 であれば，

$$d = \frac{(420-400)+(410-400)+(430-400)}{3} = 20$$
$$t = 0.25 \times 0.4 = 0.1$$

より，

$$\hat{A}_\mathrm{s} = \frac{0.5 \times 3 \times 0.4}{1+(3-1) \times 0.1} \times 20 = 10$$
$$\rho_\mathrm{s} = 0.5 \times \sqrt{0.4} \times \sqrt{\frac{3}{1+(3-1) \times 0.1}} = 0.50$$

と計算され，予測育種価は 10 kg で，予測の正確度は 0.50 となる．

4.4.2 BLUP 法

BLP 法を適用する上では，集団平均や遺伝的パラメータの真値が既知であることが前提となる．これらの値は実際には未知の場合が通例であるが，その場合でも，それぞれの真値を推定値で置き換えて計算することは可能である．たとえば，集団平均の真値が知られていなければ，同期に同一の条件下で飼育されたすべての個体（同期群という）の平均値を代わりに用いると計算できる．しかし，このようなアプローチは理論的には最良ではない．また，フィールドにおける実際の育種の場では，半きょうだいや全きょうだいの個体のみならず，さまざまな血縁関係にある個体の記録が利用可能であり，個体の年齢，記録がとられた農家，年次や季節など，さまざまな大環境の条件が異なる．そこで，集団平均や大環境効果の真値が知られていないより一般的な状況に対応可

能な育種価予測法として，ブラップ（best linear unbiased prediction：BLUP；Henderson, 1973）法が開発され，広く普及している．ただし，BLUP法でも，対象形質の遺伝的パラメータの真値の情報は必要である．

BLUP法の特徴は，① best：計算される育種価の予測値と真値との相関が最大，② linear：育種価の予測値は計算に用いられるすべての記録の線形関数として表される，③ unbiased：育種価の予測値に偏りがない，④ prediction：真の育種価の予測を行う，ことである．

■ 補足

ここでは，今日において最も一般的に利用されている個体モデル（アニマルモデルともいう）のBLUP法について，表4.7の簡単な数値例を用いて方法の要点を解説しよう．

この数値例は，4頭の子ウシの一定期間における増体量の記録であり，遺伝率の真値は0.5であるとする．まず，次のように，個体の記録がどのような効果の影響を受けているか，すなわち記録がどのような効果から構成されているかを記述する数学モデルを仮定する必要がある．ここでは，個体の記録は，個体の性の効果，個体の効果（個体の育種価）および残差の和として成り立っていると仮定し，個体の記録を記述する数学モデルを，

$$y_{ij} = s_i + a_{ij} + e_{ij}$$

とする．ここで，y_{ij}はi番目の性のj番目の個体の記録，s_iはi番目の性の効果（雄の効果をs_1，雌の効果をs_2で表す），a_{ij}およびe_{ij}はそれぞれi番目の性のj番目の個体の育種価と残差を示す．この場合，具体的には，

$$y_{11} = 7 = s_1 + a_{11} + e_{11}, \quad y_{21} = 5 = s_2 + a_{21} + e_{21}$$
$$y_{12} = 9 = s_1 + a_{12} + e_{12}, \quad y_{22} = 6 = s_2 + a_{22} + e_{22}$$

と仮定し，s_1およびs_2の性の効果の推定とa_{11}, a_{21}, a_{12}およびa_{22}の個体の育種価の予測を行うわけで

ある．この作業は，混合モデル方程式と呼ばれる連立方程式を立て，それを解くことによって行われる．

混合モデル方程式を作成する上では，個体相互間の相加的血縁係数の情報が必須である．2個体の間の相加的血縁係数とは，一方の個体の任意の遺伝子座の遺伝子と他方の個体のその遺伝子座での任意の遺伝子とが同じ共通祖先に由来する確率と定義される．また，ある任意の遺伝子座において，2個体のそれぞれからランダムに抽出した2つの遺伝子が同祖的（identical by descent）である確率の2倍とも定義される．この数値例の場合，計算の詳細は省略するが，表4.7における所与の血統情報から，4個体についての相加的血縁係数は，個体自身についての係数を含めて表4.8のとおりである．そこで，これらの情報を取り込んだ混合モデル方程式は，$s_1, s_2, a_{11}, a_{21}, a_{12}$および$a_{22}$の6つの未知変数を含む以下のような連立方程式として表される．

$$2\hat{s}_1 + \hat{a}_{11} + \hat{a}_{12} = 16$$
$$2\hat{s}_2 + \hat{a}_{21} + \hat{a}_{22} = 11$$
$$\hat{s}_1 + 3\hat{a}_{11} + 0.5\hat{a}_{21} - 0.5\hat{a}_{12} - \hat{a}_{22} = 7$$
$$\hat{s}_2 + 0.5\hat{a}_{11} + 2.5\hat{a}_{21} - \hat{a}_{12} = 5$$
$$\hat{s}_1 - 0.5\hat{a}_{11} - \hat{a}_{21} + 3.5\hat{a}_{12} - \hat{a}_{22} = 9$$
$$\hat{s}_2 - \hat{a}_{11} - \hat{a}_{12} - 3\hat{a}_{22} = 6$$

したがって，この連立方程式を適切に解けば，$\hat{s}_1 = 7.82, \hat{s}_2 = 5.27, \hat{a}_{11} = -0.09, \hat{a}_{21} = 0.09, \hat{a}_{12} = 0.45$および$\hat{a}_{22} = 0.36$として，集団平均を含めた性の効果の推定値とともに，個体の育種価の予測値が得られる．これらの育種価予測値は，計算に用いられた4記録の線形関数として表されている．個体1の予測育種価を例にとって示せば，

$$\hat{a}_{11} = -0.66(y_{11} + y_{12}) - 0.39(y_{21} + y_{22}) + 0.80y_{11}$$
$$+ 0.20y_{21} + 0.52y_{12} + 0.57y_{22} = -0.09$$

として与えられている．

個体間の相加的血縁係数の求め方や混合モデル方程式の具体的な作成手順と解き方などについては，佐々木（1994）などの成書を参照されたい．

表4.7 子ウシの増体量の数値例

個体番号	性	血統情報 父親	血統情報 母親	記録（kg）
1	雄	—	—	7
2	雌	—	—	5
3	雄	1	2	9
4	雌	1	3	6

遺伝率h^2の真値：0.5

表4.8 子ウシの相加的血縁係数

個体番号	1	2	3	4
1	1.00	0.00	0.50	0.75
2	0.00	1.00	0.50	0.25
3	0.50	0.50	1.00	0.75
4	0.75	0.25	0.75	1.25

4.5 ゲノム情報を用いた選抜

> 到達目標：
> 人為選抜とその限界を説明できる．
> 【キーワード】連鎖不平衡，マーカーアシスト選抜（MAS），直接マーカー，間接マーカー，ゲノミック予測とゲノミック選抜（GS），マーカーアシスト浸透交雑（MAI），遺伝子型構築

おもな家畜種における BLUP 法による遺伝的評価では，血統情報と測定記録（表現型値の情報）とを用いた個体レベルでの育種価予測が行われており，予測育種価を指標とした選抜によって，正の遺伝的趨勢と遺伝的改良速度の上昇が実現されてきている．しかし，繁殖性のような遺伝率の低い形質や泌乳量のような限性形質，肉量や肉質のように一般に屠殺しないと表現型値の情報が得られないような形質の場合には，従来の選抜法では改良の効率を高める上で自ずと限界がある．

この点に関して，今日では，DNA マーカーの高密度連鎖地図の情報を利用し，マーカーと量的形質の QTL（quantitative trait loci）解析が進展しており，QTL が存在する染色体領域の特定が進んでいる．また，高度な数値解析法が急速に発達していることに伴い，家畜における複雑な血統構造の外交配集団を QTL 解析の対象とすることも可能となっている．さらに，現在では，複数の家畜種において，ゲノムの全域にわたる膨大な量の SNP の情報を利用したゲノミック予測やゲノム育種が推進されつつある．

本節では，DNA マーカーの情報を用いた選抜法や浸透交雑法について概説する．

4.5.1 マーカーアシスト選抜

QTL の指標となる DNA マーカーの情報は，選抜の効率を高める上で有用である．DNA マーカーの情報を利用した選抜を総称して，**マーカーアシスト選抜**（marker-assisted selection：MAS）という．

現在までのところ，QTL 解析で実際にマッピングされるのは，通常は当の量的形質に対して比較的大きな効果をもつ主働遺伝子であり，遺伝子頻度，遺伝子型とその効果などの情報は，選抜育種のみならず交雑育種に際しても有用である．MAS は，QTL が精密にマッピングされている場合はもちろん，QTL の正確な位置が知られていなくても，DNA マーカーによって QTL の存在する染色体領域がマークされている場合に実施することができる．ただし，MAS を実際に行う上では，その目的と期待できる効果とを勘案し，適切な戦略を立てて取り組む必要がある．

MAS は，3 つのステップに大別される．通常の QTL マッピングによる情報を利用する段階がフェーズⅠ，より精密なファインマッピングによる QTL 情報を利用する段階がフェーズⅡ，最終的に原因遺伝子そのものが正確に同定され，利用できる段階がフェーズⅢである．

a. DNA マーカーと QTL との連鎖不平衡の利用

MAS は，マーカー座と QTL との**連鎖不平衡**（linkage disequilibrium：LD）に依拠した選抜法である．LD とは，2 つ（以上）の座位についての特定のハプロタイプの頻度が，無作為交配下でチャンスによって期待される頻度から有意に異なっている状態をいう．M と m をマーカーアリル，Q と q を QTL 対立遺伝子とすれば，

のようなマーカー座と QTL との集団レベルでの LD は，QTL での突然変異，移入，遺伝的浮動などの歴史的現象の結果によって生じ，両者が強く連鎖している場合には一般に長期にわたって維持される．したがって，このような場合には，選抜をマーカー型（すなわち，マーカーの遺伝子型）に基づいて行うことができる．また，集団レベルでは連鎖平衡（linkage equilibrium：LE）が期待される無作為交配集団の場合でも，選抜が行われているときには，強く連鎖したマーカーと QTL との間にチャンスによって集団レベルでの LD 状態が生起する場合もある．さらに，マーカー座と QTL とが集団レベルで LE の状態でも，マーカー型は QTL 遺伝子型についての情報を与えないが，家系内では常に LD が存在するので，家系内の

LDがMASに利用できる．なお，マーカー座とQTLとが集団レベルでLDのときでも，連鎖相が集団ごとに異なっている可能性があるため，MASでは対象集団での連鎖相の把握が重要である．

b. 直接マーカーと間接マーカー

量的形質のMASで利用されるDNAマーカーは2つに大別される．直接マーカーは，マーカーがQTL内に位置している場合であり，マーカーとQTLとの間の組換えは起こらず，マーカーが正確にQTL対立遺伝子の指標となる．この場合には，マーカーの特定のアリルを識別することによってQTLの特定の対立遺伝子を識別することができ，マーカー型は正確にQTLの遺伝子型の指標となる．この種のマーカーとして，ブタのハロセン遺伝子の指標となるリアノジン受容体遺伝子やウシの「豚尻」遺伝子の指標となるミオスタチン遺伝子などが同定されている．

しかし，現状では，一般にはQTLの効果そのものが直接的に把握できるような段階には達しておらず，QTLに連鎖しているマーカー座のアリルの伝達状況からQTL対立遺伝子の伝達状況が確率的に把握できるような段階である．この種のマーカーは，間接マーカーもしくは連鎖マーカーと呼ばれ，QTLと集団レベルでLD状態にあるLDマーカーと集団レベルではLE状態にあるLEマーカーとに細別される．その場合，直接マーカーによる選抜は遺伝子アシスト選抜（gene-assisted selection：GAS），LDマーカーおよびLEマーカーによる選抜はそれぞれLD-MASおよびLE-MASと呼ばれる．

c. マーカースコアとMASの有効性

量的形質についてのMASは，選抜育種においても交雑育種においても利用可能である．改良計画の内容に応じて，選抜基準として，DNAマーカーの情報に基づくマーカースコア（分子スコアともいう）やマーカースコアと表現型値の両方の情報が利用される．典型的なマーカースコアは，図4.15に例示したように，マーカー-QTL関連を利用して，対象の量的形質に関与する各QTLの効果をそれぞれのQTLと強く連鎖したマーカーの効果としてとらえ，それらマーカー効果の和としてQTL効果の総和を評価した値である．ただし，ここでのマーカースコアは，ゲノムの全域をカバーしているにしても，比較的低密度のマーカーの利用を想定したものである．

マーカースコアと表現型値とを利用する場合には，たとえば，

$$I = b_m m + b_d d$$

のような選抜指数 I が利用される．ここで，m はマーカースコア，d は表現型値の集団平均からの偏差であり，2つの係数 b_m と b_d は個体の予測育種価の正確度が最大になるように決められる．

品種内での選抜育種におけるMASでは，一般に，選抜の正確度の向上，選抜強度の増加あるいは世代間隔の短縮を通じて，遺伝的改良速度を速めることが期待されている．とくに，遺伝率の低い形質，泌乳量のような限性形質，性成熟に達する前の個体では測定値が得られないような繁殖性にかかわる形質，屠殺しないと測定できないような枝肉形質などの場合に有効と考えられている．ただし，MASの利用価値は，実際にはDNAマーカーによってマークされたQTLの効果の大きさ，対立遺伝子の頻度，マーカーとQTLとの組換え価，マークされたQTL以外のQTLによる遺伝分散の大きさ，選抜の世代数，集団構造など，種々の要因に左右される．

図4.16は，マーカースコア，マーカースコアと表現型値による選抜指数および表現型値を選抜基準とした個体選抜のシミュレーションでの典型

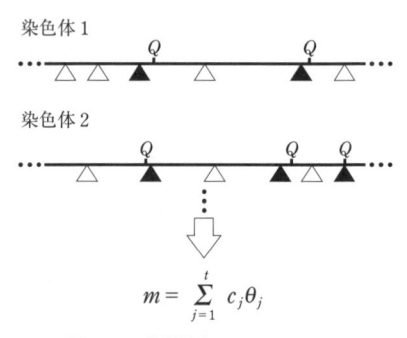

$$m = \sum_{j=1}^{t} c_j \theta_j$$

図4.15 典型的なマーカースコア
Q は当該形質に関与するQTL，△および▲はマーカーを示している．m はマーカースコアであり，t はQTLに強く連鎖した有意なマーカー（▲）の数，θ_j は当該個体におけるj番目の有意なマーカーでのアリル数（すなわち0，1あるいは2），c_j はj番目の有意なマーカーの相加的効果である．

的な結果である．マーカースコアのみに基づく個体選抜での累積改良量は，選抜の初期世代では相対的に大きくなるが，後の世代では表現型値を用いた個体選抜による累積改良量のほうが大きくなる．ここでは，短期的な選抜での最適な選抜基準が必ずしも長期的な選抜での最適基準ではないことが示されており，留意を要する点である．LD状態の集団の場合でも，世代が進むにつれて組換えによってLDの程度が低下し，マーカー–QTL関連の程度が徐々に低くなっていくので，MASの有用性も低下していく．また，選抜世代の経過に伴ってマークされたQTLによる遺伝分散が減少し，しだいに当のQTLでの選抜反応が小さくなっていく．したがって，MASが長期にわたって有用であるためには，形質に関与しているQTLが次々と新たに同定あるいはマークされ，それらのQTL情報が継続的に選抜に利用できる状況が不可欠である．また，マーカースコアによって，形質に関与しているすべてのQTLによる遺伝的変異が説明されない状況の下では，マーカースコアのみによる選抜よりもマーカー情報と表現型情報とを組み合わせた指数による選抜のほうが有効である．

4.5.2 ゲノミック予測とゲノミック選抜

近年では，一部の経済形質の場合を除き，大多数の経済形質は多数のポリジーンによって制御されていること，また，これまでに相対的に効果の大きな遺伝子も同定されているものの，それらは大勢としては表現型分散の小さな割合しか説明しないことが改めてわかってきている．多数のポリジーンの関与を受けている形質の場合，個々の遺伝子の効果をそれぞれ正確に推定することは現在でも容易ではないが，たとえ複数の遺伝子が同定され，まとめて選抜に用いられたとしても，当の量的形質に関与する多数の遺伝子のうちの限られた数にとどまっていれば，選抜反応への寄与は小さなものにすぎない．

そこで，個々のQTLのマーカーの同定と選抜への利用という従来のMASとは発想を異にした，**ゲノミック選抜**（genomic selection：GS）あるいは全ゲノム選抜（whole-genome selection）と呼ばれるMASの一種が提唱された（Meuwissen *et al*., 2001）．今日では，ウシやブタなどの家畜においても，ゲノムの全域にわたって多数のSNP（single nucleotide polymorphism, 一塩基多型）が同定されており，GSはこのような高密度のDNAマーカーの利用に依拠した選抜法である．GSの利用がとくに有用と期待される形質は，従来のMASの場合と同様に，記録の収集が容易でない形質，生時や若齢時にはまだ記録が得られないような形質，片方の性でしか発現しない形質，遺伝率の低い形質などであるが，抗病性，健全性，繁殖性，生産物の質や量，飼料の利用効率など，あらゆる量的形質がGSの対象となりうる．

a. ゲノミック予測

現時点でのGSでは，それぞれのQTLと少なくとも1つはLD状態にあるゲノムの全域にわたる多数のSNPが同時に用いられ，各SNPの効果（あるいはハプロタイプの効果）を説明変数とした分析により，それらの効果が推定される．その際に用いられる典型的な式を例示すれば，

$$\text{表現型値} = \text{集団平均} + \sum_{i=1}^{p}(SNP_i\text{効果}) + \text{残差}$$

である．ただし，SNP_i効果はi番目のSNPの遺伝子型の相加的効果を示す．pはそれらの効果の総数であり，利用できるSNPの数は，ウシの場合を例にとれば，現時点で約80万であり，ブタ，ニワトリ，ウマ，ヒツジ，イヌ，ネコのSNPパネルも開発されている．今後，パネルに含まれるSNP数は急速に増加すると予想される．

この種の解析では，被説明変数として利用される個体の表現型値の数nに比べて，説明変数の数pのほうがはるかに多く，情報学などで「$p \gg n$問題」と呼ばれる問題に対応しなければならな

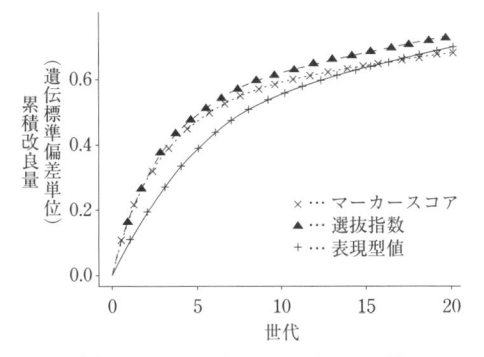

図4.16 MASのシミュレーションの例

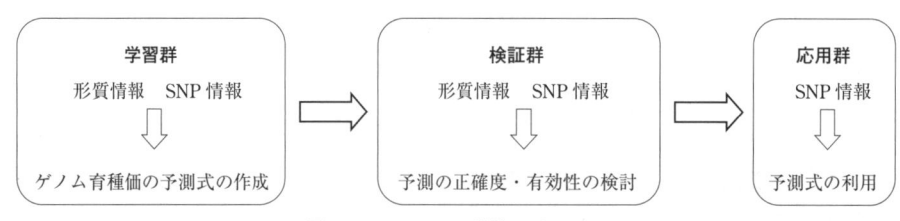

```
    ┌─────────────┐     ┌─────────────┐     ┌─────────────┐
    │   学習群     │     │   検証群     │     │   応用群     │
    │形質情報 SNP情報│ ⇒  │形質情報 SNP情報│ ⇒  │   SNP情報   │
    │      ⇓       │     │      ⇓       │     │      ⇓       │
    │ゲノム育種価の │     │予測の正確度・ │     │ 予測式の利用 │
    │ 予測式の作成  │     │ 有効性の検討  │     │              │
    └─────────────┘     └─────────────┘     └─────────────┘
```

図 4.17 ゲノミック選抜のプロセス

い．そこで，ベイズ法などの解析手法によって各効果の推定値が求められる．

推定値が得られると，それらの総和すなわち

$$\sum_{i=1}^{p}(SNP_i\text{効果の推定値})$$

として個体の育種価が予測される．これは，SNP 情報のみによる個体の育種価の予測であり，予測値は推定ゲノム育種価あるいは分子育種価などと呼ばれる．また，GS に関連して，SNP などの多数の DNA マーカーを用いてゲノム育種価を予測することは，ゲノミック予測（genomic prediction：GP）あるいはゲノミック評価と呼ばれる．

今日では，高密度 SNP の情報を用いて，量的形質についてのゲノムワイド関連解析（genome-wide association studies：GWAS）も盛んに行われているが，GWAS は，厳密な統計的検定を通じて，形質発現に関与する遺伝子やその発現調節などにかかわる SNP を正確に絞り込み，特定しようとする手法である．これに対して，GP は，利用できるすべての SNP を同時に用い，それらのすべてによって当の形質の遺伝分散をできる限り説明して，可能な限り正確にゲノム育種価を予測しようとする手法である．

b．ゲノミック選抜のプロセス

GS では，大きく分けて 3 つのステップが踏まれる（図 4.17）．まず，第 1 のステップでは，表現型値の情報と高密度の SNP マーカーの情報の両方を備えた個体の集団を用いて GP が実施され，ゲノム育種価の予測式が求められる．この集団は学習群といい，トレーニング群あるいはレファレンス群などとも呼ばれる．第 2 のステップでは，同じく表現型値と SNP マーカーの情報の両方を備えた別集団を用いて，第 1 ステップで設定された予測式の有効性がテストされる．この集団は，検証群やテスト群などと呼ばれる．この段階でゲノム育種価の予測式の有効性が確認されると，第 3 のステップとして，確立された予測式が

育種集団において応用に供される．この実用の段階では，個々の対象個体は高密度 SNP マーカーの情報のみを備えていればよい．

c．ゲノミック選抜の利点と展望

理想的な GS が実現された場合，メンデリアンサンプリングの正確な評価が可能となり，現行法による両親の予測育種価の平均よりもはるかに正確度の高い推定ゲノム育種価を，個体の生時の段階でうることができる．種雄の選抜では，後代検定を行う必要がなくなり，計画交配による誕生直後の雄について，DNA サンプルから多数の経済形質のゲノム育種価の評価を行って，一気に能力の高い個体を識別し選抜することが可能となる．また，選ばれた個体から精液が採取できるようになった早期の段階で，即座に検定済みの種雄として人工授精に利用できるようになる．図 4.18 に，肉用牛の雄の場合を例にとり，現行方式と GS 方式との比較を示した．さらに，現行の遺伝的評価では，通常は枝肉形質などの予測育種価の信頼性が種雄と繁殖雌とでは異なるが，推定ゲノム育種価の信頼性は雌と雄とでまったく同じとなる．したがって，より正確な育種価評価と世代間隔の大幅な短縮とにより，大きな遺伝的改良速度が実現されることになる．また，現行の BLUP 法による予測育種価に基づいた選抜方式の場合よりも，近交度の上昇を抑制することが可能になると考えられる．

したがって，現在，わが国を含む世界の各国において，GS の実用化に向けた研究が推進され，種畜の予備選抜に推定ゲノム育種価が利用されるようになってきているほか，乳用牛の従来の後代検定を廃止しようとする国も現れてきている．

4.5.3　マーカーアシスト浸透交雑

交雑育種においても，DNA マーカー情報の利用は有用である．系統（品種）の間の遺伝的距離の評価に際して，ゲノム全域のマーカー座でのア

4.5 ゲノム情報を用いた選抜

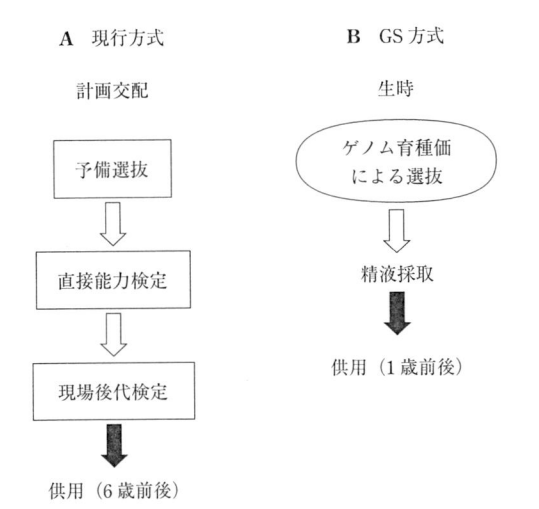

図4.18 肉用種の雄ウシのゲノミック選抜と世代間隔の短縮

A 現行方式　　　B GS方式
計画交配　　　　生時
↓　　　　　　　ゲノム育種価
予備選抜　　　　による選抜
↓　　　　　　　↓
直接能力検定　　精液採取
↓　　　　　　　↓
現場後代検定　　供用（1歳前後）
↓
供用（6歳前後）

リル頻度とマーカースコアを利用して距離の離れた系統（品種）を親系統（品種）に選定すれば，一般にヘテローシス効果のより確実な実現につながる．また，LDによるマーカー-QTL関連の様相は集団によって異なる可能性があるため，マーカー情報は，1集団から分化した系統間や血縁関係のある分集団間で交雑を行う場合に，期待できるヘテローシスの程度の事前予測にも利用できる．

さらに，野生系統が保持している抗病性遺伝子や1系統で突然変異によって生じた生産性関連の有用遺伝子などを標的遺伝子とする浸透交雑においても，DNAマーカーの情報を利用することができ，**マーカーアシスト浸透交雑**（marker-assisted introgression：MAI）と呼ばれる．

MAIでは，図4.19に示したように，標的遺伝子を保有するドナー系統とその遺伝子の移入を図るレシピエント系統とが交雑される．その後，レシピエント系統のゲノム割合の回復を図るため，6〜10世代にわたってレシピエント系統への戻し交雑が繰り返され，この間の各世代では，標的遺伝子を保有し，レシピエント系統の有用形質の遺伝質をできる限り保有している個体が親として選抜される．一方，レシピエント系統では，繰り返し選抜による形質の改良が継続して進められる．そして，戻し交雑の反復によってレシピエント系統のゲノム割合の充分な回復が達成されると，インタークロスが行われ，標的遺伝子に関してホモ接合体の個体群が改良系統として選抜される．

MAIでは，戻し交雑の繰り返し段階において，標的遺伝子を保有している個体の識別とレシピエント系統での遺伝質の回復効率を高めるために，また，次のインタークロスの段階での標的遺伝子のホモ接合体の選抜のために，マーカー情報が利用される．MAIによれば，通常の浸透交雑の場合に比べて戻し交雑を行う世代数の減少が期待できるが，動物におけるMAIが実際に有効であるためには，現時点では標的遺伝子が主働遺伝子である必要がある．

家畜におけるこれまでのMAIの応用例には，ハロセン陽性遺伝子を高頻度で保有するブタのピートレイン種の1系統へのハロセン正常遺伝子の導入，ブロイラーの1系統への地鶏の"naked-neck"遺伝子の導入，ヒツジの多胎に関与するブーロラ遺伝子の乳用種への導入などがあり，ウシなどにおける抗病性遺伝子のMAIも試みられている．

4.5.4 遺伝子型構築

将来において多数のQTLが同定されていったとしても，各QTLにおける望ましい遺伝子は，異なるさまざまな系統や品種において保有されて

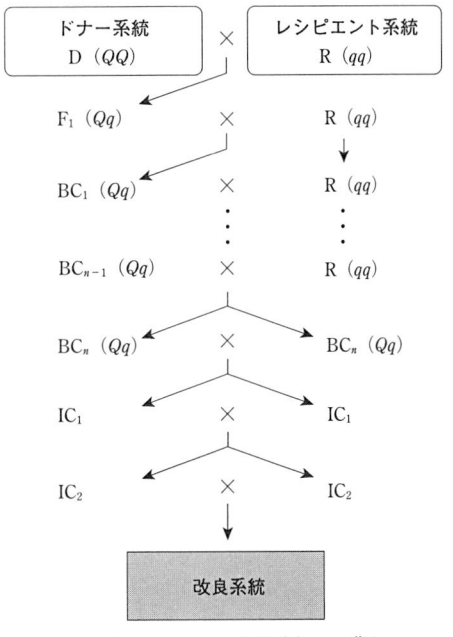

ドナー系統　　　　レシピエント系統
D（QQ）　×　　　R（qq）
↓
F_1（Qq）　×　　R（qq）
↓　　　　　　　　↓
BC_1（Qq）　×　　R（qq）
⋮　　　　　　　　⋮
BC_{n-1}（Qq）×　R（qq）
↓
BC_n（Qq）　×　BC_n（Qq）
↓　　　　　　　　↓
IC_1　　　×　　IC_1
↓　　　　　　　　↓
IC_2　　　×　　IC_2
↓
改良系統

図4.19 MAIによる標的遺伝子の導入
F_1はF_1クロス，BC$_i$は戻し交配，IC$_i$はインタークロスの各産子．Qおよびqはそれぞれ標的遺伝子とその対立遺伝子．

いると考えられる．そこで，将来においては，**遺伝子型構築**の手法の工夫により，それらのQTLのすべてにおいて最も望ましい遺伝子型をもつ個体群の作出が図られていくと予想される．このような観点からは，現時点での前述のMAIは，遺伝子型構築のための単純な手法ともいえる．

対象となる複数の親系統（親品種）を組み合わせた2系統（品種）間交雑から出発し，それらの系統（品種）が個々に保有している異なる有用遺伝子をホモ接合体として保有する個体を順次につくりあげていき，最終的にすべてのQTLにおいて望ましい遺伝子がホモ接合体の個体を作出しようとする一連の遺伝子型構築の戦略は，とくに**遺伝子ピラミッド構築**（gene pyramiding）と呼ばれる．将来において非常に進歩したGASの段階に到達すれば，動物の場合においても遺伝子ピラミッド構築の戦略が現実味を帯びてくるものと期待される． 〔祝前博明〕

参考文献

Falconer, D. S. and T. F. C. Mackay (1996): *Introduction to Quantitative Genetics*, 4th ed., Pearson Education.

Hazel, L. N. (1943): The genetic basis for constructing selection indexes. *Genetics*, **28**: 476-490.

Henderson, C. R. (1975): Best linear unbiased estimation and prediction under a selection model. *Biometrics*, **31**: 423-447.

Meuwissen, T. H. *et al*. (2001): Prediction of total genetic value using genome-wide dense marker maps. *Genetics*, **157**: 1819-1829.

向井文雄編著 (2011): 生物統計学，化学同人．

Robertson, A. (1960): A theory of limits in artificial selection. *Proceedings of the Royal Society B*, **153**: 234-249.

佐々木義之 (1994): 動物の遺伝と育種，朝倉書店．

Wright, S. (1922): Coefficients of inbreeding and relationship. *American Naturalist*, **56**: 330-338.

演習問題
（解答 p.155）

4-1 図は，家畜における親子（母と息子）交配の血統図である．この場合の径路図を作成し，個体SとDとの間の血縁係数および個体Xの近交係数を計算した上で，下記の組み合わせから正しいものを選べ．

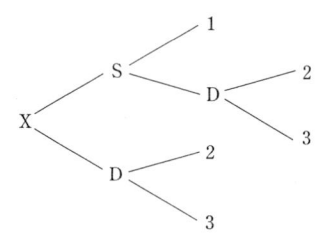

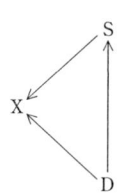

```
        1
      S
    X   2
      D
        3
      2
    D
        3
```

(a) 径路図：S↑↔D↑X 血縁係数：0.25，近交係数：0.5

(b) 径路図：S↑↔D↑X 血縁係数：0.5，近交係数：0.25

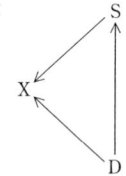

(c) 径路図：S↑↔D↑X 血縁係数：0.25，近交係数：0.25

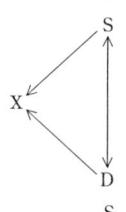

(d) 径路図：S↑↔D↑X 血縁係数：0.5，近交係数：0.5

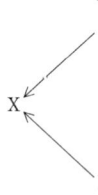

(e) 径路図：S↑↔D↑X 血縁係数：0.5，近交係数：0.25

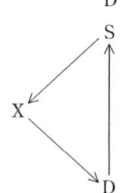

4-2 量的形質に関して，親世代の表現型値に基づく切断型選抜を行った場合に子世代に期待される遺伝的改良量の予測式 $\Delta G = h^2 \Delta P$ は，$\Delta G = i\sigma_A h$ と書き改められることを証明するとき，①，②に入るものとして正しい組み合わせはどれか．ただし，ΔG は世代当たりの遺伝的改良量，ΔP は選抜差，i は選抜強度，σ_A は相加的遺伝標準偏差，h は遺伝率 h^2 の平方根である．

［証明］遺伝率 h^2 は，相加的遺伝分散 σ_A^2 と表現型分散 σ_P^2 とを用いて，$h^2 = $ ① と表され，選抜

強度は $i=$ ②であるので,$\Delta G=i\sigma_A h$ を得る.

(a) ①:$\frac{\sigma_A^2}{\sigma_P^2}$,② :$\frac{\Delta P}{\sigma_P}$

(b) ①:$\frac{\sigma_A^2}{\sigma_P^2}$,② :$\frac{\Delta P}{\sigma_A}$

(c) ①:$\frac{\sigma_A}{\sigma_P}$,② :$\frac{\Delta P}{\sigma_P}$

(d) ①:$\frac{\sigma_A}{\sigma_P}$,② :$\frac{\Delta P}{\sigma_A}$

(e) ①:$\frac{\sigma_P}{\sigma_A}$,② :$\frac{\Delta P}{\sigma_P}$

4-3 動物 A のある集団における 2 つの量的形質 X および Y について,表現型分散をそれぞれ 25 および 100,相加的遺伝分散をそれぞれ 9 および 64,X と Y の表現型値の間の共分散を 15,X と Y の育種価の間の共分散を 12 とする.このとき,この集団において形質 X と Y との間に期待される環境相関の値は,以下のうちどれか.

(a) 0.5
(b) 0.48
(c) 0.25
(d) 0.24
(e) 0.125

4-4 若い雄ブタ B について,全きょうだい検定を行ったところ,B の全きょうだい去勢ブタ 3 頭における背脂肪厚の記録が 1.5,2.2 および 1.7 cm であったとする.背脂肪厚の集団平均および遺伝率(いずれも真値)をそれぞれ 2.0 cm および 0.64 として,雄ブタ B の背脂肪厚の育種価予測値と予測の正確度を計算し,以下の組み合わせから正しいものを選べ.

(a) 予測育種価:−0.24 cm,
　　予測の正確度:0.64
(b) 予測育種価:−0.24 cm,
　　予測の正確度:0.40
(c) 予測育種価:−0.24 cm,
　　予測の正確度:0.54
(d) 予測育種価:−0.12 cm,
　　予測の正確度:0.40
(e) 予測育種価:−0.12 cm,
　　予測の正確度:0.54

5章　応用分子遺伝学とその実践

一般目標:
動物に生じた遺伝的変異の原因を解明し,予防法を確立するために必要とされる遺伝学的な解析方法を理解する.さらに,多型マーカーを用いた個体の識別法を理解する.

5.1 多型マーカー

到達目標:
多型マーカーの連鎖解析を説明できる.
【キーワード】　マイクロサテライトDNA, SNP, PCR法, DNAマイクロアレイ, 塩基配列解析

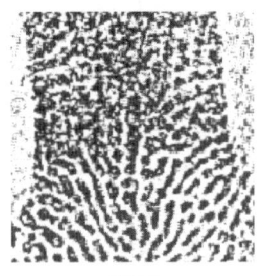

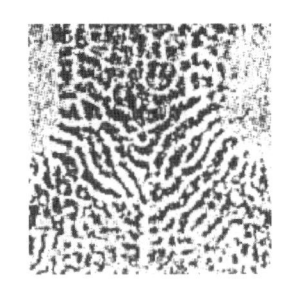

個体A　　　　　個体B
図5.1　クローン牛の鼻紋

これまでに説明してきたような,動物の種々の形質の遺伝学的な解析などにDNAの塩基配列に基づく分子遺伝学的手法を応用するにあたっては,個体間で遺伝的な変異を示す多型マーカーが重要な位置を占めている.すなわち,動物の個体間に存在する多くの遺伝的な違いを簡単に検出することができれば,個体の遺伝的形質にかかわる遺伝子を特定することや,個体の同定,親子関係の鑑定も容易に行うことが可能となり,その応用的価値は高い.そこで,本節ではまず多型マーカーについて解説する.

5.1.1　遺伝的変異と遺伝的多型
変異とはある生物種の形質を観察したときに,個体や系統の間でみられる違いのことである.変異には後天的なものと先天的なものがある.後天的な変異は生物が生まれ育ってきた環境による影響を大きく受け,先天的な変異は生まれもった遺伝的な影響を大きく受ける.後天的な違いにより生じる変異を環境変異といい,先天的な要因による変異を遺伝的変異（genetic variation）という.また,両方の影響を受ける変異や形質も多い.

後天的な変異の例として図5.1にクローン牛の鼻紋を示す.ウシの鼻紋は個体識別にも使われており,生涯変化しない.クローン牛同士はゲノムが同一であるため,この形質が遺伝的要因に大きく影響を受けているのであれば,鼻紋のパターンは同じはずである.しかし,このクローン牛2個体の鼻紋は異なっているので,鼻紋は環境的な変異であるといえる.一方,図5.2は日本在来品種である無角和種と褐毛和種の顔面部の写真である.無角和種は黒色で無角であり,褐毛和種は名が示すとおり褐色で有角である.これらの形質は品種内で固定しており遺伝的であることから,品種ごとに観察される遺伝的変異であるといえる.

生物種内では個体の遺伝的変異が多く認められ,それらを遺伝的多型（genetic polymorphism）とも呼ぶ.遺伝的多型は生物の形態をはじめ,染色体構造,酵素・タンパク質の変異,DNAの塩基配列などの幅広いレベルで観察することができる.これらは多型マーカーとして,さまざまな遺伝学分野で利用されている.通常,遺伝変異には頻度の概念はないが,遺伝的多型は集団で1%以上の頻度があるときに使用し,1%未満の遺伝変異に対しては遺伝的多型とは呼ばない.

毛色や角をはじめとする動物の形態的な多型は,人類が動物を家畜として飼育した当初から認識していたものと考えられる.分子遺伝学において取り扱う遺伝的多型は,血液型をはじめとするタンパク質多型から研究が始まった.ヒトのABO式血液型に代表されるように,当初は赤血

A 無角和種 **B** 褐毛和種

図 5.2 和牛の顔貌
無角和種は黒色・無角であり，褐毛和種は有角・褐色である．

球型を中心に研究が進められたが，その後白血球や血清タンパク質にも多型が見出された．これらを総称して血液型という．血液型は1つの因子からなるものではなく，血液タンパク質型や赤血球抗原型など異なった複数の因子による検査が可能であり，これらの遺伝的変異が標識として使われてきた．これら複数の血液型の変異による識別の精度は高く，個体識別や親子鑑別などを行うための遺伝標識として21世紀に入るまで国際的に利用されてきた．

20世紀後半にはDNAを中心とした分子遺伝学的な研究が急速に進展し，動物に対してもDNA多型を遺伝標識として用いるようになった．形態やタンパク質の変異は，その形質に影響しているゲノムDNAの変異に由来するといえる．DNAの変異は形質に必ずしも影響するわけではないが，形質が遺伝的である場合にはDNAの変異が必ず存在するといえる．したがって，DNA変異は他変異と比較してより多くの変異を蓄積しているのが普通である．またゲノムDNAは，機能をもたない領域が95%以上もあると考えられており，形態形質やタンパク質にはない多くの変異を有しているのも特徴的である．

20世紀後半に後述するPCR法が開発されて，一般的に普及するに従い，今では熟練した技術がなくとも簡単にDNA多型が分析できるようになった．また，多型性が高く遺伝分析に有効なマーカーの開発やゲノム全体のDNA多型を分析できる先端技術の開発も進んできた．このような観点から，現在解析されている多型マーカーの大部分がDNAマーカーである．次項以下に代表的なDNAマーカーやその検出法について簡単に説明する．

5.1.2 DNA多型マーカーの分類

DNA多型マーカーはDNAの変異を検出し，それを遺伝的マーカーとして利用するものである．したがって，DNAマーカーの種類はDNAの変異の種類としてとらえることができる．DNAの変異には置換，挿入，欠失，重複，逆位，転座，反復配列に大きく分けることができる（2.4節参照）．この中でも現在DNA多型マーカーとしてよく利用されているのが，1塩基の置換（点突然変異）と反復配列であるマイクロサテライトである．

a. 反復配列とマイクロサテライトDNA

反復配列とは，ゲノムDNAの中で，同じ配列が反復して現れる配列のことである．反復配列は縦列反復配列とレトロトランスポゾンに由来する散在反復配列に分類される．縦列反復配列はその大きさによりマイクロサテライト（数塩基が反復単位），ミニサテライト（10～100塩基が反復単位），サテライトDNA（それ以上）と分類されている．分子遺伝学で利用される反復配列の大部分がマイクロサテライト反復配列である．

マイクロサテライトDNA (microsatellite DNA) はゲノム中に存在するCACACAのような数塩基程度を1単位とする，単純反復配列の一種

```
対立遺伝子  1  ccaagttctgatcgtactgaCACACACACACACA-ttagctgatctacgtgta  （7回反復）
           2  ccaagttctgatcgtactgaCACACACACA―――ttagctgatctacgtgta  （5回反復）
           3  ccaagttctgatcgtactgaCACACACACACACACAttagctgatctacgtgta  （8回反復）
```

A マイクロサテライト反復行列

```
gttctgatcgtactgagtcaatcgtCttagctgatctacgt
gttctgatcgtactgagtcaatcgtTttagctgatctacgt
```

B 配列中のSNP

図5.3 マイクロサテライトとSNP
下線部が置換した多型部位.

である（図5.3A）．ショートタンデムリピート（STR，縦型反復配列）やシンプルシーケンスリピート（SSR）とも呼ばれる．マイクロサテライト配列は常染色体や性染色体などのすべての染色体のゲノム中に散在し，1ゲノム中に数千領域以上存在することが知られている．この反復配列の繰り返し回数は高度に変異があり，個体間で大きな多型性を有する．PCR法によって増幅された産物は繰り返し回数の違いによる長さの違いに基づいた多型を検出できる．マイクロサテライト配列は繰り返し回数が異なる複数の対立遺伝子（アリル）をもち，1つの座位で十〜数十の対立遺伝子を有するものまで存在する．その結果，マイクロサテライトはきわめて高い多型性を有し，1990年ごろから現在に至るまで，個体識別や親子鑑別，連鎖地図の作成などに用いられるDNAマーカーの主流となった．

b. SNP

21世紀に入り，ヒトやマウス，ウシ，ニワトリなどの多くの生物種で全塩基配列を決定するゲノムプロジェクトが進み，ゲノム配列情報が利用可能となった．この流れの中で注目されだしたのが，SNP（一塩基多型）である．SNPは単純な1塩基の置換による多型であるが（図5.3B），同一生物種の中で1000万個以上も多型が存在する．SNPマーカーは，データ解析の自動化やDNAアレイチップなどによるマルチプレックス化が可能であるといった利点がある．

5.1.3 多型マーカーの検出法

DNA多型を検出あるいは解析するためにさまざまな方法が開発されている．ここでは現在利用されている，代表的かつ重要なDNA変異を解析する手法について簡単に説明する．

a. PCR法

DNAポリメラーゼは，1本鎖DNAを鋳型として相補的なDNA鎖を合成する酵素である．このDNAポリメラーゼのDNA合成反応を利用してDNA分子の特定の領域を増幅させる手法を**PCR**（polymerase chain reaction，ポリメラーゼ連鎖反応）**法**という（図5.4）．現在ではさまざまな生物種のゲノム配列が得られているので，特定DNA領域の増幅が簡便にできるようになった．PCR法はきわめて感度が高く，1分子のDNAからも増幅可能であるし，RNA試料も逆転写酵素によってDNAに変えて分析可能である．数千〜数万

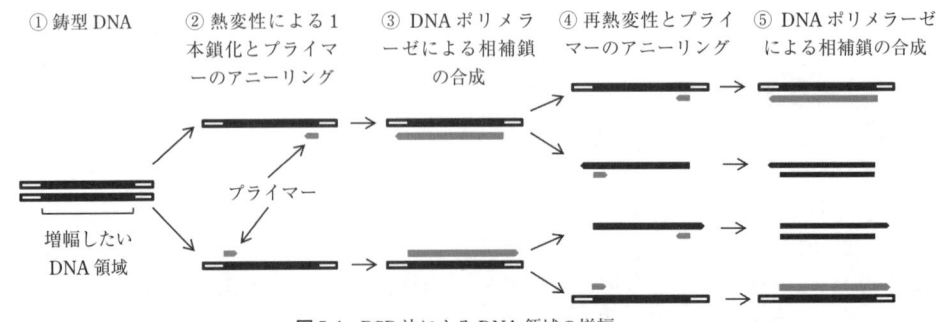

図5.4 PCR法によるDNA領域の増幅

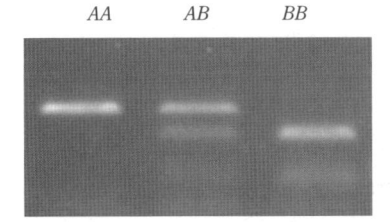

A PCR-RFLP法によるSNPの検出　　**B** DNAアレイの例　　**C** 高密度SNPアレイの例

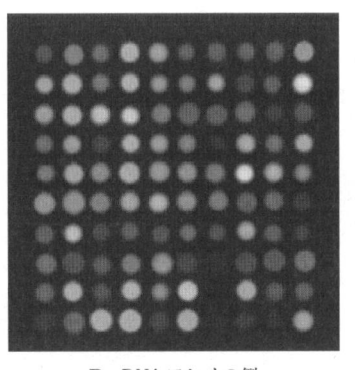

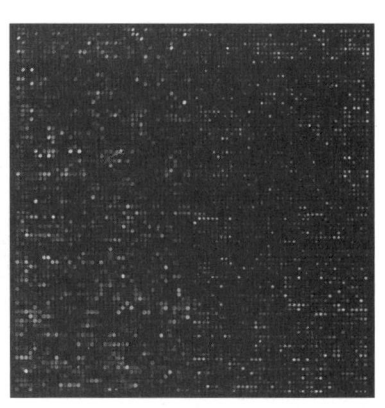

図5.5 DNA多型の検出例
1度の解析で数万以上のSNPが解析できる.

年前の骨や皮などの検体からも増幅可能である場合もあり，古代に生存していた動物の遺伝子構造を調べることも可能となっている．

b. PCR-RFLP法

PCR法で増幅されるDNA領域は，個体が異なっていても相同領域・遺伝子座が増幅される．この増幅されたDNA断片内におけるDNA変異を検出する方法の1つが制限酵素断片長多型 (RFLP, restriction fragment length polymorphism) である．制限酵素は決まった塩基配列（認識配列）によりDNAを切断する．DNA断片内に制限酵素の認識配列に関係する変異があった場合，制限酵素処理により異なったDNA断片が生じ，電気泳動後に多型の存在を知ることができる（図5.5A）．これをPCR-RFLP法と呼ぶ．一般の研究室内で多型検出のためによく利用されており，単純かつ簡易なDNA多型解析法である．

c. DNAマイクロアレイ

DNAアレイとは，さまざまなDNA断片をガラスなどの基板上に配置した分析方法や器具のことをいう．近年，基板上にDNA断片を配置する技術開発が進み，顕微鏡のスライドガラス程度の大きさの基板上に，数万～数十万ものDNA断片を配置することが可能になった（図5.5B, C）．これを**DNAマイクロアレイ**（DNA microarray）と呼ぶ．DNAマイクロアレイにより，数万の遺伝子の発現を一度に解析可能となった．DNAマイクロアレイはSNPの検出も可能であり，数万～数百万ものSNPを一度に解析できるようになった．これらはとくに高密度SNPアレイと呼ばれ，

大規模SNPタイピング用に開発されたアレイである．

d. 塩基配列決定法

塩基配列を決定する方法にはジデオキシ法（サンガー法）と化学分解法（マクサム-ギルバート法）が開発されて以来，目覚ましい発展を遂げてきた．現在ではジデオキシ法による方法が広く使われている．蛍光オートシーケンスは蛍光物質を用いて塩基配列決定を自動化したものである（図5.6）．21世紀に入り，塩基配列決定を高速かつ大情報で処理可能な，いわゆる次世代シーケンサーの開発が進んでおり年々新しい技術が報告されている．次世代シーケンサーの方法・原理はさまざまであり，ジデオキシ法に代わる原理が用いられている．

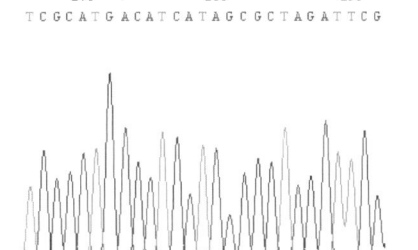

図5.6 蛍光オートシーケンスによる塩基配列の解析例

5.2 家系解析および連鎖解析

到達目標：
家系解析の連鎖解析を説明できる．
【キーワード】 家系図，連鎖マッピング，ホモ接合体マッピング，関連解析，LODスコア，QTL解析

以上のように，現在ではDNAマーカーとして多様な多型マーカーが容易に検出することが可能となっている．これらのDNAマーカーを用いることで，従来に比べてはるかに容易に動物の生産形質や疾患にかかわる遺伝子を同定でき，産業動物の遺伝的改良や遺伝性疾患の発生防止に大きく貢献している．そこで本節ではこれらのDNAマーカーを用いた動物の遺伝学的な解析法について説明する．

5.2.1 家系解析と連鎖解析

実験動物や伴侶動物も含む家畜動物において，経済形質（成長速度，肉質，抗病性など）や遺伝病の原因となる遺伝子を同定し利用することは，動物を生産・改良する上で有用である．これら形質の原因遺伝子を含む染色体領域は，形質の表現型とすべての染色体を網羅する多くのDNAマーカーを用い，世代を経て形質と同じように遺伝するDNAマーカーを推定することで同定できる．この候補染色体領域や遺伝子の同定を行う有効な方法の1つが，連鎖解析である．世代を経てDNAマーカーや遺伝子の伝達を調べるには家系が必要となり，家系を用いた全般的な遺伝解析を家系解析という．

連鎖地図の作成は，遺伝マーカー間の組換え価を推定することで行われる（1.5.2項参照）．また，形質に対する連鎖解析は，遺伝地図上に特定されている遺伝マーカーと形質との間の連鎖関係を推定することで行われる．これは，形質と遺伝マーカーが親から子へと伝達される過程でどの程度連鎖しているか，すなわちこれらが同じような遺伝的動向を示すかを解析し，形質にかかわる染色体領域を推定することである．効率的に形質データと遺伝マーカーとの間の連鎖関係を解析するためには，多型性に富んだ遺伝マーカーの利用が有効である．

同様に連鎖解析は，親から子へのゲノムが伝達される際の相同染色体の組換えの割合をみているので，解析する子孫の数が多いほど正確な組換え価を推定できる．したがって，連鎖解析には適切な家系の構築や実際集団を利用する．ここではまず，動物の遺伝解析のための代表的な家系を次に説明する．

5.2.2 解析目的による家系の種類

家系はいくつかの種類に分類されるが，解析目的によって分類されるものが基準家系（reference family）と資源家系（resource family）である．基準家系は連鎖地図を構築するための家系である．ゲノム解析を進めるためにはその動物種の遺伝地図が必須となる．連鎖解析による遺伝地図を作成するには，多くの遺伝子マーカーをゲノム全体に配置（マッピング）する必要がある．基準家系を作成する目的は連鎖地図の構築なので，家系を構築する親世代の個体はできるだけ遺伝的背景が異なり遺伝的距離が離れているものが望ましい．連鎖解析は遺伝子マーカー間の組換え価の推定に基づいているので，それを追跡するためには用いる遺伝マーカー間に多型が存在していないと分析が不可能なためである．

もう1つの家系が資源家系である．資源家系は動物の形質とかかわっている染色体領域や遺伝子の同定のために作出される家系である．1つの家系が基準家系と資源家系の性質を兼ね備える場合もある．基準家系の構築と異なるのは，調査したい形質の多型が親世代の個体間に存在しなければならないことである．これは資源家系を用いた形質の検出が，連鎖解析の方法に準ずるためである．また基準家系の場合と同様，親世代間の個体は遺伝的に分離していると解析が容易になる．

5.2.3 遺伝構造による家系の分類

家系には家系構造の違いによって分類されるカテゴリーがある．このカテゴリーとして，雑種第2代（F_2）や戻し交配第1代（N_1）があり，大動物の家畜では全きょうだい家系（full-sib family）や半きょうだい家系（half-sib family）といった家系も利用される．

純系を用いてつくられるF_1，F_2家系は実験動

物で利用される．ただし，大動物や中動物の家畜では純系が存在しないため，広義の意味では純系を用いない場合においてもF₁とF₂は用いられる．純系を用いたF₁では，両親のそれぞれの対立遺伝子を伝達し，ヘテロな状態でF₁個体同士はまったく同じ遺伝子型となる．F₂では相同組換えによって各対立遺伝子は分離し，両親に基づいたいずれかの遺伝子型を有する．よって，連鎖解析にはこのF₂を用いて分析を行う．

また，F₁個体とどちらかの親F₀をかけあわせることを戻し交配（バッククロス，backcross）といい，それを戻し交雑第1代（N₁）という．戻し交配では反復親（図5.7ではP₀♂）をN₁に再びかけ合わせた場合，連続戻し交配といい，N₂，N₃，…と示す．インタークロスと戻し交配では，一般的にインタークロスのほうが遺伝的情報量は多くなる．一方で，戻し交配は反復親の遺伝的背景に一回親（図5.7ではP₀♀）の遺伝的特性を取り込ませることができる．連鎖解析においては反復親由来の染色体領域が同定しやすく一回親由来の領域を同定可能となるため，ハプロタイプ分析に有利である．

産業動物では実験動物のように簡単に数多くの子孫が得にくいため実際集団を用いた家系を用いる．1組の両親から得られる子に基づく家系を全きょうだい家系（full-sib family）といい，実験動物などではF₁がそれにあたる．ウシなどの大動物ではこのような子孫の数は限定されており，前述したような計画的に家系を構築することは一般的に困難である．一方，ウシでは凍結精液を用いた人工授精が一般的に普及している．その結果，雌個体が異なる同一雄個体に由来する子孫は数多く存在する．このようなグループのきょうだい家系を半きょうだい家系（half-sib family）という．「きょうだい」を平仮名で表記するのは兄弟や姉妹の両方を対象としているためである．大動物では資源家系として半きょうだい家系もよく利用される．このように大動物では実験的に家系を作出するのではなく，産業的に使われている一般集団から解析用の家系を選択し連鎖解析などに利用されている．

5.2.4 QTL解析

対象とする形質には質的形質と量的形質がある．家畜動物の場合は，疾病形質を除くとほとんどの経済形質が量的形質となる．質的形質には単一の遺伝子が影響するのに対して，肉量，肉質，乳量などの量的形質では複数の遺伝子が関与しており環境要因にも大きく影響を受ける場合が多い．したがって，量的形質遺伝子座（QTL）に対する連鎖解析（**QTL解析**）は質的形質の解析と比較してはるかに複雑になる．形質の表現値に加えて，雌雄，種雄，農家，屠畜月齢などさまざまな効果を考慮して解析される．QTL解析では，一般的にゲノム全体をカバーする数多くのDNAマーカーと子孫個体が必要とされる．連鎖解析によって表現形質の原因遺伝子は，連鎖地図上の位置として示される．

このような連鎖解析において一般的に用いられる評価方法は，**LOD**（logarithm of odds）**スコア**である（図5.8）．LODスコアは，形質が特定のメンデル遺伝則に従うという仮定の下で行うパラメトリックな連鎖解析の指標であり，連鎖の一般

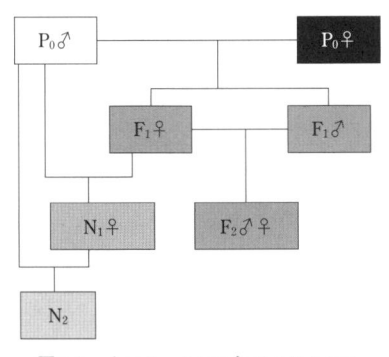

図5.7 インタークロスとバッククロス

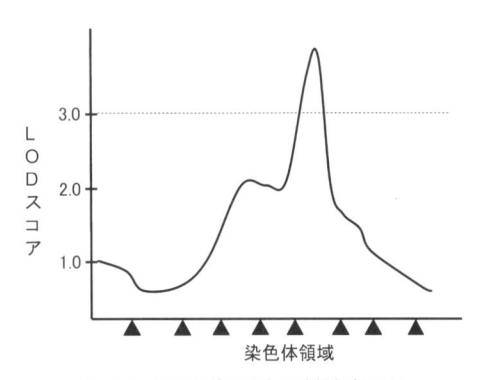

図5.8 量的形質に対する連鎖解析の例
▲は染色体領域における遺伝マーカーを示す．
LODスコアが3.0を超えるピークに原因遺伝子が存在していると推定できる．

的な尤度比検定法である．連鎖がない場合の確率に対して連鎖がある場合の確率の比を常用対数で示したスコアである．通常 LOD スコアが 3 以上の値が得られれば連鎖している可能性が高いと判断する．これは連鎖がない場合の確率に対して連鎖がある場合の確率が 1000 倍（10^3）以上大きいということを示している．3.0 より小さい場合に完全に候補領域として否定されるわけではなく，2.0～3.0 は示唆的であり 1.0～2.0 は参考程度とする．

5.2.5 家系や集団などを用いたその他の遺伝解析

動物がもつ有用形質や疾病形質の生理的機能がある程度明らかな場合，その代謝過程にかかわる遺伝子を推定し候補遺伝子とすることができる．この候補遺伝子がもつ対立遺伝子があれば，その遺伝子型と表現型との間に関連を調査することができる．このような解析を関連解析（association study）といい，候補遺伝子アプローチ（candidate gene approach）とも呼ばれる．

ハプロタイプとは，近接した遺伝座における対立遺伝子の組み合わせをいう（図5.9）．ミトコンドリア DNA では基本的に組換えがないため全体がハプロタイプとして取り扱われる．**ホモ接合体マッピング**（homozygosity mapping）は，近縁個体間での家系のハプロタイプ解析から劣性遺伝疾病遺伝子の染色体上の位置を同定する方法である．共通の祖先に由来する劣性の疾病原因遺伝子は，父方と母方を経由し発症個体でホモ型となっているはずである．したがって，複数の発症個体に対して候補領域のハプロタイプを調べ，発症個体のすべてがホモ接合体となっている領域から原因遺伝子領域を絞り込んでいく方法である．ゲノム領域が遺伝的に同祖である場合，IBD（identical by decent）の状態にあるといい，IBD マッピングとも呼ばれる．ただし，この方法は限られた形質や集団，家系に対してのみ有効である．

この分析法は，基本的に分析する個体の共通祖先が比較的近縁の場合に行われる．それ以上共通祖先が離れている場合には，組換えが起こる確率が高まるため，ホモ接合体による推定が困難になってくる．この場合には，連鎖不平衡（linkage disequilibrium：LD）による関連解析が行われる．連鎖不平衡とは動物の集団において，複数の遺伝子座の対立遺伝子の間にランダムでない相関がみられ，特定のハプロタイプ（対立遺伝子の組み合わせ）の頻度が有意に高くなる現象をいう．原因遺伝子とこの近傍領域における遺伝マーカーが連鎖不平衡状態にあるときには，原因遺伝子の対立遺伝子と遺伝マーカーの対立遺伝子がハプロタイプを形成し，形質との関連解析が可能となる．

5.3 個体識別などへの DNA マーカーの利用

> **到達目標：**
> 遺伝子のクローニングと変異の同定法や個体識別，親子鑑定への DNA マーカーの利用を説明できる．
> 【キーワード】個体識別，親子鑑定，偽装表示，トレーサビリティ，個体登録，血統書，胚の雌雄判別

一方，多型マーカーは，動物の飼育，育種，生産にとって重要な，個体識別や親子鑑定にも用いられている．この分野に加え，近年では食肉などの生産物の管理においても，前述した DNA マーカーの利用により，従来の方法に比べて飛躍的に正確で簡便な判別が可能となっている．そこで本節では，これらの分野における DNA マーカーの利用について説明する．

5.3.1 家畜の個体識別

動物の飼育者は個体の特徴を経験でつかみ，特殊な方法を用いなくとも形態や動向などで個体そ

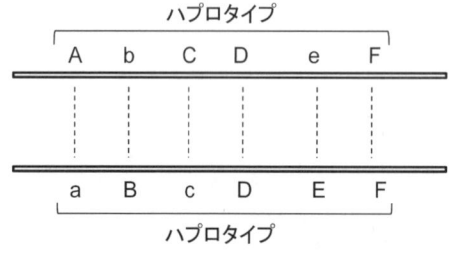

図 5.9 ゲノム DNA（$2n$）ハプロタイプの概念図 ハプロタイプは上段では「AbCDeF」，下段では「aBcDEF」となる．

れぞれを把握しているものである．しかし，畜産において家畜の育種を適切に行うためには，個体の識別は感覚や経験のみで行われるべきではなく，科学的な根拠に基づいた評価が必要となってくる．個体を客観的な評価に基づいて区別することを**個体識別**（individual identification）といい，家畜育種を行うための基本的な技術である．家畜の育種は個体や家系間の遺伝現象を解析し，それを家畜改良に結びつける．したがって，個体識別が曖昧な状態であると，先端的な遺伝技術を用いた解析を駆使したとしても，信頼できる結果はほとんど得られない．

5.3.2 登録制度と登録証明書

18世紀末から19世紀にかけてヨーロッパで多くの家畜の品種が作出されるに従い，飼養者が集まってそれぞれの品種の協会をつくり，育種改良を推し進める原動力となった．その際に考案されたのが，個体の情報を記録し**登録**（registration）する登録制度である．当初，登録簿には個体とその血統情報の記載が主であったが，次第に体型の測定値や能力検定の結果が加えられるようになっていく．ウシをはじめとする大家畜やブタやヒツジなどの中家畜では，登録制度は今でも重要な位置を占めている．

家畜を登録する目的の1つは，家畜の育種改良による生産能力の向上であるといっていい．近代の育種改良では，個体そのものや家系に基づいた遺伝様式や遺伝現象を解析することによって行われる．したがって，個体や家系の情報がなかったり間違えていたりすると，改良そのものが成り立たなくなる．個体が生まれてきたときに親子関係が担保され，生育中に他の個体と間違えることがない条件が揃ってこそ，正しい家畜の育種改良ができるのである．具体的に個体登録をする利点を述べると，① 優れた血統を残し，家畜の能力を計画的に伸ばす，② 遺伝的不良形質を防ぐことが可能となる，③ 強度の近親交配を防止できる，などがあげられる．

このように個体や血統を記録したものが登録証明書である．登録証明書は，**血統書**や血統登録証明書とも呼ばれることがあり，家畜の種や品種によって名称のみならず記載事項も異なる．登録される個体は，既登録の父母個体から生まれた子孫であるため，登録書をたどれば血統を遡れることになる．登録証明書の有無は，純粋種や品種の承認にかかわる．競走馬ではレースへの参加の可否，ペットなどにおいては純粋種として認められないため子孫の売買時などには大きく影響することになる．図5.10は黒毛和種における基本登録と呼ばれる登録証明書である．このように生年月日をはじめ，血統，耳標番号，飼育場所や飼育項目についても記されている．

5.3.3 個体識別のための標識

個体識別は古くからさまざまな標識（マーカー）を用いて行われてきた．人為的な標識としては，色素によるマーキングや焼印，ウシで用いられる耳標やニワトリの脚帯があげられる（図5.11）．

これに対し，家畜自身が有する形質を用いる場合を生物学的標識という．代表的な例としては，毛色や斑紋がある．しかし，家畜の品種において毛色は斉一化されている場合が多く，集団内でほとんど変異がないのが普通である．ウシのホルスタインに代表される斑紋は，斑紋を有する品種では標識になりうる．しかし，その変異は小さく，多くの個体を識別するための指標とはなりにくい．毛色や斑紋は個体を識別するための指標というよりも，家畜の品種特性を示すものと考えるほうがよいであろう．形態を用いた個体識別用標識として長年使われてきたものとしては，和牛の鼻紋がある．鼻紋とは，鼻（鼻鏡部）の凹凸による紋様のことである（図5.10左下）．全国和牛登録協会では，和牛の個体識別や登録に鼻紋も利用している．

家畜では20世紀の中ごろから血液型が個体識別や親子鑑定に利用されてきた．欠点としては，家畜の生体から血液を採取しなければならないこと，また検査のための抗血清の作製などに労力を要するという点であった．日本においてもウシに対しては40年間にわたって血液型は利用されてきたが，原則として2010年をもってDNAマーカーに完全移行することとなった．

DNAマーカーがその他の標識と比較して有利な点としては，あらゆる細胞や組織から得ることができること，対象とする変異の量がきわめて多いこと，またDNAマーカーの種類にもよるが一

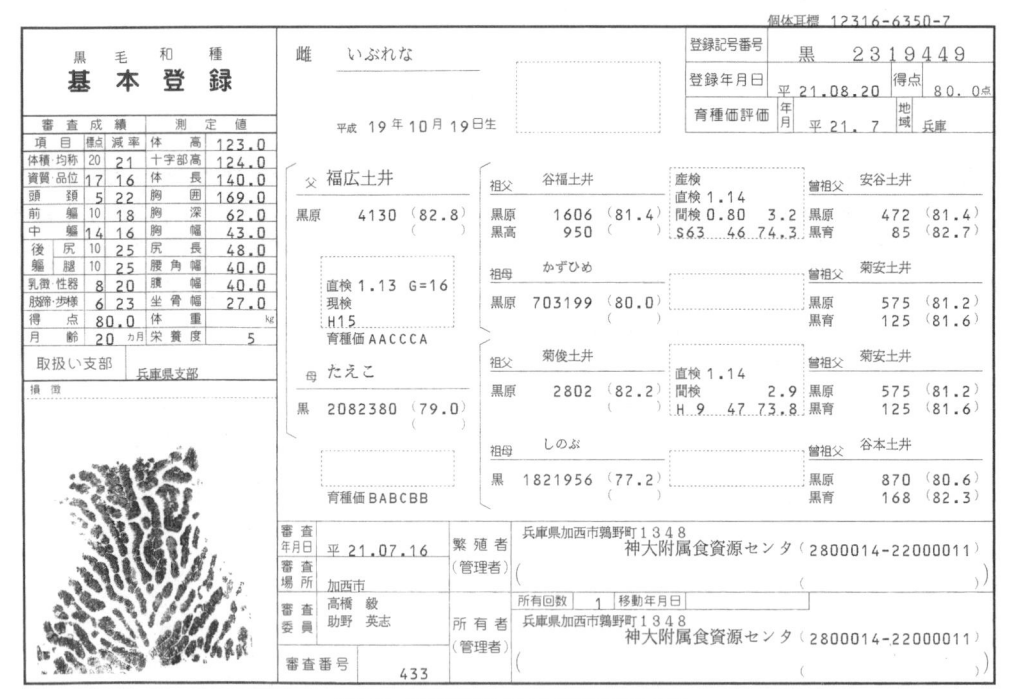

図 5.10 黒毛和種における登録証明書の例
生年月日，飼育場所，血統，育種価などの情報のほかに，個体識別のための鼻紋，耳標番号も記載されている．

A ウシの耳標　　　　　　　　**B** ニワトリの脚帯
図 5.11 個体識別の標識

般的に多型性が高いことなどがあげられる．マイクロサテライトマーカーはきわめて高い多型性を有するため，2000年前後を境として個体識別や親子鑑定の有力な DNA マーカーとなった．2012年現在，ウシにおける識別にはこのマイクロサテライトマーカーが利用されているが，ヒトをはじめとして SNP マーカーの利用が検討されている．近い将来，SNP マーカーはマイクロサテライトマーカーにとって代わることになるだろう．

5.3.4 個体識別の方法

個体識別を行うための方法とは，その個体のみが唯一もちうる遺伝情報により，その個体であると証明できる方法であるといえる．簡単にいえば，ゲノムの塩基配列がすべて一致すれば，その比較する2つの試料や個体は同一であるといえ

る．ただし，一卵性双生個体やクローン動物では同じゲノム配列を有するため区別はできない．

ヒトのABO式血液型を考えてみよう．2つの試料の個体が同一であるかどうかをみたとき，1つの試料がO型でもう1つの試料がAB型なら，この時点でこの2つの試料は別個体から由来したものであると結論づけられる．しかし，2つの試料が両方とも同じ血液型で一致したからといって，同一個体由来かどうかはわからない．この場合は，1つの遺伝子座に由来する3つの対立遺伝子（A，B，O）を見た場合であるが，分析する遺伝子座（マーカー）を増やしていけば，個体の同一性の精度が増加する．複数のマーカーを用いた場合，すべてのマーカーの遺伝子型が2つの試料間で一致するか否かで試料間の同一性を判断する．しかし，十分な情報量を持ったマーカー数を用いないと，偶然に別個体のすべての遺伝子型が一致することも起こりうる．この確率を偶然一致率（random match probability）という．個体識別は複数のDNAマーカーを用いた際に，そのシステムがもつ偶然一致率がきわめて低ければ，一致すなわち同個体と判断する．システムや種，マーカーの数と変異性，集団構造などによってこの偶然一致率は大きく異なるが，一般的なシステムでは1兆分の1（$1/10^{12}$）を超えるような値となっている．

5.3.5 親子鑑定

親子鑑定（parentage test）とは，親子の関係を確認し担保することであり，家畜の育種において個体識別と同様に重要である．親子の関係を遺伝的に調査し確認するということは，子のゲノムが両親由来のゲノムの組み合わせから成り立っていることを証明することであるといえる．実際にはすべてのゲノム配列を解析することはできないので，複数の遺伝的マーカーをゲノムの各領域の代表として分析し，各マーカーが両親から子へ正しく遺伝しているかを調査する．

個体識別の場合と同様，血液型をマーカーの1つとして例を考えてみよう．父親の遺伝子型がAB型，母親がAO型（表現型はA型）の子である場合，生まれてくる可能性がある遺伝子型はAA型，AO型，AB型，BO型である．したがって，O型の子は生まれてこない．逆に子がO型でない，つまり矛盾がなかったからといって，この親子関係が証明されるわけではない．しかし，調べるマーカーが増えるに従って，親子関係の信頼性が増加するのは想像できると思う．マーカー数が少ない場合は，本当の親子でなくとも偶然に親子関係に矛盾しない個体が存在する確率は高いことも想像できる．

家畜の場合，子の真偽を検査するよりも，雄親の真偽を検討する場合が多い．これは家畜では人工授精が可能な種があり，人為的なミスから起こる勘違いや，生まれてきた直後の取り違えなどがしばしば起こりうるためである．雄親の真偽を推定する場合は，ランダムに選んだ雄の中から雄親として排除できない個体がどれくらいの確率で存在するのかを計算する．この確率を父権否定確率（paternity exclusion）という．父権否定確率は基本的に母親関係が正しいと仮定した場合に，正しくない雄を雄親として認めてしまう確率である．よって，子の確率が低いほど親子鑑定の精度が優れていることになる．父権否定確率は雌親のデータが得られない場合でも計算できるが，同じマーカー数であれば偽親を認めてしまう確率は大幅に上昇する．

5.3.6 トレーサビリティ

食品における**トレーサビリティ**（traceability）とは，食品の生産から加工，販売あるいは消費までの食料供給行程の各段階を食品そのもの，あるいは食品に関する情報を追跡可能な状態のことである．日本では，牛肉と米についてトレーサビリティが義務化されている．牛肉では牛肉トレーサビリティ法（正式名称は「牛の個体識別のための情報の管理及び伝達に関する特別措置法」）といい，国内で生まれたすべてのウシに10桁の識別番号をつけ，品種，出生の年月日，性別，飼育場所などの履歴情報を生産・流通・消費の各段階で記録・管理することが義務づけられている．2003年に施行され，識別番号からインターネットを通じて情報を誰でも閲覧できる*．

牛肉のトレーサビリティでは，これら記録のほかにDNA検査が実施できる体制が整っている．これは屠畜時に牛肉の肉片を採取・保存し，偽装

---

* ウシの個体識別検索：https://www.id.nlbc.go.jp/top.html

が疑われた場合や定期的な抜き取り検査により，牛肉の**偽装表示**を防ぐ目的で行われている．国内で食肉用に処理されるすべての個体が対象となるが，輸入牛肉などについては適用外である．この検査には個体識別DNAマーカーが利用され，2012年現在ではマイクロサテライトマーカーが使われている．

5.3.7 偽装表示

食肉の偽装表示（misbranded meat）がよく取り上げられるようになったのは，2001年9月に国内で初めての牛海綿状脳症（BSE）感染牛が確認された後のことであろう．BSE問題の対策の一環として食用牛買い取り制度が施行されたが，2002年1月にオーストラリア牛肉を国内産牛肉と偽って買い取らせようとした事件が発覚した（雪印食品牛肉偽装事件）．また，2007年には，豚肉や鶏肉を牛肉に混合する牛肉偽装が発覚し，大きな事件となった（ミートホープ食肉偽装事件）．豚肉では黒豚の偽装表示，鶏肉では比内地鶏や名古屋コーチンなどの銘柄地鶏の偽装表示がこれまでに発覚している．食肉の偽装表示は大きく品種の偽装と産地の偽装に分類できる．

これら偽装表示問題は食品流通モラルの低下が直接の原因である．正しい表示に基づく食肉の販売は，消費者や生産者の受益といった点で非常に重要である．この観点から2000年以降，食肉の品種や生産地を判別する科学技術の開発が行われてきた．牛肉では，前述したトレーサビリティやDNAによる個体識別も偽装の抑止に効果がある．しかし，この方法の短所としては，①屠畜後の試料と対象肉試料との個体同一性を調査する方法なので，品種や産地の証明にはならない，②屠畜以前の個体に対しては検査が不可能，③輸入牛肉のデータや試料は存在しないため判定が困難，④ミンチなどの混合試料では判定が不可能，などがあげられる．

よって，家畜の品種や産地を判別する技術開発が必要となり，多くの動植物で鑑定法の開発が進んできた．しかし，家畜における技術開発は植物と比較して困難である．栽培植物品種は純系であるものが多く，同じ品種であればどの個体も同じゲノムDNAを有する．よって，品種間で異なるDNA領域を1～2か所見つければ，それが判別マーカーとして利用できる．しかし，家畜の場合では品種内で遺伝的多様性が高く，むしろ近交退化を避けるためにその多様性は保持されなければならない．したがって，品種で特異的であり，かつ品種内で固定しているDNA領域を見つけるのがきわめて難しいのである．

a. 肉種鑑別

日本で消費される肉種は，ウシ，ブタ，ニワトリ，ヤギ，ヒツジ，ウマなどである．これら家畜種は大きく分岐しているため，DNAで見分けるのは難しいことではない．よく対象とされるのはミトコンドリアDNAである．塩基配列の特異性を用い，家畜種によってPCR増幅の有無で判断する方法や遺伝子非コード領域D-loopの長さの違いを利用した判別法などがある（図5.12）．

b. 牛肉のDNA鑑定

日本で生産される牛肉は国産牛肉と呼ばれ，黒毛和種，ホルスタイン（おもに去勢雄），それら

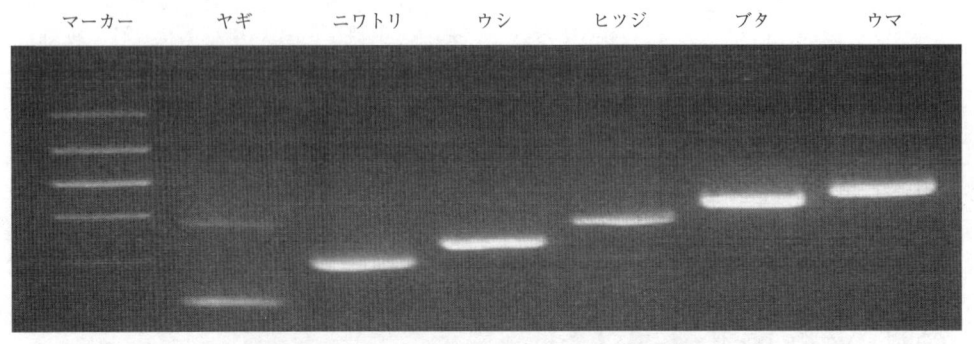

図5.12 ミトコンドリアDNAマーカーによる肉種判別
PCR増幅産物の長さによって肉種が判別できる．

の交雑種で97％以上を占める．また，日本国内で消費される輸入牛肉は米国かオーストラリアからの輸入が大部分を占める．牛肉偽装は，大きく分けて2つのケースに分類できる．1つは輸入牛肉を国産牛肉とする産地偽装であり，もう1つは国産牛肉内での品種偽装である．これらの品種や産地を区分するDNAマーカーを探索するためにミトコンドリアDNAやY染色体，毛色関連遺伝子，高密度SNPアレイなどが利用されている．現在では輸入牛肉と国産牛肉，国産牛肉においても黒毛和種，ホルスタイン，交雑種の判別が高精度で判定できるDNAマーカーが見つかっている．これらは偽装が疑われた牛肉の判定や抜き取り検査などに用いられている．

c. その他食肉のDNA鑑定

日本のブランド豚は250種類以上にのぼる．それぞれがさまざまな品種を交配して造成されているため，個々の判別は困難である．しかし，黒豚やTOKYO Xなど一部のブランド豚では毛色関連遺伝子などを用いた判別法が開発されている．

鶏肉についても銘柄地鶏の数が多く，それぞれで類似品種が交配に使われている場合が多いために，これらを区分することは困難である．しかしながら，一部の銘柄鶏ではマイクロサテライトマーカーやSNPを使った解析がなされ，判別法の確立が期待されている．

5.3.8 胚の雌雄判別

畜産では，動物の性質を利用した生産物をヒトが利用する．その生産物は性に限定されているものも多い．産乳や産卵は雌に限定されている性質であるし，産肉は一般的に雄のほうが有利とされている．よって，家畜個体の雌雄を早期に区別することは重要となる．その時期を最も早めたのが**胚の雌雄判別**（sexing）といえる．胚の雌雄判別には胚の一部を分取し，その試料に対して雄特異的DNAマーカーを用いる方法が使われる．哺乳類の雄はY染色体を有するため，Y染色体特異的なDNA領域に対する増幅が利用される．DNAマーカーの対象となる領域は，Y染色体の性決定遺伝子（*SRY*，6.3.5項参照）やY染色体特異的繰り返し配列などがあり，PCR増幅産物の有無で判断する．短所としては，胚から得られる試料量が少ないために，PCR法の失敗か雌胚かの区別がつかないことである．

5.4 遺伝子改変動物とヒト疾患モデル動物 応用

第4章で述べられたように，家畜の遺伝的改良は改良目標に適った形質をもつ雌雄を交配し，その子孫の能力を検定（後代検定）し，さらに優れた形質をもつ個体を選抜することで行われてきた．この間，さまざまな形質に対する遺伝的マーカーも開発され，目的に沿った遺伝的改良が容易になってきた．しかし，交配による形質改良の手段は，両親がもつ染色体の任意の組み合わせにより，目標とする遺伝形質とともに望ましくない形質も子孫に伝わり，それらが遺伝形質として固定されていく可能性も秘めている．

改良目標に適った形質を支配している遺伝子群（QTL）は複数の染色体群に存在していると同時に，1染色体上にも点在していることが明らかになってきた．1970年代以降，目覚ましい発展を遂げた遺伝子工学は特定された機能遺伝子（群）の核酸（DNA）配列のさまざまな領域に人為的な組換えを施し，自然界には存在しないような新しい構造の遺伝子（融合遺伝子）をつくることを可能にした．また，哺乳類胚の体外培養法や胚操作技術，胚性幹細胞（embryonic stem cell，ES細胞）や人工多能性幹細胞（induced pluri-potent stem cell，iPS細胞）も同時に進歩・開発されたことにより，単離した機能遺伝子や融合遺伝子を動物に導入する技術とともに，特定遺伝子の時期・細胞特異的な削除もできるようになってきた．家畜の形質を遺伝的に改変することは，家畜の生産物（乳，肉，卵や毛など）の構成成分組成を遺伝的に改変することも可能にした．大腸菌，昆虫細胞や体外培養系では大量生産することが困難なヒト生理活性物質を乳汁に発現させることも可能になった．これらの技術はさらに，特定の遺伝子（群）の機能も明らかにしてきたため，臓器移植用の家畜を作出する研究だけではなく，ヒト疾患モデル動物の作出をも可能にした．

5.4.1 外来遺伝子導入法
a. DNA顕微注入法

1980年，ゴードン（J. W. Gordon）らが開発

したDNAを受精卵の前核内（通常，雄性前核）に直接注入する方法である．倒立顕微鏡下で，雄性前核中に微小ガラス管を用いてDNA溶液を注入する．その前核期胚をレシピエント動物の卵管内に移植し，誕生した動物の一部が遺伝子改変（トランスジェニック）動物となる．これはDNAの複製が始まる前の状態にあるDNA配列に，任意に1か所から数か所程度の切断・再結合が起こり，それらの再結合の際にDNA断片が挿入される．通常，1～数十コピーのDNAが連結された状態で宿主のDNA配列内の1か所あるいは数か所に挿入される．この方法による遺伝子組換え動物の作出効率は，マウスでDNA注入胚の1～2%がトランスジェニック個体として生産されるのに対し，家畜胚での効率はマウスの1/10程度にとどまっている．しかしながら最近では，注入する遺伝子の工夫により特定の遺伝子の切断を誘起させ，その切断面の修復を利用する（cre-lox P）法や，特定遺伝子の切断部分の修復機構を利用して，この遺伝子の機能を喪失する手法も開発されている．

b. レトロウイルスベクター

レトロウイルスは宿主細胞に感染・融合後，一本鎖のRNAを細胞内に注入する．この侵入したRNAは宿主細胞の逆転写酵素を使いcDNAに逆転写され，さらにいくつかの中間体を経て二本鎖環状DNA（プロウイルス）の段階で宿主ゲノムに組み込まれる．遺伝子導入では，2本鎖の線状DNAにプロウイルスの複製（増殖）に不可欠なDNA領域内に目的の遺伝子を組み込み，複製能力は欠くが細胞への感染能力は保持している組換えプロウイルスを作製する．次に，この組換えウイルスを透明帯を除去した分裂中の初期胚と一緒に培養し，ウイルスを胚細胞へ感染させる．

この方法は，DNAの顕微注入法に比べ，特殊な機器や複雑な顕微操作を必要としない利点がある．一方，ウイルスの胚への感染率が低いこと，発生が進んだ胚でないと感染しにくいことや感染しても導入遺伝子（トランスジーン）が発現しないなどの欠点のほかに，ウイルスが感染した細胞と感染していない細胞からなるモザイク個体となり次世代に導入遺伝子が伝達されないなどの不利な点が報告されている．これらを克服するために，ウイルス感作の時期や導入遺伝子のエンハンサーやプロモーターの改良の研究が進んでいる．実際，ブタやウシで非常に効率よく遺伝子改変動物が作出され，さらに導入遺伝子の発現効率も改善されつつある．

c. 胚性幹細胞の利用

本方法は，胚性幹細胞（ES細胞）への遺伝子導入と胚盤胞への細胞導入によるキメラ個体の作出技術を組み合わせたものである．この方法の利点は，遺伝子改変操作をしたES細胞を選抜し，その細胞と初期胚でキメラ胚を作製し，キメラ個体を誕生させることにある．そしてキメラ個体の子孫から，遺伝子改変が行われていた細胞由来の個体を選択し，それらの交配によって操作した遺伝子座をホモ（－/－または＋/＋）にして，遺伝子欠損（ノックアウト）マウスや遺伝子導入（ノックイン）マウスをつくりだす．

ES細胞は癌細胞と違って正常な核型をもち，キメラ個体を形成する能力や生殖細胞へ分化する能力をもつ未分化な細胞で，体外培養で継代できる．もし，キメラ個体において注入したES細胞が生殖細胞へ分化した場合には，これを通常の個体と交配すれば，ES細胞由来の精子あるいは卵子を介し，次の世代の遺伝子導入されたES細胞で構成された遺伝子改変個体を生産できる．しかし，最近まで生殖系列（細胞）へ分化できるES細胞株はマウスでしか樹立されていなかったため，この方法はマウスだけで可能であった．最近になってラットでも生殖系列へ分化しうるES細胞株の樹立が報告されたことから，今後ラットでも遺伝子改変個体の作出が増えていくかもしれない．

d. 体細胞クローン法

ES細胞法による遺伝子改変個体の作出は，マウスやラットに限られている．ところが，それ以外の動物種においても特定の遺伝子の働きを欠失させた遺伝子改変動物作出の需要は高い．この要求に応えられる作出法の1つが体細胞クローン法である．まず，培養体細胞の遺伝子を改変し，改変細胞だけを選択する．その細胞核を核のドナーとして，除核した未受精卵の細胞質内に直接注入もしくは電気刺激などにより導入することによりクローン胚（核移植胚）を作出する．そして，仮親の子宮へ胚移植（embryo transfer, ET）することにより，体細胞クローン個体を作出すると，こ

の個体が遺伝子改変個体となる．この方法で遺伝子改変動物をつくれば，幹細胞，未分化な細胞株の樹立・維持やキメラ個体の作出の過程を省けることになる．しかし，マウスやウシでの体細胞クローン動物は，胎盤異常，奇形，過大子や生後直死など死亡率が高いことなどが問題点となっている．ところが，体細胞クローン牛でも成長したものには異常がないと考えられている．

e. 染色体移（導）入法

これまでの遺伝子導入法では導入遺伝子のサイズや遺伝子発現度を調整することに難しさが残った．本方法は，導入遺伝子のサイズに制限がなく，しかも外来性のプロモーターによる強制的な遺伝子発現ではなく，同一染色体上にある本来のプロモーターが導入遺伝子とともに導入されるため，導入遺伝子の過剰発現や挿入部位の位置効果などによる遺伝子発現個体の機能異常が起こりにくいという利点がある．

実際には，ヒト染色体の断片を細胞核へ移入させる染色体導入法（chromosome transfer）の開発により，異種動物の染色体断片が導入された細胞から，キメラや体細胞クローン個体を介して遺伝子改変動物を作出する．この方法により，ヒト抗体を大量にしかも効率的に生産する目的で，ヒト抗体遺伝子を組み込んだウシが作出され，その基礎および応用研究が展開している．

f. その他の方法

ラビトラノ（M. Lavitrano，1989年）は，マウスの精管膨大部から採取し体外で成熟させた精子を，環状または直鎖状のDNAを含む培養液内で数時間培養したのち，体外受精に供し，受精卵に移植してから生まれた産子から，高率に遺伝子導入個体が得られたことを報告した．この結果は，当初，画期的な遺伝子導入法として注目されたが，その後多くの研究者が精力的に追試したにもかかわらず，結果は再現されたとはいいがたい．

5.4.2 遺伝子改変家畜

a. 成長関連因子の導入

以前より，各種動物の成長ホルモン（growth hormone：GH）やGH放出因子（GH releasing hormone）をブタ，ヒツジやウシに連続投与すると，一日増体量や飼料要求率が有意に向上することがわかっていた．

パルミター（R. D. Palmiter）ら（1982，1983年）の研究グループは，ラットやヒトのGH遺伝子と，そのプロモーターとしておもに肝臓で発現するマウスメタロチオネイン-I（metallothinonein-I，MT-I）遺伝子のプロモーター領域とを連結した融合遺伝子を導入し，作製した遺伝子導入マウスの中に，体重が通常マウスの2倍以上に達し，とくに生後5～11週の期間は，約4倍の成長率を示す個体がいたことを報告した．これは，導入されたGH遺伝子がおもに肝臓で発現し，大量のGHが血液中に放出されたためであった．さらに，この表現形質は次世代にも伝達されることが確認された．

しかしながら，マウス以外の動物種での効果はあまり認められていない．たとえば，MT-I/GH融合遺伝子導入ブタでは，そのブタ自身のGH分泌量は減少しており，これは血液中に存在する高濃度の外来GHやGHによって誘導された高濃度のIGF-1が視床下部や下垂体に対し抑制的（negative feedback）に働いたためであった．また，ヒトGH遺伝子を発現した遺伝子導入ブタでは，皮下や筋肉の脂肪の蓄積が減少しており，脂質分解の亢進も確認されている．ところが，これらのGH遺伝子導入ブタやヒツジは，通常のブタに適量のGHを投与した場合に得られたような成長促進効果を示さないばかりか，胃潰瘍，腎炎，心囊炎などの疾患を併発し，不妊で，しかも生後2年以内に死亡する短命であった．

b. 抗病関連遺伝子の導入

免疫に関連した遺伝子を家畜に導入して，ウイルス感染に対し遺伝的抵抗性の高い遺伝子改変（トランスジェニック）家畜の作出も行われた．実際，マウス免疫グロブリン遺伝子やウイルスに対して不活性化作用をもつMxタンパク質遺伝子がブタに導入された．しかし，導入遺伝子の発現が低く，産生された免疫グロブリンの抗原に対する結合能力の低い遺伝子改変個体しか得られていない．

ヒツジにおいて流行する進行性肺炎は，感染した雌が不妊になる重大な感染症である．この流行性疾患に対し遺伝的に高い抵抗能力をもつ遺伝子改変家畜を作出する目的で，その病因ウイルス外被タンパク遺伝子がヒツジに導入された．得られた遺伝子導入ヒツジでは，標的細胞であるマクロ

ファージで外被タンパクを発現していたが，ウイルス感染抵抗性を示す知見は得られていない．

このように，家畜の成長や抗病性を遺伝的に向上させる目的で，各種の遺伝子が家畜に導入されてきた．しかし，いずれの場合にも作出されたトランスジェニック家畜は，当初期待されたような抗病性を示すことはなかった．とくに導入遺伝子の発現や宿主における効果が，マウスと家畜では大きく異なることが判明しただけではなく，単一の遺伝子の導入による家畜改良の難しさを示すものであった．

c. 家畜体を利用した有用物質の生産（バイオリアクター）

ヒトの治療用など有用生理活性物質を大腸菌，酵母，昆虫や動物培養細胞などを宿主として大量生産させる技術が開発され，一部の生理活性物質は臨床にも使用されている．生産に最も効率のよい大腸菌などの原核生物を宿主として生産させる場合には，転写や翻訳後の修飾とくに糖鎖の付加や構造，さらに最終産物としてのタンパク質の高次構造の構築が正しく行われないなどの欠点があった．動物細胞での産生ではこれらの問題を解決できるが，培養システムの複雑さや有用物質の発現量（生産性）に難点があった．そこで考えられたのは，生理活性物質をコードする遺伝子を家畜に導入し，目的のタンパク質を家畜のミルクや血液中につくらせる方法の応用で，バイオリアクター（動物工場）と呼ばれている．この応用は，生産させたい構造遺伝子を乳腺で特異的に発現している遺伝子（カゼインなど）のプロモーター領域に連結した融合遺伝子を導入遺伝子として遺伝子改変動物を作出することから始まる．この方法によれば，生理活性タンパク質が乳腺で生産されるために，大量生産ができるだけではなく，乳汁タンパク質とは生化学的性質が大きく異なるために乳汁タンパク質群からの分離も比較的容易である．また，ウイルスなどの病原体の混入の回避や目的タンパク質への糖鎖などの修飾や高次構造などの問題がなくなり，有用タンパク質を生理活性物質として単離できる利点があることはいうまでもない．

d. 臓器移植用家畜の作出

免疫抑制剤などの進歩により，臓器移植はヒト臓器不全の治療法として確立されている．しかし，臓器移植を希望する患者数に対して，提供可能な臓器の数が圧倒的に足りず，深刻な問題となっている．その対策として，ヒトへの移植臓器の提供をブタなどの動物で代替えしようとする「異種移植」の研究が試みられている．ただし，異種移植の際に起こる超急性拒絶反応を十分に抑えるためには，少なくとも3種類の補体制御遺伝子の導入やブタのいくつかの移植抗原関連遺伝子の機能を不活化した遺伝子改変ブタの作出が必要とされている．実際，それらの抗原を生成しないブタが体細胞クローン法によって作出された．ところが最近，新たな問題にも直面している．それは異種移植された際に起こる提供臓器側の内在性レトロウイルス遺伝子の活性化である．異種移植の実用化には，解決すべき課題が残されている．

5.5 エピジェネティクス* 応用

真核生物の生命の設計図であるゲノムDNA鎖は直線にすると数mにも及ぶが，実際には数μmの大きさの細胞の核にコンパクトに折りたたまれた状態で収納されている．核の内部ではDNA鎖がヒストンと呼ばれる強い正電荷をもった小さなタンパク質に強く巻きついたビーズ様の状態で保管され，染色体はそのビーズが大量かつ強固に凝集した状態で構築されている．ゲノムDNAがヒストンに巻きついた複合体をクロマチンと呼び，その最小単位であるモノヌクレオソームはヒストン H2A, H2B, H3, H4 の4種類のタンパク質がそれぞれ2分子で構成された八量体に対して 146 bp 長の DNA が 1.75 回巻きついた構造をとっている（図1.4参照）．

エピジェネティクスは塩基配列の変化によらない遺伝情報の発現調節であり，体細胞ではその遺伝子発現制御の「記憶」を伝えることができる．すなわち，エピジェネティクスは遺伝子発現動態を決定し，記憶するシステムであるために，発生や細胞の分化などの生命現象に直接的に関与している．エピジェネティクスの具体的な事象は，DNA メチル化修飾，ヒストン化学修飾，ポリコーム群タンパク質，クロマチンリモデリング因子

---

* 本節の内容は現時点ではコアカリ外であるが，重要性が高まってきており，いずれコアカリに含まれる見込みである．

などによって担われているため，哺乳類に特徴的なゲノムインプリンティング（刷り込み），雌のX染色体不活化や組織特異的な遺伝子情報の発現制御機構に関与している．したがって，エピジェネティクスはさまざまな細胞の幹細胞化やリプログラミング（書換え）にも関与しているので，幹細胞研究などの再生医療にとどまらず，癌研究，生殖医療分野，雑種強勢などの動物育種分野でも欠かせない概念になった．

5.5.1 エピジェネティックな制御機構
a. DNAメチル化修飾

DNAのシトシン塩基炭素5位におけるメチル化修飾は最も早く見出された化学修飾機構であり，これは多くの真核生物種（脊椎動物，植物，尾索動物，昆虫や真菌）で認められる生理的なDNA修飾機構である．シトシンに付加したメチル基はシトシン-グアニン（CpG）塩基対間の水素結合を阻害せず，メチル化修飾を受けるゲノム領域・配列によっては，ゲノムとDNA結合分子との相互作用を阻害するだけではなく，ときには促進もする．生物個体の各組織は，それぞれに特異的なDNAメチル化プロフィールをもち，それらが細胞・組織特異的な遺伝子発現調節に影響を及ぼしているだけではなく，細胞分裂を経て次世代の細胞へも継承される．

b. ヒストンH3のリジンメチル化

古くからタンパク質のメチル化修飾は細菌から哺乳動物まで広く存在することが知られていた．しかし，その機能が明らかになってきたのは，2000年に，ゲノムクロマチン構造の中の1タンパク質であるヒストンH3の9番目のリジン（H3K9）のメチル化酵素が同定されて以降の十数年間というごく最近のことである．この修飾がリン酸化などに比べ化学的に安定であることから不可逆的な修飾であると考えられていた．しかし2004年にリジンの脱メチル化酵素が発見されて以来，生体内でのヒストンのメチル化は時間・空間的にダイナミックに変化する可逆的な修飾であることがわかった．このヒストンのメチル化修飾は，遺伝子発現（転写）の抑制だけではなく活性化にも密接な関係があり，レトロウイルスの転写，胚性幹細胞の未分化能の維持，DNAメチル化修飾の制御やゲノムインプリンティングの確立などにも関与していることが明らかになってきた．

c. ポリコーム群タンパク質複合体

ポリコーム群（polycomb group：PcG）タンパク質は，ショウジョウバエの発生過程におけるホメオティック遺伝子の発現制御に必須な因子として同定されたものであるが，哺乳類に至るまで高度に保存されている．ポリコーム群タンパク質はクロマチン上で複合体を形成し，標的遺伝子の発現抑制状態を維持する働きをしている．最近，ポリコーム群タンパク質と同じ標的遺伝子群に作用するトライソラックス群（trithorax group：TrxG）タンパク質も同定された．現在，標的遺伝子群の発現制御における両者の機能は，ポリコーム群タンパク質が発現抑制を，トライソラックス群タンパク質が活性化状態を維持することが知られており，両者が拮抗することで標的遺伝子群の発現制御が行われていると考えられている．

d. クロマチンリモデリング因子

以前，染色体クロマチンの構造は安定していると考えられていた．近年，それらは安定した構造体ではなく，発生過程や外界のシグナルに応答してダイナミックに変動することが明らかになってきた．クロマチン構造の動的変化に関与するものがクロマチンリモデリング因子であり，三十数種類の遺伝子（機能因子）が発見されている．これらの因子群の体外細胞培養系（*in vitro*）試験反応では，いずれもATPの加水分解に伴うヌクレオソーム構造の変動能があり，それぞれの因子の機能に大差はない．ところが，生体内（細胞群・組織）におけるクロマチンリモデリング因子群は細胞特異的な複合体を形成し，それぞれの複合体が役割分担をしてクロマチン構造の制御に働いていることが明らかになってきた．

e. ヘテロクロマチン

ヘテロクロマチンとは，染色体クロマチンの凝縮した構造で，テロメアやセントロメア近傍に存在するヘテロクロマチンは，通常のクロマチン領域に比べ遺伝子転写やDNAの組換えが抑制されている．ヘテロクロマチンの形成や維持には，ヒストンタンパク質と結合しヒストンとDNAの会合や離脱を補助する一群のタンパク質（ヒストンシャペロン）などの因子が関与している．ヘテロクロマチン形成は，ヘテロクロマチン内で転写さ

れるタンパク質をコードしない非コードRNAなどのRNA干渉（RNAi）機構に依存していることが明らかになってきた．一方，ヘテロクロマチンの機能はヘテロクロマチンタンパク質のリン酸化により制御されることもわかってきた．

5.5.2 エピジェネティクスによる生命制御

生体における膨大な数の遺伝子群は，すべてが発現しているわけではなく，時間・空間的，種々のシグナルやストレスに応じて，それぞれ必要な遺伝子群が選択的に利用されている．これには，ヒストンやDNAの化学修飾といったエピジェネティックな制御が重要な役割を担っている．なかでもDNAメチル化は，安定的な遺伝子発現には必須な機構であり，X染色体の不活化，ゲノムインプリンティングや組織特異的な遺伝子発現抑制などの生命現象・プロセスにおいて重要な役割を担っている．

a. ゲノムインプリンティング

ゲノムインプリンティングは雄親由来・雌親由来の対立遺伝子に発現差をもたらすエピジェネティックな現象で，脊椎動物では哺乳類だけにみられる．この現象は1980年代初め，SuraniとSolterらの研究グループがそれぞれマウス受精卵の核移植実験により明らかにした現象である（図5.13）．実際，マウスの受精卵に雄親由来のゲノムのみをもつ雄核発生胚は胎盤がよく発達していたものの胎子自体は非常に貧弱であった．一方，雌親由来のゲノムのみをもつ雌性発生胚の胎盤は貧弱であったが，胎子はよく発達しており，いずれも胎生致死であった．

ほぼ同じころ，Cattanachらは減数分裂における染色体の不分離が高頻度に起こるマウスを用いて，特定の染色体の片親性ダイソミー（数は正常の2本だが，由来する親が同一）が異常な表現型を示すことを見つけた．この場合も父性ダイソミーは過成長を示し，母性ダイソミーは矮小性を示すなど表現型は対照的であった．しかしながら，染色体構成がダイソミー状態になっても異常を示さない染色体もあることから，インプリンティングを受けるゲノム領域は特定の染色体に限って存在することが推察されていた．

先に，ゲノムインプリンティングは哺乳類に限られていることを示したが，進化上どこまで遡ることができるのだろうか？哺乳類の中でも有袋類はインプリンティングをもつが，単孔類（カモノハシとハリモグラ）はもたないと考えられている（図5.14）．ヒトやマウスなどの真獣類とカン

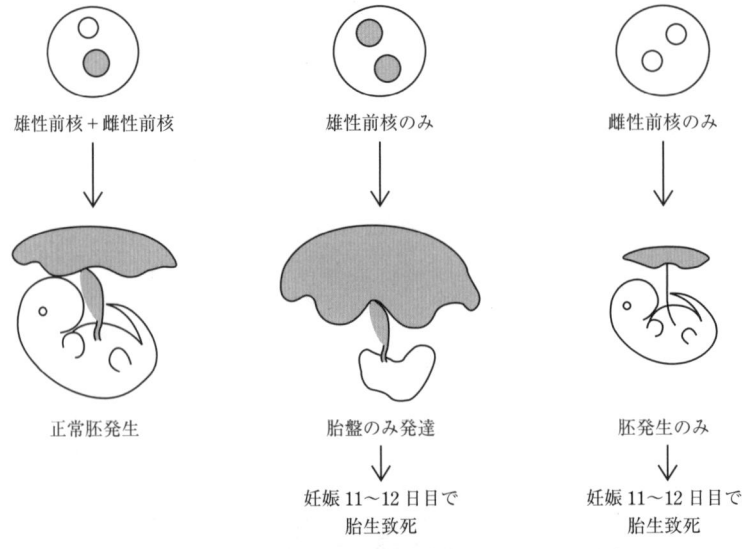

図5.13 マウス受精卵における核移植後の胎盤と胚子の発達
雌性前核は雌親の遺伝子，雄性前核は雄親の遺伝子のみに由来する．
この実験により，胎盤はおもに父方の遺伝子，胎子の発生にはおもに母方の遺伝子発現が貢献していることがわかる．すなわち，遺伝子の発現は，両方のアレルではなく，雄親または雌親由来の遺伝子のみが発現する場合がある（インプリンティング）．

ガルーなどの有袋類は，妊娠期間全体や一部という違いはあるものの胎盤の働きにより胎子を母体内で育てているが，単孔類の子は卵の中で発生する．このことから，インプリンティングの進化は胎盤の獲得とその機能に関係していると考えられている．

b. X染色体の不活性化

哺乳類の雌は2本あるX染色体のうち一方を不活性化（サイレンシング）することで雄との間にあるX染色体連鎖遺伝子量の差を補償している（1.4.2項参照）．不活性化されたX染色体はその後の体細胞分裂を通して安定に維持されるが，生殖細胞に寄与した細胞では再活性化され，減数分裂を経て次世代へ伝えられる．

X染色体の不活性化を制御する司令塔領域としてX染色体不活性化センター（Xic）が同定されている．このXic領域に存在するXistは，X染色体の不活性化の開始に必須な非コード遺伝子で，この機能を阻害したX染色体が不活性化されることはない．不活性化の過程でX染色体に最初に認められる変化は，染色体全域に及ぶXist RNAの蓄積である（図5.15）．マウスではXist RNA蓄積以降，まずXist RNAが局在する領域からRNAポリメラーゼが速やかに排除される．これに続きヒストンH3のリジン残基のアセチル化が消失するだけではなく，H3やH4のリジン残基のメチル化が増加する．このようにクロマチン内のヒストンタンパクのエピジェネティックな修飾が変化し，X染色体の不活性化状態が確立されていく．

基本的にランダムに起こるはずのX染色体不活性化が一方の親由来のX染色体に偏るケースがヒトでしばしば報告されている．とくにX染色体連鎖の疾病原因遺伝子の変異がかかわる場合にはこれが顕著となり，その偏りの程度や分布によって疾病の重篤度が大きく影響を受ける．X染色体連鎖遺伝子の機能に重大な影響をもたらす劣性突然変異が生じると，ヘミ接合体であるXYの胎児は多くの場合，胎生致死になってしまう．一方，X染色体不活性化が起こるXXの胎児では，野生型X染色体が不活性化してしまうと，その細胞はXYの胎児の細胞同様の影響を受けることになるが，変異染色体が不活性化した細胞は，変異の影響を受けない．

生殖細胞の前駆細胞である始原生殖細胞も，他の体細胞と同様にランダムなX染色体不活性化が起こるエピブラスト系列に由来する．ところが，X染色体不活性化が安定に維持される体細胞とは異なり，始原生殖細胞は減数分裂に入るころ，それまで不活性化していたX染色体が再活性化される．このようなX染色体の再活性化は，体細胞核を移植したクローン胚の発生過程やiPS細胞の樹立過程でも観察される．

c. 細胞・組織特異的なDNAメチル化領域

ゲノム全域のDNAメチル化解析から，細胞の種類に依存してDNAメチル化状態が変化する領域（tissue-dependent and differentially methylated region：T-DMR）がゲノム上に少なくとも数千か所存在することが明らかになってきた．DNAメチル化修飾は，ヒストン修飾などのほかのエピジェネティック機構とも関連し，細胞・組織特異的なゲノム情報制御機構として働いている．このことは，ES細胞，iPS細胞あるいは癌などの病態もT-DMRを駆使して説明できる日が来るかもしれない．

d. ラバとケッテイ（駃騠）

動物分類学上の「属」は同じであるが，種の異なる動物間（異なる種）の交雑に雑種強勢（ヘテローシス）が現れる場合がある．これは生まれた子の表現型（能力）が両親の表現型の平均値以上の能力を示す場合である．この雑種強勢での能力の発現にもエピジェネティックな遺伝子群制御が

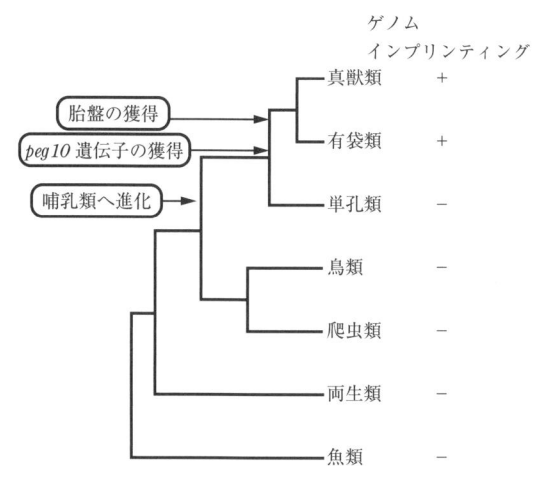

図5.14 ゲノムインプリンティングをもつ分類群
有袋類・真獣類にしか存在しない．

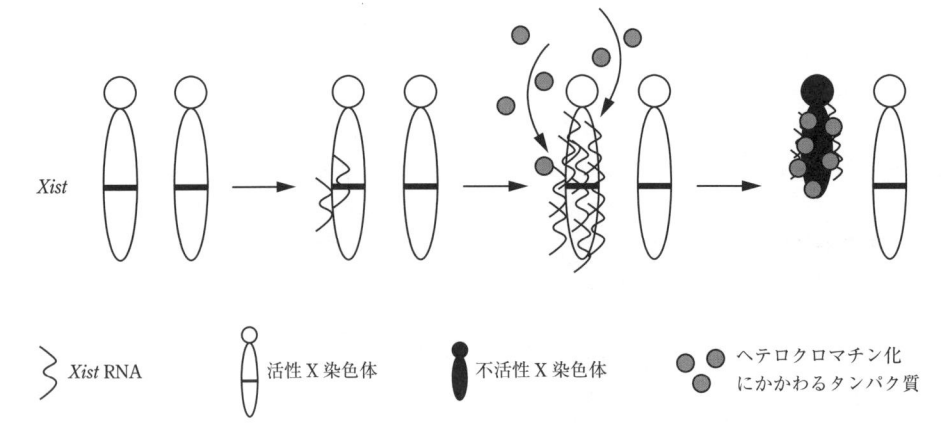

図 5.15 Xist RNA が X 染色体を不活性化させる機構

かかわっていると考えられている．ウマとラバはウマ科に属する動物種であり，ロバの雄とウマの雌の間に生まれた雑種第 1 代がラバである．ラバはロバとウマの中間の体格で，粗食に耐え，耐久力に優れ，役畜として北アフリカやアルゼンチンなどの乾燥地や山岳地で飼われている．一方，ウマの雄とロバの雌の雑種第 1 代であるケッテイは小型で耐久力などの能力の点で両親のそれを超えることはない．ラバもケッテイも繁殖能力はもっていない．　　　　　　　〔万年英之・今川和彦〕

参 考 文 献

Cattanach, B. M. and M. kirk (1985): Differential activity of maternally and paternally derived chromosome regions in mice. *Nature*, **315**: 496–498.

McGrath, J. and D. Solter (1984): Completion of mouse embryogenesis requires both the maternal and paternal genomes. *Cell*, **37**: 179–183.

Surani, M. A. H., S. C. Barton and M. L. Norris (1984): Development of reconstituted mouse eggs suggests imprinting of the genome during gametogenesis. *Nature*, **308**: 548–550.

演 習 問 題
（解答 p.156）

5-1 変異と多型について正しいものはどれか．
(a) 変異と多型は同義語である．
(b) 集団内での頻度が 1% 以上の変異を多型と呼ぶ．
(c) 集団内での頻度が 1% 以上の多型を変異と呼ぶ．
(d) 集団内での頻度が 5% 以上の変異を多型と呼ぶ．
(e) DNA の変異を多型と呼ぶ．

5-2 次の記述で誤っているものはどれか．
(a) 遺伝解析に使用される代表的な家系に基準家系と資源家系がある．
(b) 1 組の両親から得られる家系を全きょうだい家系という．
(c) 連鎖解析は遺伝マーカー間の組換え価を推定することで行われる．
(d) 連鎖解析に用いる DNA マーカーの数は多いほうがよい．
(e) 詳細な連鎖解析には分析する親の個体数が多いほうがよい．

5-3 次の記述で正しいものはどれか．
(a) ウシの鼻紋は親子鑑定に利用されている．
(b) 雄親の真偽は，雄親として排除できない確率で示される．
(c) 個体識別は個体が偶然一致する確率の高さで判断される．
(d) トレーサビリティは国産のすべての食肉で義務化されている．
(e) 品種鑑定法の開発は家畜より栽培植物のほうが困難である．

5-4 多型マーカーであるマイクロサテライト DNA の記述で正しくないものはどれか．

(a) 縦型反復配列とも呼ばれる．
(b) マイクロサテライト DNA は SNP（一塩基多型）とは異なる．
(c) 比較的長い（数十から数百塩基）核酸の反復配列である．
(d) 1つの集団内に一般的に存在する遺伝的な差異（多型）である．
(e) 同一集団内でも個体によりマイクロサテライト DNA の反復回数が異なるため，個体識別や親子鑑定にも利用できる．

5-5 QTL 解析について正しくないものはどれか．

(a) 量的形質のばらつきと連鎖する染色体領域を検出する方法である．
(b) 動物種の全ゲノムの塩基配列が確定していないとできない解析である．
(c) マイクロサテライト DNA を染色体上のマーカーとして利用できる．
(d) 量的形質の違いとマーカーの違い（多型）の連鎖解析を行い，もっともらしさ（LOD スコア）で示すことができる．
(e) LOD スコアが最大となるところに，表現型に最も影響を与える染色体領域（QTL）が存在する．

6章　家畜の品種と遺伝的多様性　応用

6.1　家畜の種類と家畜化の歴史　応用

　なぜヒトが野生の動物を飼育しはじめたかについては，宗教的な動機が大きいと考える人たちも多い．石器時代の狩人たちは，豊猟を神に祈願したに違いない．ヨーロッパ各地の洞窟壁画（スペインのアルタミラやフランスのラスコーなど）はそれを今も語りかけているだけではなく，対象とする動物の種類が多く同じ動物種でも個体差が大きいことを伝えている．

　家畜とは，人間が野生動物をとらえて飼いならし，人間の管理のもとで繁殖させ，長い年月をかけてそれぞれの有用性を高める方向に選抜・育種して，野生の祖先種とは明らかに異なった特徴を備えるに至った動物である．そして，この一連の長いプロセスが**家畜化**である（図 6.1）．

　マルサス（T. R. Malthus, 1766-1834）はかつて「人の数が増えると，食べ物の量が追いつかなくなる．そして食べ物にありつけた人だけが生き残ることができる」とした．実際，地球上の哺乳類をみてみると，人間のように繁栄あるいは個体数を維持できる動物種はいない．この最大の理由は「人間は自分たちの食料を継続的に生産する農

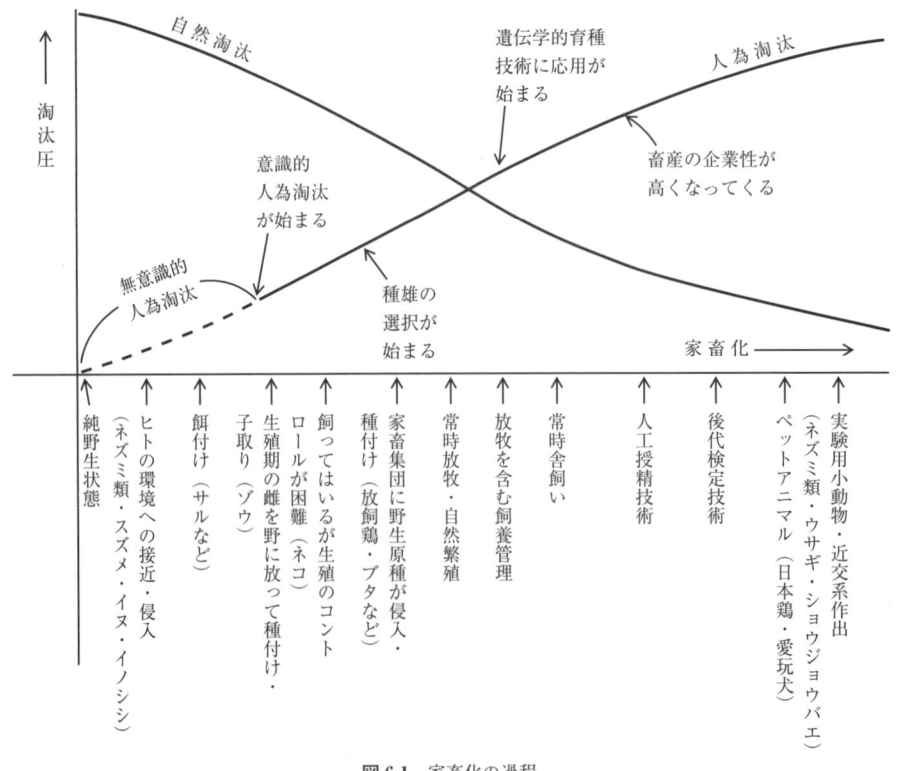

図 6.1　家畜化の過程
家畜化が進むほど，自然淘汰圧に代わり，人為淘汰圧が増えていく．

業を営むようになった」ことであった．

人間が最初に家畜化に成功したのは，イヌ *Canis familiaris* であることには疑いの余地がない．それは狩猟の強力な協力者であったろうし，番犬としても貴重な存在であっただろう．そのほかの家畜（ネコ，ウシ，ウマ，ヒツジ，ヤギ，ブタやニワトリなど）はすべて人類が狩猟に加えて，ある程度の定住生活に続いて穀物生産を始めた時期と一致する．

地球上には約5000種の哺乳類が存在しているが，家畜化に成功した種はウシ，ウマ，ヒツジ，ブタなどせいぜい15種にすぎない（表6.1参照）．また，それらのほとんどは偶蹄目に属している．

6.1.1 家畜化しやすい野生動物の条件

野生動物の中で家畜化しやすいのは，以下のような性質を備えた種だと考えられている．

① 人間を怖がらない，馴れやすい：最初の家畜がイヌであったように，人間に馴れやすいというのは，家畜化の絶対条件である．警戒心が強く人間の存在を怖がりすぎる臆病な性格では家畜にはなりえない．かつて，オナガー（アジアの野生のロバ）はウマに先駆けて飼育が開始されたが，家畜として残らなかったのは狷介な性格のためと考えられている．さらに，環境への適応力も必要である．家畜が野生原種から切り離され人間の飼育環境下にいる限り，その物理的な適応性だけではなく，ストレスを感じにくく受けにくいことも必要である．

② 雄が性的に優位でかつ一夫一婦制をとらない：優良な形質を選抜・育種していく家畜化のためには，その生殖を人間が管理しなければならない．したがって，一夫一婦制をとらず，配偶関係が不定の動物であるほうが生殖（交配）を管理しやすい．

③ 群居性：群居性も絶対条件である．単独生活で「なわばり」をつくり，それを守る動物では，群飼はできない．群居性が強く，群の中ではある程度の順位制があることが望ましい．集団をつくる動物で順位制があれば，トップの位置に人間がつくことによって，より多くの頭数を管理することができる．

④ 草食性，雑食性：人間と食料が競合しない草食動物が家畜化しやすいことはいうまでもない．草食動物ではあっても食料コストが低いことも条件となる．このため，竹が主食のジャイアントパンダとか，ユーカリしか食べないコアラなどは家畜にはできない．草食性に加え，雑食性のブタが家畜化には好都合であった．ブタの野生原種（祖先）であるイノシシはスカベンジャー（掃除屋）と呼ばれるほどさまざまなものを食することができる．同じ遺伝子組成をもつブタも，人間の集落周辺の木の実や野草だけではなく，集落内の残渣なども餌にできた．

⑤ 性質が温順：凶暴な性質の猛獣や行動が俊敏すぎる動物もまた人間が直接手に触れて飼育管理することはできない．

6.1.2 家畜化のための生殖管理

野生動物の家畜化のためには，餌を与えるだけでなく，人間による生殖管理が欠かせない．

① 「子は親に似る」：これは古代から言い伝えられていた．この経験則を応用しての人為淘汰が，家畜の能力の向上に有効である．

② 人為淘汰：家畜化（図6.1参照）とは，自然淘汰（natural selection）圧が減少し，人為淘汰（artifical selection）圧が増えていく過程である．この自然淘汰圧の減少とは，純野生状態では生きてはいけない個体が生きのびられるようになることでもある．そして，人為淘汰に加え，近親交配を合わせて用いた．近親交配を行うことにより，遺伝子の集積が起こり，集団全体としての能力形質のレベルが均一化した．

③ 育種目標：育種目標に向かって交配を組み合わせることができる．肉付きがよく，乳の出がよく，かつ農作業に使いやすいウシの作出を望んでも無理があることは経験から知られていたに違いない．肉なら肉，乳なら乳というように目標を限定し，計画交配をすることによって，育種目標に近い動物を作出することができた．

6.1.3 家畜化による動物の変化

野生動物が家畜になる過程で，体や生理機能などに以下の変化が生じる．

a. 体　格

一般に，大型の動物は小さくなり，小型の動物は大きくなるといわれている．もちろん，家畜に

対する人間の要求で，動物体そのものを食用とする場合や，動物の生産物を利用する場合，あるいは労働力とする場合など動物の種類や用途によって作出目標が違ってくる．いずれの場合でも，まず，人間が取り扱いやすい大きさにしようとするからであろう．この考えを根拠に，野生の大型哺乳類とその家畜化されたものが相まって出土する場合，小型のほうが家畜化されたものの遺体だと判定されることが多い．

b. 頭骨や骨格

遺跡から出土する家畜の遺体のほとんどは骨格と歯牙である．家畜化の影響をみると，脳頭蓋よりも顔面頭蓋への影響が大きく，一般に短縮する．ブタでは，後頭面に対する口蓋面が弯曲する．同じ状態はイヌにおいてもブルドッグ，ボクサーやチンなどにもみられ，ヒツジ，ヤギやネコにも出現する．顔面頭蓋の短縮は，ウマを除くほとんどすべての家畜にみられる共通の現象で，これに対応して歯は小さくなり，歯列は短くなる．顔面の短縮が極端に進んだブルドッグやある種のブタでは，第1前臼歯と第3後臼歯が消失し，一列に並んでいた歯が部分的に重複するようになった．

またブタでは，肋骨の骨端と骨幹との結合，頭骨間の縫合が性成熟後ずっと遅れる傾向にある．また，肋骨はイノシシでは14対であるのに対し，ランドレースなどの改良種では16対に増加している．

c. 繁殖力

人間の管理下では，自然・野生状態とは比較にならないほど採餌条件は改善され高栄養になるので，家畜の成長は促進され，性成熟に達する時期は早くなる．また，早熟性の獲得によって繁殖率は上昇する．ニホンイノシシは春に生まれて，翌年の12月から次年の2月まで，約19〜21か月齢で初回妊娠し，一腹産子数は3〜4頭から多くても5頭であるのに対し，飼養頭数の多いランドレースや雑種第1代雌では，約8か月で性成熟に達し，一腹産子数は11〜12頭で，年2産する．ブタだけではなく，ウシや一部のヤギも周年繁殖するようになった．ところが，ウマ，ヒツジ，イヌやネコの季節繁殖には家畜化による変化はない．

d. 形質・生理機能の変異

野生では平均的な形質をもつ個体が生き残りやすく，両極端の個体が自然淘汰され，結果として種の形質は安定して変化せずに次世代へ伝わっていくのに対し，ヒトの飼育下では望ましい形質に対して強い人為淘汰を加えるので，同一種の中の変異は大きくなる．東南アジアの熱帯林に生息するセキショクヤケイは，年に10個程度の産卵しかしない．ところが，白色レグホーンなどの卵用改良種では通常，年300個の産卵数があり，なかには360〜365個産むものも出現している．乳牛では，体重（ホルスタイン種で約650 kg）の20倍もの乳汁を分泌し，肉専用種となった和牛でさえ，体重（黒毛和種で約550 kg）の2倍の乳量がある．子の育成に必要な乳量は約600 kgであるから，それをはるかに上回る乳汁分泌能力をもっている．

e. 自己防衛力の低下

家畜は人間の飼育下にあるので，天敵の脅威，厳しい気象条件および飼料環境からは保護されている．そのため，家畜化によって自己防衛力が弱くなっていると考えられている．とはいえ，育種によって抗病性を高めた例も存在する．ニワトリの不治の病である，白血病という一種の癌にかかりにくい系統が育成されている．ヤギの乳用ザーネン種などは，高い泌乳能力を獲得している反面，肉用のヤギがもっている腰麻痺症というフィラリア病に対する抵抗性を欠いている．家畜は集団的に飼われることが多いので，細菌性あるいはウイルス性の伝染病などが群れ全体に及ぶ危険性をはらんでいる．たとえば，ウシの結核，ブルセラ病，口蹄疫，牛疫，ウマの炭疽，鼻疽，伝染性貧血症，ブタのコレラ，ニワトリのニューキャッスル病，イヌの狂犬病などである．

6.2 家畜の品種の種類と特徴 応用

産業動物の種類は，ウシ，ウマ，ヒツジ，ヤギ，ブタ，ニワトリなど基本的に動物種（species）により大別することができる（表6.1）．そして，それぞれの産業動物には，多くの品種（breed）があり，さらに，それぞれの品種には多くの系統（strain, line）が存在する．

本書には，家畜動物種固有の品種や系統などを論ずるスペースはないが，それぞれの種，品種や系統の起源と成立過程を理解することは重要であ

る．それぞれの成立・育種過程のなかで，種，品種や系統にどのような遺伝的特性を付与・固定されたかどうかを理解することは，それらの過程でどのような遺伝病が定着されていったかを知ることにもなるからである．

6.2.1 ウ　シ

FAO（国際連合食糧農業機関）の2007年統計によれば，世界で飼育されているウシの頭数は13億6000万頭である．その31％はトルコまでを含むアジアに生息する．国別でみるとブラジルの2億頭，インド1億8000万頭，米国9700万頭，アルゼンチンの5100万頭と続く．ちなみにオーストラリアは2800万頭，日本は440万頭である．

ウシの先祖とされる原牛（オーロックス *Bos primigenius*）はかつて地球のいたるところに生息し，人類の狩猟の対象であった．原牛は今から200万年前にインドで進化したものとされる．そこからアジア，中東，アフリカへと進出し，25万年前にはヨーロッパに達した．原牛はどう猛な大型動物で，雄では体高が1.7 m，体重は1 tを超えていただろうといわれている．そして20万年前，原牛から北方系牛（タウルス牛）*Bos taurus* とインド系牛（ゼブ牛）*Bos indicus* が分岐したと考えられている．インド系牛には肩にこぶがあり，北方系牛とは外見も大きく異なるが，染色体数は30対で同じであり，両者では何の支障もなく子が生まれ，生まれた子の雌雄とも繁殖能力などに異常はない（表6.2）．

ウシが原牛から家畜化されたのは今から約9000年前の西アジア（現トルコ）とされている．しかし最近，ミトコンドリアDNA解析などから，インド亜大陸（現パキスタン）のインダス渓

表6.1 産業動物の分類

門	綱	目	科	和名	野生原種学名
脊椎動物門	哺乳綱	齧歯目	テンジクネズミ科	テンジクネズミ	*Cavia porcellus*
			ネズミ科	マウス	*Mus musculus*
				ラット	*Rattus norvegicus*
		ウサギ目	ウサギ科	アナウサギ	*Oryctolagus cuniculus*
		食肉目	イヌ科	イヌ	*Canis lupus*
			ネコ科	ネコ	*Felis silvestris*
		奇蹄目	ウマ科	ウマ	*Equus przewalskii*
				ロバ	*Equus asinus*
		偶蹄目	イノシシ科	ブタ	*Sus scrofa*
			ラクダ科	ラマ	*Lama vicugna*
				アルパカ	*Vicugna pacos*
				ラクダ	*Camelus ferus*
			シカ科	トナカイ	*Rangifer tarandus*
			ウシ科	ウシ	*Bos primigenius*
				ヤク	*Bos mutus*
				バリウシ	*Bos javanicus*
				ガヤールまたはミタン	*Bos gaurus*
				スイギュウ	*Bubalus arnee*
				ヤギ	*Capra aegagrus*
				ヒツジ	*Ovis ammon*
	鳥綱	ガンカモ目	ガンカモ科	アヒル	*Anas platyrhynchos*
				バリケン	*Cairina moschata*
				ガチョウ	*Anser cygnoides*
		ハト目	ハト科	ハト	*Columba livia*
		キジ目	キジ科	ウズラ	*Coturnix coturnix*
				ニワトリ	*Gallus gallus*
				シチメンチョウ	*Meleagris gallopavo*
				ホロホロチョウ	*Numida meleagris*
節足動物門	昆虫綱	膜翅目	ミツバチ科	ミツバチ	*Apis mellifera*
		鱗翅目	カイコガ科	カイコ	*Bombyx mori*

谷もウシの家畜化の中心地であったとする考え方が支持されるようになった（正田編，2010）．西アジアで家畜化されたのは北方系牛，インド亜大陸で家畜化されたのはインド系牛であった．家畜化されたウシはヒトの移動や交易によって，世界各地に伝わった．その伝搬する過程でもその地域にもともといたウシ属の動物と混血したことは十分に考えられる．

a. 英国におけるウシの品種改良

近代的な家畜の改良は，農業革命が進行中で，かつ産業革命が起こった18世紀の英国で始まった．イングランド中部のレスターシャーの農場を経営している（借地農）裕福な家庭に生まれたベイクウェル（R. Bakewell）は，現在でも有効な方法でウシ，ウマやヒツジの遺伝的改良に取り組んだ．

彼は，自分の家畜にどのような特徴をもたせるかといった目標に従って，親にするべきウシを選び，交配をコントロールした．父と娘，母と息子というような強い近親交配を行い理想の子孫を作出しようとした．彼のつくりだしたディシュリー・ロングホーンは，一時イングランドやアイルランドで最も頭数の多い品種であったが，脂肪が多すぎたため彼の死後，急速に人気を失った．それに代わったのがショートホーン（Shorthorn）で，ベイクウェルの弟子のコリング兄弟によって作出されたものである．また，イングランド南西部のヘレフォードシャーの借地農によって育種・改良されたのがヘレフォード（Hereford）であり（図6.2A），遅れて育種されたのが黒毛で無角のアバディーンアンガス（Aberdeen Angus；図6.2B）である．

b. アメリカ大陸における肉牛産業の発展と肉牛品種の作出

コロンブスの大陸発見時，南北アメリカにウシはいなかったが，北米にはバイソン，南米にはリャマやアルパカが生息していた．アメリカ大陸にウシを持ち込んだのがスペイン人であり，今もその面影を残しているのがテキサスロングホーンである．その後1840年にヘレフォードの種畜，1874年にはアバディーンアンガスの種畜が持ち込まれ，米国人の手によってヘレフォードやアバディーンアンガスの育種改良がさらに進んだ．

米国で作出された肉用品種にはブラーマンやサンタガートルーディスがある．米国南部の暑熱，牧草の夏枯れ，アブやダニなどの外部寄生虫に耐えうるウシとして，インドからインド系牛が導入された．そのインド系牛にインド土着のカンクレー，オンゴールやギルなどを交配して作出されたウシがブラーマンであり，1924年にウシ品種として確立された．その後，ブラーマンをベースにさまざまな品種が誕生した．その1つがサンタガートルーディスで，ブラーマン（3/8）とショートホーン（5/8）からなり，1940年に米国農務省が新品種として認定した．

c. ヨーロッパ大陸の肉用品種

フランス中部原産のシャロレーは肉付きがよい．シンメンタールやブラウンスイスはスイス原産の乳肉兼用種である．

表6.2 ウシ亜科（Bovinae）に属する動物の染色体数

属	種	染色体（$2n$）
Bos	Bos taurus（北方系牛）	60
	Bos indicus（インド系牛）	60
	Bos banteng（バンテン）	60
	Bos gaurus（ガウル）	58
	Bos frontalis（ガヤル）	58
	Bos mutus（ヤク）	60
Bison	Bison bison（アメリカバイソン）	60
	Bison banasus（ヨーロッパバイソン）	60
Bubalus	Bubalus bubalus（アジアスイギュウ）	
	swamp buffalo（沼沢水牛）	48
	river buffalo（河川水牛）	50
	Bubalus deprossicornis（アノア）	48
Syncerus	Syncerus caffer（アフリカクロスイギュウ）	52

ブタ Sus scrofa（イノシシ科）の染色体数は38．

A ヘレフォード　　　　　　　　　　B アバディーンアンガス

図6.2　ウシの品種（今川和彦撮影，口絵参照）

d. 日本における肉用牛の成立

日本でウシが飼われ，使われるようになったのは6世紀以降で，朝鮮半島から渡来人によって連れてきたと考えられている．鎌倉時代末期に寧直磨が河東牧童の名前で書き遺した『國牛十図』には，当時の名牛の特徴や性格が解説されている（図6.3）．日本のウシは北方系牛起源であり，遺伝的にはインドや東南アジアのウシよりもヨーロッパのウシに近い．とくに，山口県萩市の北西44kmの三島で飼われてきた日本在来の三島牛は北ヨーロッパのウシのヘモグロビン型遺伝子のアリルタイプが一致している（並河，2006）．

江戸時代の中国地方の主要産牛地では，優良なウシの系統を蔓と呼び，近親交配や系統交配によって優良形質の固定や維持が行われてきた．明治以降になると明治政府の勧農政策により，ヨーロッパから輸入されたショートホーンやシンメンタールなどが在来牛の遺伝的改良に利用された．ところが，北方系牛との交雑（改良和種）は当時の使用目的（役畜）には合わず，雑種牛の人気は落ちていった．ここから在来牛の価値が再評価され「和牛」の成立へつながった．和牛とは，日本で改良された肉用牛4品種，すなわち黒毛和種，褐色（褐毛）和種，日本短角種と無角和種をさす．

e. 乳 牛

ホルスタイン種（図6.4）は，もともと紀元前からオランダのフリースランド州からドイツのホルスタイン地方に飼われていた．日本で飼われている乳牛の99％以上を占めるホルスタインは大型で乳量は非常に多い．乳量は年間6〜8t，なかには10tを超えるものもいる．ホルスタインの雄のほとんどは去勢され，肉用牛として肥育される．日本で飼われているウシは約440万頭であり，肉牛は約280万頭，そのうちの100万頭がホルスタイン去勢牛，搾乳の終わった乳牛の雌，和牛とホルスタインの交雑牛である．また，ジャージー種は，英仏海峡にある英国領ジャージー島原産の小型の乳牛で，フランスのブルトン種をベースにノルマンを交雑して成立し，広く世界で利用されている．そのほかに，英仏海峡ガーンジー島原産のガーンジー，スコットランドのエアシャーなどが乳用種として飼われている．

6.2.2 ウ マ

多くの動物は野生から隔離されて家畜化されると，初期に急速な形態的変化が生じる．ところ

図6.3　『國牛十図』のウシ　　　　　　図6.4　ホルスタイン（今川和彦撮影，口絵参照）

が，ウマでは家畜化初期にそのような形態的変化が起こらず，そのことが家畜化の年代特定を困難にしている．ウマの家畜化の年代は遅かったとみられているが，人類の歴史ではとりわけ軍用馬として重用され，ほかの家畜をはるかにしのぐ存在となった．

ウマは草原に生息する草食獣で，群居性で比較的温順な性質をもつだけではなく，その進化の過程で獲得したスピードとスタミナが他の家畜の追随を許さなかった．進化の過程で体を大型化し第三指を長大化させたことにより，柔軟性に乏しい脊椎や長い頸といった体型をもたらしたが，それは同時に騎乗時の安定性を生み出した．また，ウマの歯列の歯槽間縁がないことでウマの制御に不可欠な「ハミ」を生み出すことにもなった．

ウマの遺伝的な改良に関する古い時期の記録は残されていない．ウマの生産記録は1793年，イギリスのウェザービー（J. Weatherby）が当時，貴族諸侯によりイングランド各地で盛んに生産されていた競走馬用の繁殖記録を100年さかのぼって記載した「ジェネラル・スタッド・ブック（General Stud-Book）」第1巻（サラブレッドの血統書）の刊行から始まった．

現在，世界各地で飼養されているウマの品種は150～200ほどといわれているが，品種を「品種登録を行う公認された団体により，規定に基づいて登録された集団」とすると，50品種ほどになる．本項ではアラブ（Arab）とサラブレッド（Thoroughbred）だけを概説する．

a. アラブ

世界のウマを代表する品種で，原産地はアラビア半島である（図6.5A）．本品種の発展には，イスラム教開祖のムハンマドの存在が大きかった．ムハンマドはウマの重要性を認識し，教徒たちを指揮しながら過酷な環境と粗食に耐える丈夫な優秀馬の作出を目指した．血統の純粋性，選択交配，純粋交配，系統繁殖や近親交配を駆使しながらアラブの育種繁殖の基礎を築いた．アラブは持久力に富み，エンデュランス競技（ウマ耐久レース）などではとくに優秀性を発揮する．また，アラブの種牡馬はサラブレッドの成立に大きく貢献した．

b. サラブレッド

英国において走能力の優れたウマをつくりだそうという明らかな意図をもって，選択淘汰を繰り返した結果生み出された品種である（図6.5B）．改良の記録が残っている点で，サラブレッドは家畜全般を通して，近代的品種の第1号と考えることができる．ジェネラル・スタッド・ブック第1巻には，17世紀後半から18世紀前半にかけてイギリスに輸入されたアラブならびにその近縁種の種牡102頭が記載されている．ところが，19世紀末までにはダーレイ・アラビアン，バイアリー・ターク，ゴドルフィン・アラビアンの3頭の種牡馬の直系子孫しかいなくなってしまった．そこで，この3頭はサラブレッドの基幹種牡馬と呼ばれている．

6.2.3 ブ　　　タ

古くからブタはその旺盛な繁殖力と発育により，貴重なタンパク源として利用されてきた．現在，世界で約20億頭おり，その半数が中国で飼養されている．

ヤギ，ヒツジ，ウマ，ウシなどが狩猟民族によって家畜化されたのに対し，ブタは農耕民族によって家畜化された．ブタは集落周辺の木の実や野草とともに，集落内の残渣などを餌としながら家畜化への道を進んだ．そのため，食料の安定した

A アラブ 　　　　　　　　**B** サラブレッド

図6.5 ウマの品種（JRA競走馬総合研究所提供，口絵参照）

生産ができる農耕社会の発達がブタの家畜化に貢献した．

ウシやウマでは野生の祖先種がほとんど絶滅したが，ブタの祖先のイノシシは世界各地で今でも繁栄している．最も古いブタの骨は紀元前7000年にさかのぼる南西アナトリア（現トルコ）のチャヨニュ遺跡で発掘された．また，南アナトリアでも紀元前5000年ごろの遺跡や壁画や骨などからブタが家畜として飼われていたと考えられている．その後，バルカン半島やコーカサス地方に養豚が伝わった．一方，中国におけるイノシシの家畜化も一元的なものではなく，地域ごとに異なったイノシシから家畜化が行われた．以前，南西アジアから伝わったブタがヨーロッパで営々と続いたと考えられていたが，最近のDNA解析から，現在のヨーロッパの品種は，南西アジア起源ではなく，ヨーロッパのイノシシが主要な起源とされている．

ブタの品種としては，英国ヨークシャー州で育種された大ヨークシャー（Large Yorkshire または Large White；図6.6A），英国ヨーク州地方の在来種に中国種を交雑したとされる中ヨークシャー（Middle Yorkshire），イングランド西部バーク州の在来種に中国種を交配し作出された黒毛のバークシャー（Berkshire），デンマークで作出された品種のランドレース（Landrace；図6.6B），米国ニューヨーク州やニュージャージー州で作出されたデュロック（Duroc）などがいる．また，中国にも梅山豚（Meishan）など多数の在来種が存在する．

ブタも他の家畜と同じように雑種強勢効果が期待できる異品種間の交配が盛んに行われている．実際，われわれが日常的に食べている，日本の食肉市場に集荷される豚肉の8～9割は雑種交雑により生産されたものである．

6.2.4 ニワトリ

ニワトリは，キジ目キジ科ニワトリ属に属する鳥類であり，その祖先は，現在も東南アジアに広く生息しているセキショクヤケイ（*Gallus gallus*）である．ニワトリの祖先と考えられた野鶏には5つの亜種があり，現在の祖先はその中の2亜種である．それらは，現在タイに野生している白色の耳朶をもつセキショクヤケイ *Gallus gallus gallus* と，赤色耳朶をもつ *Gallus gallus spandiceus* である．

ニワトリは家畜化されてまもなく，東南アジアから中国に入った．実際，中国では7300～8000年前のニワトリの骨が各地で発見されている．日本には朝鮮半島を経て弥生時代（1700～2500年前）に入った．また，中国から西へはシルクロードを通ってローマにも約3000年前に到達した．古代ローマ人はニワトリを肉用や採卵用に育種した．

ニワトリの改良，とくに産卵能力の改良は主として，米国や英国で行われた．ニワトリは卵用種，肉用種と，それ以外の闘鶏などがもっている3つの体型に分けられる．第一の体型は，現在の卵用鶏の体型で，体躯の脊線が頭部から尾部に向かってやや斜めに下がった，ニワトリの祖先であるセキショクヤケイがもっていた体形である．第二は，脊線の低下がほとんどないずんぐりとした体型である．これは卵肉兼用種や肉用種にみられる体型である．第三は脊線が肩から尾部にかけて急傾斜した軍鶏などの闘鶏がもっている体型である．今日では肉用種雄系ニワトリによくみられる．

広く利用されている卵用種の白色レグホーン（White Leghorn；図6.7A）は，イタリア原産の褐色レグホーンをもとに改良された．肉専用種の白色コーニッシュ（White Cornish）は，英国原

A 大ヨークシャー（アイリスW2）　　**B** ランドレース（アイリスL3）

図6.6 ブタの品種（愛知県畜産総合研究センター提供，口絵参照）

産の褐色コーニッシュをもとに米国で改良された．また，米国原産の白色プリマスロック（White Plymouth Rock）は，ブロイラー生産時の雌鶏として利用され，ロードアイランドレッド（Rhode Island Red）は卵肉兼用種として利用されている．

日本にも在来種がある．日本鶏には明治維新以前から飼育され，日本人が長い歴史の中で作出した多数の固有品種が残されており，形態的に美しいニワトリや鳴き声を楽しむニワトリなど17品種が天然記念物に指定されている．それらは，古代から飼われていた地鶏（岐阜地鶏，伊勢地鶏，土佐地鶏），平安時代に導入されたといわれている小国，鳴き声の美しい声良，東天紅，唐丸に加え，尾長鶏，軍鶏，薩摩鶏，地頭子，河内奴，黒柏，蓑曳，比内鶏，矮鶏，蓑曳チャボ，鶉尾，烏骨鶏である．

2007年の農林水産省統計によると，日本では1億8000万羽の採卵鶏が飼われ，年間約7億2000万羽が鶏肉として処理されている．

6.2.5 伴侶動物

伴侶動物（companion animal）には，明確な定義はなく，魚類，両生類，爬虫類，鳥類，哺乳類と非常に多種多様に富む愛玩用動物の総称である．イヌはその1つであり，オオカミを祖先とする食肉目（ネコ目）イヌ科の動物で，人類にとって最初の家畜である．長きにわたりヒトとのパートナーとして，砂漠から極地まで，土地ごと，あるいは役割ごとに多様な品種が成立し，世界中で飼われている．

6.2.6 実験動物

実験動物は，医学や生理学などの科学研究において動物実験に供することを目的に作出された動物群である．実験動物は実験結果の再現性を向上させるために，環境制御下の条件で飼われている．そのため，実験動物の分類には「品種」そのものより，遺伝的均一性の高い「系統」を用いることが多い．

6.3 遺伝的多様性と集団間の遺伝距離　応用

6.3.1 遺伝的多様性

遺伝的多様性（genetic diversity）は，種の生存と環境への適応において重要な要因となる．家畜集団における遺伝的多様性の保持は，持続的な家畜育種改良にとって必須である．野生動物集団においても，遺伝的多様性が小さくなった集団は自然淘汰に対する適応力が減少し，絶滅の危機にもさらされかねない．遺伝的多様性とは，ある1つの種の中での異なる対立遺伝子の割合の程度をさす．この程度は，変異をもつ遺伝子あるいはDNA領域の割合，遺伝子座における対立遺伝子の数，その対立遺伝子の遺伝子頻度などが関係してくる．つまり遺伝的多様性に富むということは，種に含まれる個体の遺伝子型にさまざまな変異が含まれ，種としてもっている遺伝子の種類が多いことを意味している．遺伝的多様性が高ければ，環境が変化した場合にもその環境に適応して生存するための遺伝子が種内にある確率が高くなるといえる．また，種の中の多様性には，個体間（遺伝子型）と個体群間（遺伝子プール）の多様性に分類でき，それぞれの遺伝的多様性を考える必要がある．

DNA多型やタンパク質多型をはじめとする分子マーカーを用いる場合には，ヘテロ接合度

A 白色レグホーン　　**B** 横斑プリマスロック
図 6.7　ニワトリの品種（独立行政法人家畜改良センター提供，口絵参照）

（heterozygosity, h）が遺伝的多様性の尺度としてよく用いられる．ヘテロ接合度は次の式で定義される．

$$h = \sum_{i=1}^{m} x_i^2$$

x_i はある遺伝子座における対立遺伝子 i の集団頻度，m は対立遺伝子の数である．集団における平均のヘテロ接合度 H はすべての遺伝子座の h の平均で与えられる．

6.3.2 遺伝距離

遺伝距離（genetic distance）とは，個体や集団間あるいは種間のゲノムの違いの程度を示す尺度といえる．遺伝距離は，形態形質から得られるデータ，遺伝子多型の遺伝子頻度，塩基配列の置換数や割合から統計的に推定される値である．比較する集団間の遺伝的関係を知る上で重要かつ客観的な情報を得ることができる値である．

遺伝距離は集団分類のための遺伝距離と進化研究のための遺伝距離に分けることができる．集団分類のための遺伝距離は，歴史的に量的形質を対象として集団の分類が行われてきた．代表的なものとして，Pearson の人種相似係数や Rogers の距離などがある．進化研究のための遺伝距離はさまざまな方法が考案されている．代表的な推定法として，Wright の F_{ST} や Nei の距離，Kimura 2-parameter 法などがある．実際の研究においてどのような方法によって遺伝距離を推定するのかは慎重に選択する必要がある．不適切な遺伝距離を用いた推定は，誤った個体間や集団間の関係を導く恐れがある．遺伝距離の推定法を選択する基準は，① 集団分類か進化研究のためか，② データが量的形質，電気泳動，配列のいずれか，③ 配列データの場合は塩基配列かタンパク質配列か，④ 遺伝子や DNA 配列の置換速度，などを考慮して使用する推定法を決定する．

6.3.3 系統樹

系統樹（phylogenetic tree）とは，さまざまな生物種間や遺伝子間の進化的関係を樹木状に表現した図である．用いるデータとしては形態学的形質や分子配列（塩基配列，アミノ酸配列，電気泳動データなど）である．しかし，形態学的形質は種間で大きさや形が大きく異なる場合も多く比較に困難を伴うこともあるため，現在では分子データを用いた分子系統樹による研究が大部分となっている．

a. 分子系統樹の特徴

分子データを用いた系統樹作成の利点として，① 基本的にすべての生物種でそれぞれ同じ構成成分（DNA）からなっており，基準が一定であるため比較が容易である，② 各遺伝子やタンパク質ごとに置換速度が近似的に一定である，つまり調べたい系統関係に対して適当な遺伝子を選択できる，③ 種や遺伝子の分岐年代の推定も行える，があげられる．塩基配列やアミノ酸配列はその重要性によって，見かけ上の置換速度が異なる．非常に重要な遺伝子（ヒストンタンパク質やユビキチンタンパク質）では置換速度が遅く，免疫系の遺伝子（MHC やフィブリノペプチド）やタンパク質の非コード領域では置換速度がきわめて早い．比較する対象が門（節足動物門や脊索動物門など）や界（動物界や植物界など）を超えて分析するのか，あるいは同種内での個体を対象とするのかにより，異なる置換速度を有する遺伝子や DNA 領域を選択可能である．

b. 分子系統樹作成時の注意点

一方，分子系統樹作成時においては，いくつか注意しなければならない点がある．次にその注意点を述べる．

① 選んだ遺伝子が適当か：上述したように比較する生物種間や個体によって，比較が可能であり十分な情報量を得ることのできる遺伝子やタンパク質を選択すべきである．種が離れているのに置換速度がきわめて早い配列を使うと配列間の相同性（アライメント）がとれず，逆に同一種で置換速度が遅い配列を使うと十分な多型が得られない．

② アイソザイムの存在：アイソザイムは酵素としての活性がほぼ同じだが，アミノ酸配列が異なるような酵素をいう．図 6.8 に乳酸デヒドロゲナーゼ（LDH）の例を示す．この酵素は速筋で働きやすい A 型と遅筋で働きやすい B 型が存在する．もとは 1 つの遺伝子に由来すると考えられているが，脊椎動物への分岐時に A 型と B 型が重複進化したものである．図 6.8A では A，B 型ともに哺乳類に対して爬虫類がアウトグループにきており，正確な進化関係を示している．しか

A LDH-A, LDH-B が存在する場合の真の系統樹　　**B** パラロジーな関係にあるアイソザイムを用いた，間違った系統樹の例

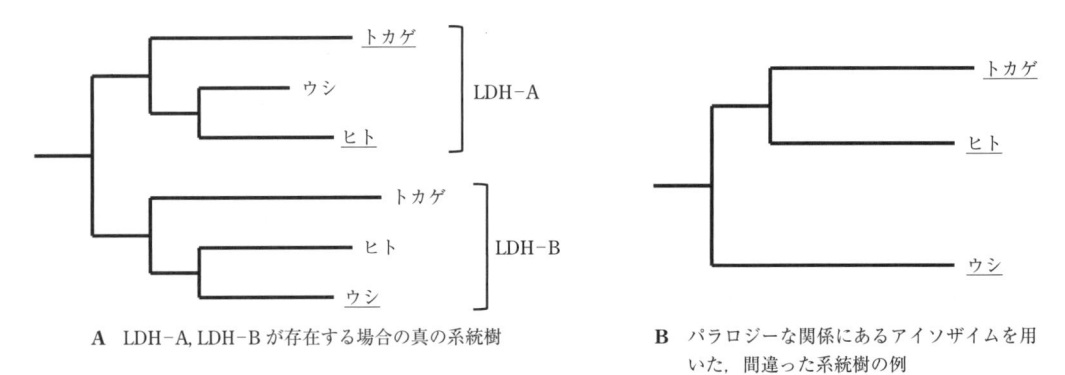

図6.8 アイソザイムが存在する場合の系統樹作成上の注意点

し，アイソザイムの存在を知らずに分子配列を得ると，ヒトとトカゲはA型から，ウシではB型を使用してしまう場合が起こりうる．その結果，図6.8Bのようにヒトとトカゲがウシよりも近縁であるというおかしな系統関係が導かれてしまう．

このような遺伝子の相同性は，**オーソロジー**（orthology，種分岐相同性）と**パラロジー**（paralogy，遺伝子重複相同性）の2つに分けられる．ある相同な配列が種分化によるものである場合，それらはオーソロジーな関係にあるといい，ある生物種において遺伝子重複によって新たに生じた相同配列はパラロジーな関係にあるという．図6.8の例ではヒトのLDH-AとLDH-Bはパラロジーな関係であり，LDH-Aのヒト，ウシ，トカゲの配列間はオーソロジーな関係である．この関係は遺伝子ファミリー（多重遺伝子族）にも同様のことがいえる．

③ 偽遺伝子（pseudogene）の存在：偽遺伝子はDNAの配列のうち，かつては遺伝子をコードしていたと思われるが，現在はその機能を失っている配列をいう．代表的な例としては，mRNAがレトロトランスポゾンの逆転写酵素によってつくられたDNA配列がゲノム内に挿入されてできるものがある．偽遺伝子では基本的に遺伝子の発現は行われないために，突然変異が多く蓄積しており，これらの配列を用いれば当然誤った系統関係を示すことになる．mRNA由来の偽遺伝子はイントロンを含まないため，イントロンを含むようにPCRプライマーを設計することで偽増幅を避けることが可能である．またゲノムの重複による偽遺伝子も存在するが，mRNA配列をもとにするものよりも数は少ない．

c. 分子系統樹の種類と特徴

分子データから系統樹を作成する方法としては大きく分類して，距離行列（distance matrix）法，最大節約（maximum parsimony）法，最尤（maximum likelihood）法，ベイズ法（Bayesian method）の4つがある．距離行列法では配列データや電気泳動データから遺伝距離が計算され，これらの距離の関係を考慮して系統樹が作成される．距離行列法においてもさまざまな方法が提案されているが，分子系統樹でよく使われている距離行列法が，平均距離（UPGMA）法と近隣接合（neighbor-joining）法である．最大節約法では，配列から祖先種の配列を推定し，系統樹全体に進化的変化の割合を最小化にして系統樹を得る．最尤法は，ある仮説のもとで観察されたデータが生じる最大確率によって示されたものといえる．ベイズ法は最尤法と似ているが，ベイズの事後確率（Bayesian posterior probability）が最大となるように系統樹を求める．

系統樹の示し方にも複数の種類がある．図6.9に3つの異なる系統樹を示した．図6.9Aは有根系統樹（rooted tree）と呼ばれ最も一般的な系統樹である．一方，図6.9Bのように根をもたない無根系統樹（unrooted tree）もよく作成される．有根系統樹と無根系統樹の違いは，系統樹作成のデータとする種や個体の共通祖先（共通祖先遺伝子）を考慮するか（有根系統樹），しないか（無根系統樹）による．

一般的に有根系統樹では，平行方向の枝の長さが遺伝距離を示し（垂直方向の枝の長さは無視する），種や遺伝子の関係を示している．無根系統

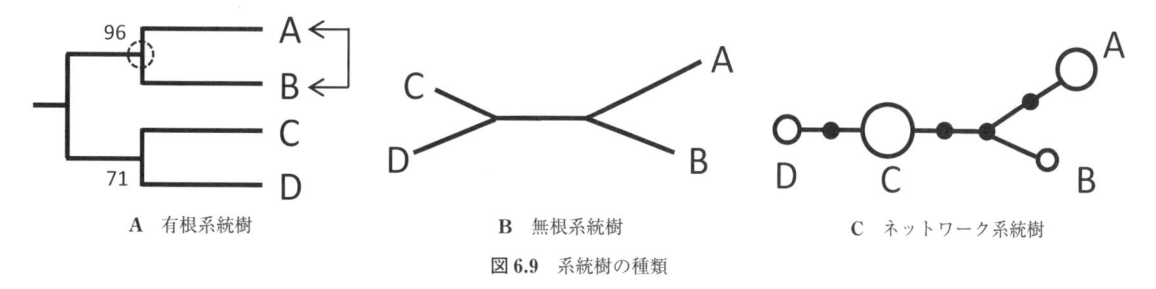

A 有根系統樹　　　　**B** 無根系統樹　　　　**C** ネットワーク系統樹

図 6.9　系統樹の種類

樹では枝の長さがそのまま遺伝距離に比例する．図 6.9B において C に最も近縁なのが D であり，次は B となる．また無根系統樹の一種であるが，図 6.9C のようにネットワークと呼ばれる系統樹もある．ミトコンドリア DNA のようなハプロタイプ配列に対してよく用いられる．円は 1 つのハプロタイプ型を示し，その大きさはそのハプロタイプを有する個体の頻度を示している．ハプロタイプ型は線で結ばれ，その間にある黒丸で示される結節点は塩基置換を示している．たとえば C と D の間では 2 塩基の置換があることを示している．

系統樹を見る際には注意点がある．前述したように系統樹における系統関係は枝の長さに比例する．必ずしも隣り合ったものが近縁であるとは限らない．図 6.9A を見てみよう．A と B は結節点（丸破線）で示したところで入れ替えても系統樹の意味は変わらない．よって，C に最も近縁であるのは D だが，次に近縁なのは A と B であり，同じ近縁関係にあるといえる．

もう 1 つの注意点は系統樹の信頼性である．あるデータを用いて系統樹を作成した場合，なんらかの系統関係が得られる．しかし，その系統関係が確からしいのかそうでないのかは，統計的検定によって調べられる．この検定には，ブートストラップ法や標準誤差による検定などがある．最もよく使われるのはブートストラップ法である．図 6.9A の結節点に示されている百分率の値などで示される．一般的に結節点で結ばれている系統関係が確からしさは，少なくとも 80％ 以上ないとその系統関係の真偽は不明である．かなり信頼できる関係のためには 95％ 以上の値が必要である．このブートストラップ値が低い値を示す理由は，系統樹作成にあたって十分な情報量をもつデータを用いていないか，あるいはその集団間で十分な分離が起こっていないことなどが考えられる．

6.3.4　ミトコンドリア DNA を用いた解析

動物の品種や系統関係あるいは起源を探るためには，ミトコンドリア DNA（mitochondrial DNA：mtDNA）がよく使われている．次にいくつかの理由を示す．① mtDNA は母系遺伝し相同組換えが起こらない．核 DNA のように相同組換えが生じると，異なった起源をもつゲノム DNA が混じりあい，遺伝子が経てきた系譜をたどるのが困難となる．一方，mtDNA では祖先の配列に突然変異が蓄積するだけなので進化過程の推測が容易である．② 細胞内に数多くの DNA コピー数が存在するため，分析が容易である．③ 古代試料などでも，核 DNA と比較して安定して存在する．数千〜数万年も前の古代に生存していた野生原種や家畜の祖先の遺骨からの分析も可能な場合がある．④ mtDNA の塩基置換速度は核 DNA と比べて 5〜10 倍も速いため，近縁種を分析するのに適している．とくに，mtDNA の複製開始地点である D-loop 領域はその他の領域と比べて塩基置換速度が速いため，同一種内の品種や系統の関係を分析することに適している．mtDNA 分析の短所をあげるとすれば，mtDNA 解析による結果は母系の遺伝を見ているにすぎず，ゲノム全体の遺伝構造とは異なる場合が多いことであろう．ある集団において，mtDNA の遺伝的多様性は低いが，ゲノム全体での多様性は高いといったことがしばしば起こりうる．

動物ではヒトの mtDNA を用いた解析が有名で，この解析からヒトは約 20 万年前のアフリカに単一起源をもち，そこから世界に分岐したと考えられるようになった．この mtDNA 分析から現生人類の最も近い共通女系祖先に対して名づけられた愛称がミトコンドリアイブである．しかし，この仮定上の祖先は人類唯一の母であったわけではなく，あくまでヒトの共通祖先のうちの 1 人である．ミトコンドリアイブはしばしば誤解を生

み，あたかも現生人類の唯一無二の母親であると勘違いされることがある．

さまざまな生物種でmtDNAを用いた解析がなされているが，ここではウシのmtDNA解析の例を紹介する．ウシにおけるミトコンドリアゲノムの全塩基配列が決定されたのは1982年のことであり，全長は16,338 bpからなっていた．PCR法が一般的に普及するようになるとウシの遺伝解析も飛躍的に進み，とくにD-loop領域と呼ばれる909〜920 bpの超可変領域に対する塩基配列決定が行われた．世界の家畜牛は大きく分けて北方系牛とインド系牛に分類される．この2亜種の起源と家畜化については昔から諸説があり，約1万年前の家畜化後に北方系牛とインド系牛が分化したとする一元説と，2亜種は別々に家畜化されたとする二元説（多元説）があった．mtDNAのD-loop領域に対する塩基配列解析をヨーロッパ，アフリカ，インドなどのウシ品種で決定した結果，北方系牛とインド系牛の塩基配列は大きく異なっていることが示された（図6.10）．ウシとバイソンの分岐が100〜140万年前と仮定すると，mtDNA塩基配列から得られる北方系牛とインド系牛の推定分岐年代は約20万年前となった．この推定分岐年代はウシの家畜化が行われたと仮定される約1万年前を大きく超えることから，この2亜種間の分岐が家畜化以前に起っている，つまりウシの家畜化は多元的に行われてきたと結論づけられた．

6.3.5 Y染色体由来DNAマーカーを用いた解析

母系遺伝するmtDNAに対し，**Y染色体**（Y chromosome）は父系遺伝する染色体である．Y染色体由来のDNAマーカーとしてよく用いられるのが，性決定遺伝子SRY（sex-determining region on Y）である．この遺伝子領域では相同組換えを起こさないために進化過程を追跡するのが容易である．SRY遺伝子は大部分の哺乳類の性決定遺伝子であるが，単孔類であるカモノハシなど一部の哺乳類では存在しない．

SRY遺伝子は比較的保存性が高く，mtDNAのように品種内や系統ごとに異なる多型はほとんど存在しない．逆に亜種や近縁種間を明確に区分するDNA多型はよく観察され，このレベルでの遺伝的多様性解析に利用されている．再び，ウシでの例を取り上げよう．前述した北方系牛とインド系牛のY染色体では核型が異なる．北方系牛ではメタセントリック型であるのに対し，インド系牛ではアクロセントリック型である．SRY遺伝子にも両系統を区分可能なアミノ酸置換を伴う突然変異が存在する．このDNA多型に対してPCR-RFLP法を適用すると簡単に北方系牛とインド系牛のY染色体由来を見分けることが可能となる（図6.11）．

Y染色体由来のほかのDNAマーカーとしては，Y染色体特異的マイクロサテライトマーカーがある．このマーカーもY染色体の父系系統を追跡するのに役に立つ．その他のY染色体由来DNAマーカーは，一般的に作製や解析が困難である．その理由は，Y染色体とX染色体の間の相同遺伝子の存在のためである．この2つの染色体は真の意味での相同染色体ではないが，減数分裂の際に対合する．そのために，Y染色体とX染色体は相同領域が必要であり，かなり広範囲にわたって類似した塩基配列を有する領域が存在する．実際，Y染色体の塩基配列をもとにプライマーを設計し，PCR法による増幅を行うと高確率でX染色体の相同遺伝子が増幅されてしまう．このため，Y染色体由来のDNAマーカーはSRY遺伝子など数種類の領域に限られているのが現状である．

6.3.6 常染色体由来DNAマーカーを用いた解析

mtDNAやY染色体由来の遺伝子は，母系と父系を追跡できるDNAマーカーとして有用である．一方，生物のゲノムDNAのほとんどは核由来であるので，遺伝的多様性の解析を行う際には，核由来のDNAマーカーによる分析はかかせ

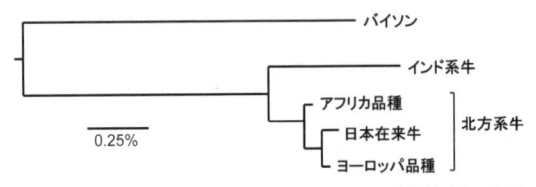

図6.10 ウシのミトコンドリアDNA D-loop領域を用いた系統解析
北方系牛とインド系牛は明確に分岐し，その分岐年代は約20万年前となる．

ない．DNAマーカーは多型性が高いほど有用であるため，いずれの哺乳類においても21世紀当初までマイクロサテライトマーカーを主体にした分析がなされてきた．21世紀に入り，さまざまな動物種で全ゲノム塩基配列決定がされると，SNPを主体にした研究に移行するようになった．SNPは通常2対立遺伝子しかもたないが，DNAマイクロアレイやDNAチップによる検出技術開発が進んだことにより，1度の分析で数多くのSNP多型が検出できるようになった．マイクロサテライトマーカーと比較するとマーカー当たりの多型性は劣るが，多くのSNPマーカーが容易に利用可能になるに従い，同等あるいはそれ以上の情報量を得ることが可能になった．

図6.12はヤギの58 SNPマーカーを用いた，アジア在来ヤギ集団の遺伝構造解析である．STRUCTURE解析と呼ばれ，DNA多型情報から集団や個体の遺伝構造を解析する分析法である．この分析図から，地理的に近いラオスとベトナム集団，ブータンとバングラデシュ集団は同じ濃さの図として描かれ，遺伝的類縁関係が近いことを示している．また，ミャンマーではその他の集団がもつ複数の色で描かれており，ミャンマー在来ヤギ集団の遺伝構造は周辺国集団の遺伝子移入や混在がみてとれる．

6.4 保全遺伝学と生物多様性 応用

6.4.1 保全遺伝学

保全遺伝学（conservation genetics）とは，もともと野生生物を保全するための遺伝学である．遺伝的多様性の解析から個体や集団の関係，遺伝的構造を明らかにすることにより，生物の保全を試みる研究分野である．絶滅危惧（種）や準絶滅危惧（希少種）の保全を目的として研究が進められてきたが，現在では一般の動植物に対する研究も野生生物に対する基礎研究として行われるようになった．

保全遺伝学は絶滅危惧（種）や準絶滅危惧（種）を対象にしてきたので，これら生物を人為的に保護・保全する場合に出てくる問題が，近親交配による**近交退化**や近交弱勢である．野生動物

図6.11 ウシのY染色体由来 *SRY* 遺伝子マーカーを用いたPCR-RFLP法による解析
SRY 遺伝子中に存在するアミノ酸置換を伴う突然変異を認識する制限酵素で切断し，切断断片長の違いを得る．

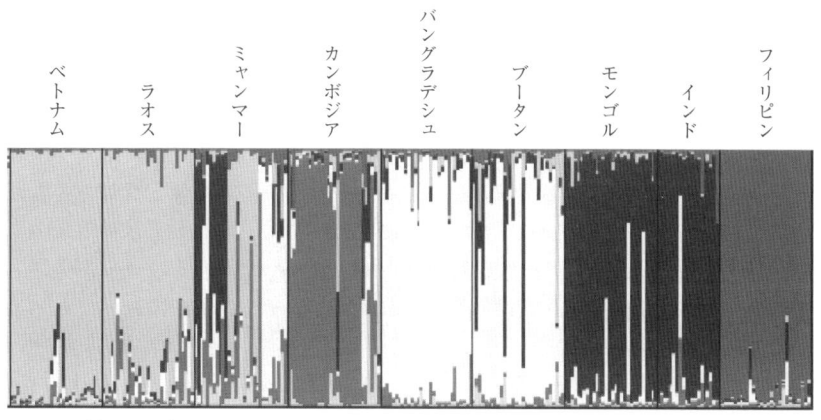

図6.12 核ゲノム由来SNPマーカーを用いたアジア在来ヤギの遺伝的構造解析
集団の分類や集団内でのゲノムの混在状態をみるのに適している．

では集団における個体数が減少すると集団内の遺伝的多様性が減少する．遺伝的多様性の減少は，遺伝的浮動の影響をより強く受けやすく，ますます多様性が減少する．その結果，近交弱勢に見舞われる機会が増えることから絶滅に向かうこともありうる．家畜では品種を造成する長い歴史の中で，近親交配による優良遺伝子の固定と，不良遺伝子の排除が行われてきており，顕著な不良遺伝子は家畜個体や集団から排除されているものも多い．しかし家畜動物においても，わが国における黒毛和種のように閉鎖集団における強度の育種改良を行った場合などでは，生産性や繁殖性の低下を招き問題になっている．このような家畜集団に対しては近交を回避し遺伝的多様性を保持することが，保全遺伝学の主要な目的となってきている．

6.4.2 動物の保全とレッドデータブック

有史以来，家畜は人類に食・衣・住の素材を提供し，社会生活の形成の根幹を支え，家畜をめぐっての生活形態が民族固有の文化形成に深くかかわってきた．しかしながら，近年のグローバル化は家畜世界に大きな影響を与え，特定形質の生産効率の高い品種が偏重されるようになり，多数の品種が絶滅の危機にさらされている状況にある．国際連合食糧農業機関（FAO）の報告では，現在登録されている約7600種の家畜種のうち，過去15年間に190品種が絶滅し，さらに1500品種が絶滅の危機に瀕している．とくにウシ，ヤギ，ブタ，ウマ，家禽類などわれわれの生活に密接にかかわってきた主要な家畜が，月に1品種のペースで消滅しつつある．

レッドデータブックは，絶滅のおそれのある野生生物について記載したデータブックのことである．IUCN（国際自然保護連合）が作成したものに始まり，現在は各国や団体などによってこれに準じるレッドデータブックが多数作成されている．わが国の環境省によるレッドデータブックでは，絶滅のおそれのある種を段階的に分類しており，絶滅，野生絶滅（飼育・栽培下でのみ存続している種），絶滅危惧Ⅰ類（絶滅の危機に瀕している種），絶滅危惧Ⅱ類（絶滅の危険が増大している種），準絶滅危惧（現時点では絶滅危険度は小さいが，生息条件の変化によっては「絶滅危惧」に移行する可能性のある種）に分類している．旧カテゴリーで分類されていた**希少種**は，現行の分類では準絶滅危惧に相当する．一般的に数が少なく簡単に観察することができないような種であり，生息密度が低い，生きるのに特殊な環境条件を必要とするなど生息条件の変化に弱い種がこれにあたる．

6.4.3 在来家畜

在来家畜（native livestock）とは，近代において育種改良された品種から影響を受けなかった，あるいは受けることの少なかった家畜集団を示す．「在来」とは，「土着」や「先住」の意味を含んでいる．すべての家畜は野生動物に由来することは疑いがなく，約1万年前よりさまざまな野生動物から家畜化が試みられた．家畜化とは動物の生殖に対する管理が強化されていく段階であり，動物集団が受けている自然淘汰圧の一部が人為淘汰圧によって徐々に置き換えられる過程である（図6.1参照）．また，生殖制御の強さと動物の能力を改良する連続的な段階ともいえる．

現存している家畜は，西アジアに起源をもつものが多い．さまざまな動物の家畜化後，メソポタミアや中国文明の膨張，ローマ帝国の拡大などに伴い家畜の飼養文化は伝播していった．8～9世紀以後のイスラム文化圏や13世紀に始まるモンゴル帝国の拡大は，ユーラシア大陸全体に家畜の飼養文化を大きく促す要因となった．18世紀以前までは，拡大した家畜とその飼養文化はさまざまな地域でその土地の気候や風土に適応した在来家畜を生み，現在においても脈々とその血が受け継がれている．18世紀以降，家畜は限定された育種目標を設定し強度の選抜が加えられるようになる．その結果，ヨーロッパを中心に18世紀から19世紀にかけて近代改良品種の多くが作出された．

近代になって大きく役割を変えた畜産動物はウシであろう．乳の生産と利用は古今ともに同じであるが，近代国家ではウシに労働力を求めることはなくなった．現在においても，東南アジアなどではウシやスイギュウは畑を耕すための大きな労働力であるし，荷車の牽引にも使われる（図6.13）．半世紀以上前の日本でも，在来牛は労働力と肥料を生み出すための家畜であったが，トラ

クターなどによる機械化に伴いその役割を終え，現在では神戸ビーフに代表されるような世界に誇る肉用牛として育種改良されるに至っている．

野生動物と相対するのはこれらの家畜品種であり，高度な育種改良を受けた動物といえる．この野生動物と家畜品種の間に位置づけられるのが在来家畜ということもできる．ただし，野生動物，在来家畜，家畜品種は明確な線引きが可能な定義があるわけではなく，グレーゾーンに位置づけられる動物も多い．

18世紀まで家畜は，肉，乳，卵，労働力，肥料など多様な目的に使われていた．その後家畜は単一化した育種目標が設定され，その形質に特化した育種改良が行われるようになった．20世紀に入り，世界が経済発展の道を進むに従って，世界のさまざまな国で家畜は労働力でなく，生産性を重視した品種が求められるようになった．その結果，きわめて高い生産性や特徴を有する家畜品種が世界に広がり，多くの国で同じような家畜品種を飼育するようになってきた経緯がある．たとえば，多くの方はウシ，とくに乳牛といえば白黒斑を有するホルスタインを思い出すであろう．ホルスタインは最も世界中に広く伝播したウシの品種であり，現在では適応が困難とされる熱帯地域においても導入が試みられているほどである．

このように欧米で造成された少数の改良品種が，世界中のさまざまな地域に広がりその割合が増加する傾向にある．それに従って，地域の在来家畜の多くの系統が希少化し，絶滅への道を進んでいる．たとえば，家畜の全品種の中で希少品種の割合は，1995年から2000年までの5年間で，哺乳類家畜は23％から35％に，家禽では51％から63％に増加していることが報告されている．

在来家畜は高度に育種改良された品種と比較すると，乳や肉などに対する形質は乏しい．したがって，さまざまな国でできるだけ早く動物の生産性を向上させるために，改良品種の導入を試みがちである．しかし，在来家畜は長年の間，その地域における気候や風土，疾病などによく適応して飼育されてきた動物であることは間違いがない．改良品種の安易な導入と割合の増加は，その動物の適応力を減少させるばかりでなく，家畜種の世界的な遺伝的多様性の減少にもつながる．在来家畜は生産能力には乏しいかもしれないが，潜在的な改良能力を有した遺伝資源と考えることができる．単一的な家畜品種の割合を極端に増加させるのは，人類の永続的な農業生産を支えるといった意味からも好ましいことではない．一度失った遺伝資源は二度と戻らないのである．

6.4.4 国際連合食糧農業機関

国際連合食糧農業機関（Food and Agriculture Organization of the United Nations：**FAO**）は，人々が健全で活発な生活を送るために十分な量・質の食料への定期的アクセスを確保し，すべての人々の食料安全保障を達成することを目的とした国連専門機関の1つである．FAOでは，世界の食料・農林水産業に関する情報収集ならびに情報提供，世界の食料・農林水産業に関する政策提言，中立的討議の場の提供，開発援助などさまざまな活動が展開されている．その活動の1つとして，世界における家畜動物のデータの収集と公開，また世界の家畜に対する遺伝的多様性と保全に対する分析とそれに対する援助なども行われている．

具体的な世界の家畜に対する遺伝的多様性と保全の取り組みは，1993年にFAOとISAG（International Society of Animal Genetics，国際動物遺伝学会）のアドバイザリーグループが協力して始まった．14種の家畜に対して各国における家畜の情報収集や試料収集の規格化などの取り組みから行われた．世界的にとくに重要な家畜種である，ウシ，ブタ，ニワトリ，ヒツジでは，遺伝的多様性の指標をつくるべくDNAマーカーの開発が提案され，国際標準となるマイクロサテライトマーカーが提案された．遺伝的多様性解析の場

図6.13 荷車を引くスイギュウ（ミャンマー）

合，家畜種ごとに同じマーカーを用いなければり，品種や集団の比較ができなくなる．したがって，最初にどの研究者にも使用可能な国際標準となるマーカーを設定することはきわめて重要である．2004 年には国際標準マイクロサテライトマーカーの取り組みが，スイギュウ，ウマ，ヤギ，ロバ，ラクダに拡張された．2010 年には，分子遺伝学の発展に伴い次世代 DNA マーカーとして SNP にシフトすること，代表的な家畜種に対する全ゲノム塩基配列の決定，エクソーム解析などが提案された．さらにゲノム情報と地域環境の間の関連解析の取り組みなども提案されている．

6.4.5 生物多様性

この地球上には 100 万をはるかに超える野生動物種がさまざまな環境，気候，地理的条件のもとで生を営んでいる．集団における個体数が大きいものもあれば，きわめて小さいものも存在する．遺伝的多様性，つまりゲノムの多様性もその種それぞれである．世界自然保護基金（World Wide Fund for Nature：WWF）の定義によると，**生物多様性**（biodiversity）とは「地球上の生命の総体」としている．世界自然保護基金は世界的な自然保護団体で，地球上の生物多様性を維持しつつ，人間活動が地球の環境に与える負荷（エコロジカルフットプリント）を減らすことを活動方針にしている．活動分野は気候変動，森林保全，海洋保全，農・水産物管理，水など多岐にわたり，人間の持続可能な環境の構築が活動目的である．生物多様性とは，種の数だけではなくゲノムの多様性，さらにはそれら生物が生存する生態系をも含む，地球上に存在している生物の全体像を示している．この 3 つのカテゴリーは，種の多様性，遺伝子の多様性，生態系の多様性といわれる．

地球上の生命は単独で生活をしているわけではなく，多くの他の生物と関係をもち，加えてさまざまな物理的環境の中で生活をしている．生態系の多様性とは，生物を取り囲むさまざまな条件の多様性といえる．これに対して種の多様性とは，地球上に生息するすべての種の数の多さ，広く性質の異なるものがどれくらい存在しているのかを示す多様性である．遺伝子の多様性は遺伝的多様性ともいわれる．これは生物の遺伝情報の総体であるゲノムの変異量の大きさといえる．1 つの種をみた場合，遺伝的多様性が低くなると生物が受ける環境の変化に耐えられなくなり，大きな遺伝的多様性を有している種と比べて環境の変化による絶滅の危機にさらされやすくなる．

6.4.6 遺伝的多様性の保持

家畜集団においては遺伝的多様性（genetic diversity）の保持は，持続的な家畜育種改良にとって必須である．家畜の育種改良の一手段として，近親交配による形質の固定があり，とくに品種が作出される場合にこの手段がとられてきた．一方，家畜の能力向上や新しい形質を導入するために，まったく新しい遺伝子を人為的に創造し動物個体に導入することは現在のところできないし（遺伝子組換え動物の意味ではない），そのような動物の作製を試みるコンセンサスも得られていない．したがって，家畜の品種や集団の育種改良を行うためには，その品種や集団に改良に寄与する遺伝子が存在している必要がある．野生動物においても，個体や集団の遺伝的多様性の極端な減少は，その集団が絶滅の危機にさらされる大きな要因であるといっていい．

遺伝的多様性の減少は，野生動物の場合では環境の変化などによる個体数の減少や集団の地理的分断，乱獲などがあげられる．家畜の場合は，特定種雄の高頻度の利用や強度の選抜，閉鎖集団での飼育管理などによって引き起こされる．いずれの場合も，近親交配による近交退化および機会的浮動による近交弱勢が問題となる．ほとんどの生物種では一定以上近交係数が高まると，適応力が半分以下に下がるといわれている．さらに遺伝的多様性が減少すると，野生動物では環境変動に対する進化の可能性が減ってしまう．家畜では将来的な育種改良に耐えうるだけの可能性が減少してしまう．この場合，新たな遺伝形質は別品種や在来家畜に求められるのが一般的である．しかし，ヨーロッパで確立した多くの家畜品種は，その能力の高さからさまざまな国で在来家畜と取って代わられ，今もなお世界における家畜集団の遺伝的多様性は激減している．持続的な家畜改良のため，遺伝資源の保全はきわめて重要な課題である．家畜・野生集団ともに適度な遺伝的多様性の保持は，その種が永続的に繁栄するための条件である．

〔今川和彦・万年英之〕

参 考 文 献

並河鷹夫（2006）：ウシのヘモグロビンのアミノ酸配列から系統関係を調べる．遺伝子の窓から見た動物たち：フィールドと実験室をつないで（村山美穂ほか編），京都大学学術出版会．

正田陽一編（2010）：品種改良の世界史・家畜篇，悠書館．

7章　動物の遺伝性疾患：概論

一般目標：
動物の遺伝性疾患について，集団中での遺伝子頻度や近交化との関係，発生予防のための方法などを理解する．

　これまでみてきたように，動物生産と遺伝・育種学は不可分の関係にある．病気の遺伝的な根拠がよくわかっていなかった時代には，生産にとって不都合な病気はいずれも対症療法の対象であった．遺伝的な病気は治療困難であるとして，その対処はもっぱら淘汰であった．ヒトのアルカプトン尿症の研究に端を発した先天性のアミノ酸代謝異常の研究や，嚢胞性繊維症の治療の研究の進展にみられるように，病気の遺伝的な根拠が理解されるに従って，医学領域では，個体の救命につながる治療法が開発されてきた．骨大理石症における骨髄移植など正常な組織の移植により治癒する遺伝性疾患も数多くある．微生物など原核生物における遺伝学の進歩は微生物そのものの遺伝学的理解を深めただけでなく，真核生物を含めた分子生物学の基礎にもなっている．現在では，感染症や中毒も含め，病気や異常の遺伝学的根拠が急速に解明されつつある（図7.1）．病気の遺伝学的（分子生物学的）研究の結果から，遺伝子の作用などが解明されることも多く，逆遺伝的方法とと

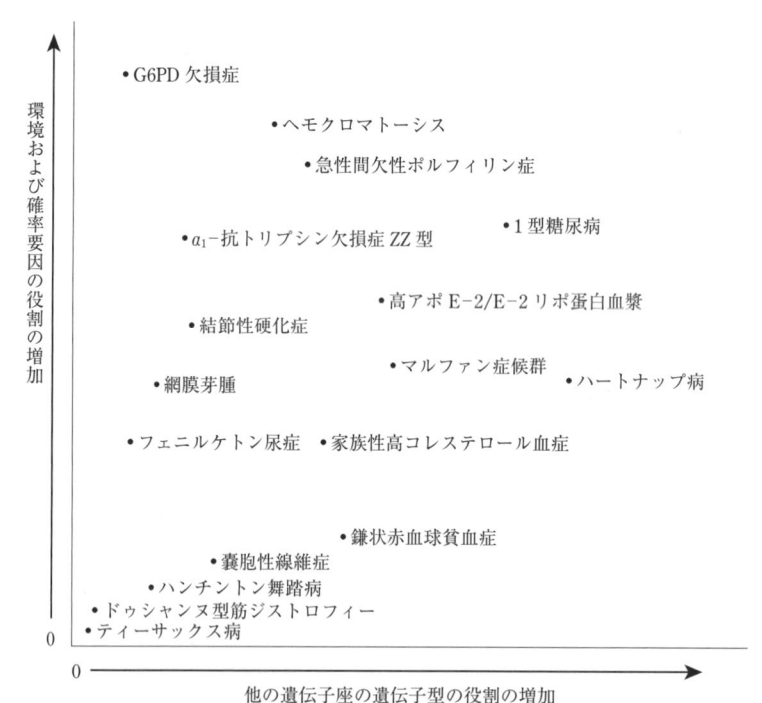

図7.1 病気の発症に関与する修飾遺伝子（群）と環境的・確率的要因の役割（Beaudet *et al.*, 2001）
ドゥシャンヌ型筋ジストロフィーのように単一の遺伝子異常によって発症するものや，フェニルケトン尿症のように単一遺伝子の異常が必ず発症するわけではなく生後初期の特定アミノ酸排除により発症が抑えられる病気，鎌状赤血球貧血症のように貧血はあるもののヘテロではマラリア原虫に対して抵抗性があるためかえって生存率が上がるもの，1型糖尿病のように複数の遺伝子と生活習慣などの複合によって発症する病気などがある．

もに病気の遺伝学の研究は医学・生物学領域において基礎的にも重要な情報をもたらすものになっている．「病気をみたら遺伝性を疑え」という格言は，すべての病気について遺伝的根拠を考える必要があることを示すものである．

病気の発生にかかわる遺伝学的側面については，ほとんどの病気について種を超えた共通の基盤がある．一方，畜産学，獣医学，医学で遺伝性疾患に対するかかわり方に微妙な温度差がある．医学領域では最も多種類の遺伝性疾患がリストアップされ，非遺伝的方法による治療も最も進んでいる．畜産学・獣医学領域では，遺伝性疾患の個体診療よりは，集団からの病気の遺伝子の効率的な除去による対応に軸足が置かれ，したがって，ヘテロ個体の判定診断が重要な関心事になっている．獣医学領域においては，今後，個体の救命にも目を向ける必要がある．実験動物レベルでは，ノックアウト，ノックインなど遺伝子改変動物の作成に関する基礎研究もされている．この方法を応用して，「生殖細胞の遺伝子治療により発症を抑制する」ことは不可能ではないが，ヒトの医学領域では実施不可能である．また，動物での応用は遺伝子組換え生物を生じることになるので，生物多様性の保持にかかわるカルタヘナ法による規制を受け，飼育条件などが厳しく制約される．高度生殖医療や移植医療など，ヒトの医学では遺伝子治療のパラドックスがある．

飼育動物の場合，家畜の生産形質の改良，不都合な形質の除去，不均衡型の矮小症や珍しい形質の品種としての固定など，いずれも「次世代に子孫を残す親を選抜すること」が基本である．次世代に子孫を残さない親を選抜する作業（淘汰）も同時に行われる．遺伝性疾患に関しては，病気の原因遺伝子をもたない親を選抜することができれば，次世代での病気の発症はなくなる．この方法によれば，生殖細胞レベルでの遺伝子治療を先送りしても，集団での病気の発生は制御できる．これを「世代を超えた治療」と称すると，「淘汰」という言葉に付随するマイナスのイメージが緩和される．

かつて，遺伝子型の判定には交配実験しか方法がなかった．交配結果を入手するのに時間がかかり，また，ヘテロ接合体同士の交配によって必ず異常が生じるとは限らないため，判定には不確実さがあった．そのため，病気の遺伝子をもたない動物を親として選抜するのは，不可能ではないにしても，実用上困難とみなされていた．分子生物学の進歩に伴って，交配によらなくても個体の遺伝子型判定が確実にできる病気が増えている．集団の遺伝的改良に用いる非保因動物の選抜，保因動物の繁殖への不使用（淘汰），病気の発症にかかわる分子機序研究のための発症動物作成に用いる保因動物の確保が非常に効率よく実施できるようになりつつある．

以下，病気の発生，伝搬（時間・空間的），制御について，最初に集団内での遺伝子の挙動にかかわる原則からみていくことにする．

7.1 飼育動物集団の遺伝的特徴と疾患遺伝子の集団内での頻度の変化

> **到達目標：**
> 産業動物や伴侶動物の集団の遺伝的特徴を説明できる．
> 有効な集団の大きさや近交化と遺伝性疾患発生のリスクを説明できる．
> 【キーワード】 有効な集団の大きさ，創始動物効果，瓶首効果，人工授精・受精卵移植，ハーディ-ワインベルグの法則，ヘテロ接合率

飼育動物は，野生状態から捕獲され，非常に長時間をかけて飼育馴化，家畜化されている（6.1節参照）．食用（肉，乳，卵など），衣料用（羽毛，毛，革など），使役用（農耕，運搬，補助など），愛玩用に適した形質について，人間の多様な居住環境の中で選抜・固定されたため，非常に多くの品種が現存し，それぞれ特異的な様相を示している．温順な性格も含め，それぞれの形質に遺伝的な根拠があるが，これらの人間に有用な形質の選抜育種について畜産関係者はノウハウを蓄積し成果をあげてきた．人間社会における生産物の需要を満たすためには，十分な数の動物を継代維持することが不可欠であった．その意味では，不利益を生じる，致死や繁殖障害にかかわる形質は排除される傾向があった．不利益を生じる形質にも遺伝的根拠があり，その時代なりに，効率的な排除手段がとられてきた．

野生の場合，集団が50個体以下になると，出生率，死亡率などの確率変動に耐えられず，絶滅のおそれがあるといわれている．また500個体以下では遺伝的多様性が失われ，遺伝的浮動による偶発的な遺伝子頻度の変動問題に対処しにくくなるといわれている*．動物の継代・維持には適切な数の動物集団が必要になる．集団遺伝学では実際の動物数ではなく，繁殖にかかわっている動物に着目して「有効な集団の大きさ」という概念を用いる．

7.1.1 有効な集団の大きさ

各個体がランダムに交配している集団を任意交配集団といい，人や自然状態の動物は，通常任意交配集団であるとされている．しかし，実際に繁殖にかかわる動物は，必ずしも集団のすべての動物というわけではない．① 限られた動物しか繁殖にかかわらない，② 繁殖にかかわる雄と雌の数が違う，③ 一部の動物だけが多数の子孫を残す，④ 動物数に季節的な変動があるなどの条件によって繁殖にかかわる動物数が異なることがある．このような場合には，**有効な集団の大きさ** (effective population size) を考える必要がある．

有効な集団の大きさは定義により以下の式で与えられる．

$$\frac{1}{\text{有効な集団の大きさ（頭）}} = \frac{\frac{1}{2 \times \text{雄の数（頭）}} + \frac{1}{2 \times \text{雌の数（頭）}}}{2} \quad (\text{式}1)$$

有効な集団の大きさは，雄の数の2倍と雌の数の2倍の調和平均の逆数になっている．10頭の雄と1000頭の雌からなるウシ1010頭の繁殖集団の，有効な集団の大きさは，式1から以下の数値を代入して（式2），39.6頭すなわち40頭と計算される．

$$\frac{1}{N} = \frac{\frac{1}{2 \times 10} + \frac{1}{2 \times 1000}}{2} \quad (\text{式}2)$$

限られた数の親の繁殖により生じる子の集団では，理想的な任意交配集団の子孫と比べると，血縁関係が高くなり，遺伝子の多様性が減ってくるであろうことは直感的に理解できよう．有効な集団の大きさが小さい場合には，近交化が進み，血縁関係が高まって，集団の保持する遺伝子の多様性が低下することになる．

7.1.2 近 交 化

飼育動物の場合，特定の形質に着目した選抜が行われつつ集団が継代・維持されるので，完全な任意交配集団とは考えにくい．選抜対象となる形質（選抜形質）の類似した動物での同類交配，血縁関係の濃い近親交配が頻繁に行われる．しかし，選抜の対象にならない形質（非選抜形質）については，任意交配が成立すると考えて差し支えない．多くの場合，繁殖性，致死性，矮小および生後成長不良などの形質は非選抜形質であるが，近親交配の進行（近交化）に伴って，選抜形質にかかわる遺伝子のホモ接合化とともに，非選抜形質に関与する遺伝子もホモ接合化し，集団の衰退を招くことがある（近交退化）．

近親交配の程度を表す指標に近交係数 F がある．この係数はある個体のもつ2つの相同遺伝子が，共通の祖先の同一遺伝子に由来する確率である．兄妹交配を考えると，父親のもつ a 遺伝子は1/2の確率で子に伝えられる．子同士で交配すると a が父親由来になる確率は $1/2 \times 1/2 = 1/4$ となる．この場合母親も共通なので父親由来と母親由来の確率を加算した値 $1/4 + 1/4 = 1/2$ が，きょうだい交配の子の近交係数になる．共通の親から n_1 世代の子孫と n_2 世代の子孫との交配により生まれる子孫の近交係数 F は以下の式で求められる．

$$F = \left(\frac{1}{2}\right)^{n_1} \times \left(\frac{1}{2}\right)^{n_2} = \left(\frac{1}{2}\right)^{n_1 + n_2} \quad (\text{式}3)$$

また，共通する祖先が複数存在する場合は，このようにして得られた各共通祖にかかわる係数を

---

* このことは保全遺伝（生物）学において50/500の原則といわれる．経験則として種が衰退・絶滅に向かうときの1つの目安とされているが，環境的な変動などの影響も受けるため，すべての集団において必ず成立するわけではない．

加算する．通常は，共通祖の近交係数を0とするが，育種された動物などでは共通祖の段階ですでにある程度の近交化が進んでいると考えられるので，推定近交係数を加算しその半分が子孫に伝わるとして計算する．実験動物などきょうだい交配で維持されている集団ではF値が0.5を超えることがある．

7.1.3 創始動物効果

人の移住や居住地の地理的な隔絶などに伴って，移動したごく少数の飼育動物が起源となってその子孫が繁殖した場合，最初に隔絶された個体（創始動物）の遺伝子型が子孫の集団に引き継がれ，元の集団とは異なった遺伝子頻度を示すことがある．この効果を**創始動物効果**（founder's effect）と呼ぶ．次項の瓶首効果とともに，偶然の選抜によって遺伝子頻度が変動する遺伝的浮動の特殊な例と考えられる．人間ではハンチントン舞踏病の遺伝子がベネズエラのマラカイボ湖付近に移住したヨーロッパ系船乗りの子孫の間に保持され，地域的に限局して多発した事例などが知られている．

7.1.4 瓶首効果

天変地異，大規模な感染症，戦争などによって，集団の大多数が死亡し，生き残った少数が起源となって集団の規模を回復するときに，元の集団とは異なった，均一性が高く，遺伝的多様性の低い集団になることがある．これを**瓶首効果**（bottleneck effect）という．細い首の瓶からサンプルを取り出すときに，瓶の中の状態から偏ったサンプルが得られることになぞらえた命名である．

7.1.5 人工授精・受精卵移植

飼育動物の場合，望ましい形質をもった動物の育種手段として，人工授精が行われている．良好な形質をもった雄親が実際に交尾して子孫を残す自然の方法より効率的に，目的とする遺伝子を集団に導入することができる．イギリスで凍結精液の作成技術が確立してから，世界的に普及し，とくにウシで汎用されている．雌に関しては，受精卵移植の技術が開発され，優良な母ウシから採卵された卵子を用いた受精卵移植が実用化されてい

る．どちらも限られた選抜形質に着目しての遺伝的改良なので，十分な個体数を確保しないと，有効な集団の大きさの減少に伴って，非選抜形質の遺伝的浮動による悪影響が生じる可能性がある．

7.1.6 ハーディ-ワインベルグの法則

十分な大きさの集団で，任意交配が行われ，動物の集団への移入・移出がなく，突然変異の影響も生殖性や生存性には関係なく無視できるという理想的な条件（メンデル集団）を仮定すると，親の世代と子の世代における遺伝子頻度は変わらずに平衡状態にある．これを**ハーディ-ワインベルグの法則**という．これは以下の数式によって理解できる．

まず，親世代の，ある対立遺伝子をA_1, A_2とし，それぞれの遺伝子頻度をp_1, p_2とする．この場合$p_1+p_2=1$である．雄親と雌親についてこの遺伝子の選抜は行われていないので，雄と雌でこれらの頻度値は同じと考えてよい．さらに，ライト（Wright）の記載に従って，雄親と雌親の配偶子における遺伝子頻度を遺伝子記号と組み合わせて書き表し，それをかけあわせると以下のように書くことができる．

$$\begin{array}{cc}\text{雄親} & \text{雌親}\end{array}$$
$$(p_1A_1+p_2A_2)\times(p_1A_1+p_2A_2) \quad (\text{式}4)$$
$$=p_1^2A_1A_1+2p_1p_2A_1A_2+p_2^2A_2A_2 \quad (\text{式}5)$$

式4を交配式と呼ぶ．式5は式4を展開したもので，次世代の遺伝子型がどれだけの遺伝子頻度であるかを，親世代の遺伝子頻度で表現している．すなわち，A_1のホモ接合体は頻度p_1^2で存在し，ヘテロ接合体は頻度$2p_1p_2$, A_2のホモ接合体は頻度p_2^2で存在している．次世代の子孫のそれぞれの遺伝子頻度は以下のように計算できる．次世代の遺伝子型の下の行に，その遺伝子型から生じる各対立遺伝子の頻度が書かれており，各対立遺伝子の頻度の合計がその行の右端に計算されている．全体の加算値は2になるので，各遺伝子の頻度は，p_1とp_2であり，親世代と子の世代で変化していないことが確認できる．

(次世代の遺伝子型)

	A_1A_1	A_1A_2	A_2A_2	(合計)	
A_1:	$2p_1^2 + 2p_1p_2$			$= 2p_1(p_1+p_2) = 2p_1$	遺伝子
A_2:		$2p_1p_2 + 2p_2^2$		$= 2p_2(p_1+p_2) = 2p_2$	頻度
				$2p_1 + 2p_2 = 2$	全体

ハーディ-ワインベルグの法則が成立するにはメンデル集団の条件を満たす必要があると書いてある書籍が多い．ライトの交配式の概念を用いると，非選抜形質について，親動物の数に関係なく，親子間での遺伝子頻度の推移が計算できることになる．雄集団と雌集団での遺伝子頻度が異なる場合や，伴性遺伝・限性遺伝の場合にも適用できる．

単純劣性で遺伝する非選抜の異常形質が，ある集団で1%の動物に発現する場合，$p_2^2 = 0.01$ から $p_2 = 0.1$，$p_1 = 0.9$ が求められる．ヘテロ接合体の存在頻度は $2p_1p_2 = 0.18$ と計算される．このように，異常個体（劣性ホモ接合体）が集団の1%に発現する場合には，遺伝子頻度は10%であり，集団の18%の動物が保因動物であることになる．この形質が望ましい形質の場合には，発現個体を選抜すれば，その形質は容易に遺伝的に固定できる．優性形質の場合には，ヘテロ接合体にも形質発現がみられるため，発現個体の選抜では遺伝的固定が困難である．

この遺伝的形質が病気など生存性や繁殖性に悪影響を及ぼす場合には，病気の性質や遺伝様式にもよるが，世代間の遺伝子頻度は一定せず，変動する．病気が優性で遺伝する場合，致死であったり，生殖年齢まで生存できなかったり（不完全致死），不妊であった場合には，通常は，次世代にその原因遺伝子が伝わることはない．発症したホモ接合体とヘテロ接合体がともに（自然）淘汰されるからである．それでも優性形質の病気が存在するのは，病気の発生が遅く（晩発性），発症する前に子孫を残すことがあるからである．反対に劣性形質の場合には，発症した劣性ホモ個体は淘汰できるが，ヘテロ個体は発症しないため淘汰をまぬかれ，次世代への遺伝子の伝搬に貢献することになる．このことは，発症個体の淘汰だけでは集団からその遺伝子を除去できないことを意味する．また偶然に保因動物が種親に選ばれると，その子孫では半数が保因動物になり，遺伝子頻度の急上昇を招くことになる．

自然界では優性・劣性・ヘテロ接合の個体にそれぞれ，有利あるいは不利に働く選抜がかかることがある．次世代に子孫を残す個体が多い場合を適合度が高く有利な選抜，その逆を不利な選抜と考える．適合度を利用して各世代で遺伝子頻度の推移を推計することができる．

7.1.7　ヘテロ接合率

上述のように，病気の形質などが，生存性や繁殖性に影響を及ぼす場合には，親動物として選抜された個体の遺伝子型に従って，世代ごとに遺伝子頻度は変化する．集団遺伝学では近交化とヘテロ接合個体の頻度の関係について論じる場合があるが，今回は割愛して，遺伝性疾患の制御に重要な2つの事例に限って説明する．それは，遺伝性疾病の原因遺伝子が同定され，遺伝子診断が可能になって，個体の遺伝子型が交配によらなくても判定できるという現実があるからである．飼育動物集団の中で問題になるのは，劣性の場合が多いので，劣性形質の病気を例に，親として非保因個体が選抜された場合と，ヘテロ接合体が選抜された場合について考えることにする．

非保因すなわち $p_1 = 1$，$p_2 = 0$ の雄を親として選抜，雌親には選抜をかけない状態で交配した場合の，次世代での各遺伝子型の出現頻度は，前述の交配式（式4と式5）から以下のようになる．

$$(1 \cdot A_1 + 0 \cdot A_2) \times (p_1 A_1 + p_2 A_2)$$
$$= p_1 A_1 A_1 + p_2 A_1 A_2 + 0 \cdot A_2 A_2$$

なお，A_2A_2 については実際にはこの数式内に書く必要はないが，発症するホモ個体が存在しないことを強調するために，あえて書いてある．

この数式は以下のことを示している．

① 雌に特段の選抜をかけなくても，雄親に非保因個体を用いれば，次の世代で発症する個体がいなくなる．

② 次の世代におけるヘテロ個体の頻度は親世代の p_2 となり，子の p_2 の頻度は親（雌）の頻度の半分になる．

③ この方式を各世代で採用すると，集団内の p_2 の頻度は各世代で半減しつづける．

④ 十分な数の非保因の雄を選ぶことができれ

ば，雌に選抜をかけないこととあいまって，集団の遺伝的多様性を保つことができる．

種雄にヘテロ個体が選抜されると，種雌に選抜がかからなかった場合には，その異母きょうだいの家系では，式4に雄の A_1 と A_2 にそれぞれ 0.5 を代入すると，次世代では以下のような3種類の遺伝子型の頻度が生じる．

$$(0.5 \cdot A_1 + 0.5 \cdot A_2) \times (p_1 A_1 + p_2 A_2)$$
$$= 0.5 p_1 A_1 A_1 + 0.5 (p_1 + p_2) A_1 A_2 + 0.5 p_2 A_2 A_2$$

このことは親世代の p_2 の頻度とは無関係に，子世代ではヘテロ接合体が 0.5 (p_1+p_2) すなわち 50% 出現することを意味する．このような子の集団で，親子間の交配や従弟妹間の交配が行われると，ヘテロ個体同士の交配の頻度が高くなり，その場合 25% に異常が発現することになる．親世代での発症率が仮に 1% だったとすると，群全体で発症する動物は $0.5 p_2 = 0.05$ $(p_2 = 0.1)$ から，5% と計算されるので出現頻度は5倍になる．肉質や乳量に関して高名（ビッグネーム）な種牛が，なんらかの遺伝性疾患の保因牛（単純劣性の原因遺伝子のヘテロ接合体）であり，種牛選抜時にはそのことが知られていなかった場合には，このような状況はよく起こる．洋の東西を問わず，過去にこのような事例があったことはよく知られている（7.2.4 項および 7.2.5 項参照）．

7.2 遺伝性疾患が動物生産に与える影響

到達目標：
変異遺伝子の集団内での頻度に影響を与える要因を説明できる．
【キーワード】 生産に悪影響を及ぼす要因，病気の遺伝的根拠，群淘汰，家系淘汰，遺伝的多様性の減少

7.2.1 生産に悪影響を及ぼす要因

飼育動物のうち，いわゆる家畜として生活用品原料の生産，競技や使役などにかかわる動物については，それぞれ目的とする形質の遺伝的改良がなされてきた歴史がある．高品質，多収量，多産，抗病性などの遺伝的改良は直ちに経済性の向上につながっている．これらの生産形質の選抜育種の過程で，近交化が進み，繁殖障害，生後致死，成長不良，感染症への抵抗性低下など不都合な形質が顕在化することがある．生産に甚大な悪影響を及ぼす問題には，以下のものがある．

① 動物が命を失うばかりでなく，ヒトにも伝染し健康が脅かされるような感染性の素因：狂犬病，インフルエンザ

② ヒトには感染しにくいが，動物が罹患すると，急激に大規模な感染を起こし，かつ致命的で治療が困難であり，動物生産が大打撃をこうむるような感染症：口蹄疫

③ いったん発症すると，長期の治療が必要になり，その間，高額な治療費や介護の手間がかかるとともに生産低下による経済損失が多大なもの：呼吸器疾患，乳房炎

④ 感染性の作因以外のさまざまな物理・化学的要因に対する感受性の違いによって，悪影響が生じるもの：ヒツジのクローバーによる不妊

⑤ 劣性で遺伝する病気のように表現型正常なヘテロ接合体が発見されず親となって，子に劣性ホモ接合体が生じると，さまざまな成長段階で個体の生存・成長・生殖に悪影響が生じ，廃用により経済的損失を生じるもの：拡張型心筋症，悪性高熱（ブタストレス症候群）

いずれの要因にも遺伝的背景があるとともに，動物個体の年齢，性，栄養などの生理的要因が発症に影響を及ぼす．①～④の要因は環境による影響の比重が大きく，⑤は遺伝的要因の比重が大きい．それぞれのカテゴリーで治療可能，治療困難，治療不可能という判定によって，またその影響の及ぶ範囲の大きさによって，費用対効果を考えた上で現実的な対処の仕方が決まる．

7.2.2 感染症の遺伝的根拠

感染症は遺伝性疾患とは別の科目で扱われるが，病原体自体の遺伝的な背景と，感染宿主との相互作用にかかわる遺伝的機序を理解しておく必要がある．微生物学でいうアドヘランス（接着性）とビルレンス（毒力）が宿主との相互作用の例である．アドヘランスは，微生物と宿主の感染部位での接着にかかわる受容体が宿主の遺伝子産物であるという事実に基づいて説明される．ビルレンスについては微生物由来の毒素とその毒素に対して親和性をもつ宿主由来のタンパク質の相互

作用によって説明される．免疫系がかかわるので病態はかなり複雑になる．感染症の治療予防には抗原抗体反応と免疫学的記憶を利用したワクチンが多用される．ブタの大腸菌性下痢症では，腸管上皮に発現する大腸菌 K-88 抗原受容体 S とその欠損 s が感染に関与することが知られている．雌親が ss 個体であれば，その雌親は感染しないので衛生上好都合にみえる．しかしその雌親の乳汁中に移行抗体ができないので，ss の雌親と Ss または SS の雄親の間に生まれたヘテロ接合の子 Ss に重篤な下痢症を生じることになる．

7.2.3 いわゆる群淘汰

口蹄疫のように，伝染力が強く，獣医学的制御が困難な病気の場合，発症地域を隔絶して，地域内の偶蹄類をすべて殺処分し，埋却または焼却によって感染源を絶つことが，国際的にも法的に決められている病気がある．ここでいう「群淘汰」とは，集団遺伝学あるいは進化学でいう群淘汰とは違うが，狭い地域に限局して行われるある種の人為的な群淘汰と考えることができる．その地域の動物は根絶されるため，直接の動物喪失の損失以外に，再構築にかかる時間的経済的影響は計りしれない．ヒトへの感染や野生の渡り鳥による広範な伝搬が危惧される鳥インフルエンザの場合にも同様な手段がとられている．これらの対処は，病気の原因が判明していても，予防・治療法が未確立なために起きる一種の緊急避難的処置といえよう．

7.2.4 家系淘汰

遺伝性疾患の場合には，発症個体の治療・救済ができたとしても，生殖細胞レベルの治療は困難である．そのため，一般的に望ましくない形質を発現した個体は，子孫へのその遺伝子の伝搬を絶つために種動物には使わない．その動物は命を全うするが，子孫を残さないという点で，この措置は遺伝学的には「淘汰」である．この際，病気が劣性形質の場合には，発症動物（劣性ホモ個体）の淘汰だけでは不徹底である．前述のように偶然ヘテロ個体が親として選抜されると，その子孫のヘテロ個体の頻度は 50％ になる．異常が，中立（繁殖性や生死に悪影響を及ぼさない）の形質であった場合には，発症個体だけ淘汰しても集団での遺伝子頻度は減少せず，かえって高くなるような場合さえある．したがって，ヘテロ個体の淘汰が必要になる．原因遺伝子が分子生物学的には未確定の場合，ヘテロ接合体の検出は，交配成績に頼るしかない．出生直後に判定できるような形質の場合には比較的短時間で判定できるが，晩発性の異常の場合には，判定まで長時間かかる．判定がついたときにはすでに子が集団に含まれてしまっていることがある．単胎の動物の場合にはヘテロ個体同士の交配でも，異常が生じるのは 4 回に 1 回であり，11 回連続して異常を生じない確率も 5％（20 回に 1 回）程度存在する．ウシの場合，妊娠期間が 1 年近いので，従来関係者の間では，交配実験により遺伝子型を判定するのは実用的ではないと考えられていた．その結果，異常個体を生じた家系のすべての個体を淘汰することによって，異常な遺伝子を駆逐することはやむをえないことであるとされていた．ヨーロッパにおいても軟骨異栄養症とその他の異常を子孫に伝達したシンメンタール種のローレンツという体高 130 cm の種雄牛の家系が全淘汰された事例では，数十万頭が犠牲になった．

このような家系淘汰は以下の点で不合理である．

① 淘汰される個体の中には，遺伝子的にその因子をもたない個体が存在している．

② ヘテロ個体は表現型正常なので，生産には直接悪影響を及ぼさないにもかかわらず，淘汰される．

③ 発症個体が次世代の親になるのはまれで，その異常が水平伝搬しないので，発症個体に起因する経済的損失はその個体限りのものである．

④ 淘汰という行為に付随して有償の経済的負担がある．

⑤ 家系内に存在する，それまで育種されてきた有用な形質を失う．

とくに ⑤ と ① ～ ④ の得失を冷静に考えると，どのような病気の遺伝子であれ，大急ぎで家系淘汰をしないと被害甚大というような事態には至らないはずである（なお，口蹄疫も易罹患性の遺伝的素因がかかわる点で遺伝的な根拠はあるはずであるが，感染力の強さ，ウイルスの変異の速さなどのため，宿主の選抜が間に合わない状況があるので，当面別のカテゴリーで扱うのがよい）．そ

の他の遺伝性疾患全般については，原因遺伝子が確定され，遺伝子型判定法が確立されるまでの間は，発症個体を淘汰し，発症個体を生じた親個体をなるべく種動物に使わないのが賢明であろう．

雄親に疾患遺伝子フリー（以下，因子フリー）の個体を用い，雌には特段の選抜をかけずに交配した場合の，単純劣性疾患の集団における遺伝子頻度の世代ごとの推移については，近藤が1957年に『家畜育種学』の中でシミュレーションしている．この推測がラットの全身性皮下水腫の遺伝子（ocd）除去によって実証されるのに30年以上を要した．交配成績による遺伝子型判定より確実な分子生物学的判定ができるようになって，多くの動物種，多くの遺伝性疾患に関して，因子フリーの個体が得られるようになっており，この方法の現実的応用が可能になっている．この手法は，家系淘汰をしなくても疾患遺伝子を集団から駆除できることの原理的概念を示すものである．

遺伝子型の確定（遺伝子診断が望ましい）が前提であるが，因子フリーの個体を両親として用いると，次世代ではすべての個体が因子フリーになり，一気にその因子を集団から駆除できる．実験動物ではまれにこのような方式が採用されることがある．しかし，近交系ではない閉鎖集団（クローズドコロニー）の再構築の際に少数の個体から出発すると，創始動物効果により遺伝的多様性を失う危険がある点に注意が必要である．遺伝的多様性を保つには，片親（どちらかといえば雄親のほうが効率的）に因子フリーの選抜をかけ，他方には選抜をかけないのが現実的である．この場合，7.1節で述べたように，第1世代から発症個体は出現しなくなり，その因子の遺伝子頻度は世代の進行とともに前の代の1/2に減少しつづける．

ウシのように原則として単胎の動物では，常染色体性単純劣性の疾患の場合には，ヘテロ接合体同士の交配でも，確率論的には4回中3回は表現型正常の子が得られる．4回に1回異常が生じるリスクはあるが，この「賭け」が経済的事情の中で許容されるのであれば，このヘテロ接合体同士の交配を禁じる理由はない．今後は，遺伝子型を知った上で，リスクについて個人責任であることを納得して交配するというのが原則になるであろう．リスクの低い交配を行うためには，血統登録とともに遺伝子型の分子診断が推奨される．遺伝子保有状況に関する情報の公開が不可欠である．

7.2.5 遺伝的多様性の減少

生産形質の育種において，選抜による近交度の上昇と遺伝的多様性の減少が指摘され，適合度と近交係数の関係も数式化されている．遺伝性疾患について，家系淘汰によって病気の遺伝子を駆除する方法は，集団の規模を短期間で縮小させ，必然的に瓶首効果を伴うので，遺伝的多様性を急激に減少させる．原因遺伝子に関する情報が今後さらに増え，繁殖によらず短時間に遺伝子診断ができるようになって，遺伝子型の判明した多数の個体が種動物に用いられるようになれば，家系淘汰は，将来的には採用しにくくなるであろう．

人工授精，受精卵（胚）移植，クローン動物の利用など，経済的に良好な形質を集団の中に短期間に導入して集団の改良を図る方法が採用されて久しい．人工授精は，高泌乳牛の育種でみられるように，育種効果は非常に大きかった．しかし，これらの方法は，いずれも，有効な集団の大きさに影響し，近交係数を上昇させ，遺伝的多様性を減じる可能性が高い．凍結精液，受精胚，クローン胚などの材料を得る際に，遺伝的浮動として偶然に遺伝性疾患の保因個体が選抜される可能性もあり，そのような場合には後の世代で遺伝性疾患が多発する危険をはらんでいる．日本ではホルスタイン種で牛群改良に用いられたグレナフトン・13ラグアップル・スパングルという種雄が拡張型心筋症のヘテロ接合体であったために，次世代の50%の子に因子を伝搬し，戻し交配，従弟妹交配，他の保因雄との交配によって拡張型心筋症が多発した実例がある（佐藤，1988）．

家系淘汰によって有効な集団の大きさが減じ，瓶首効果に類似した現象が生じて，それまで不顕性であった遺伝性疾患が顕在化した事例としては，黒毛和種牛での心筋症の家系淘汰後のチェディアック-ヒガシ症候群，第XIII因子欠損症，尿細管形成不全（クローディン16欠損）症，バンド3欠損症などの多発がある．

7.3　比較遺伝病学　応用

7.3.1　ヒトと動物の遺伝性疾患の類似性

遺伝性疾患の比較の際には，遺伝情報が最も整備されているヒトを基準にすることが多い．ヒトでは，戸籍が整備されているため親子関係を追跡することができ，7000種以上に及ぶ遺伝性疾患に関して，塩基配列，アミノ酸配列，遺伝子発現（臓器・発生時期），遺伝子地図などの情報がデータベース化されている．現在では，マウス，ラット，イヌ，ウシ，ウマ，ブタなど多くの動物でゲノムプロジェクトが進行中ないし終了しており，ゲノムレベルでの遺伝子の比較ができる．病気の遺伝関係でも，単因子性，複数因子性，多因子性などの病気について原因遺伝子や環境と遺伝子の相互作用が把握されてきている．正常遺伝子に関してはシンテニーという共通起源をもつと想定される遺伝子群の情報が活用されて，相対的な遺伝子の位置関係が明らかにされることが多い．さまざまな遺伝子について，塩基配列，アミノ酸配列レベルで種間比較がされ，動物間（植物との比較もされることがある）での相同性が調べられている．大くくりにみると，同一遺伝子の異常に起因する病気は，塩基配列，アミノ酸配列，遺伝子発現（表現型）レベルで，種を超えて類似しているといってよい．しかし，正常遺伝子，変異の位置や種類について動物間で100%相同ということはないので，病気の詳細について，種間でまったく同一というわけではない．

7.3.2　単一遺伝子の異常（変異）に起因する病気の表現型の多様性

病気の原因遺伝子で特定された異常は，以下の条件によって，同一種内でも表現型に変動をきたすことがある．

① 構造遺伝子の，複数のエキソン，イントロンのうちどの部分に起きた異常なのか．
② プロモーター領域あるいはエンハンサー領域がかかわる変異なのか．
③ 遺伝子発現調節に関与する遺伝子のかかわる異常なのか．
④ 複数の遺伝子のかかわる異常なのか．
⑤ エピジェネティクスがかかわる異常なのか．
⑥ 環境との相互作用により発現するようなタイプの異常なのか．

ヒトの遺伝性疾患の研究には倫理上の制約があり，生命を犠牲にするような研究は不可能である．そのため，自然発生性の突然変異体や，人工的に遺伝子を破壊したり，導入したりして作出した遺伝子改変動物など，ヒト以外の動物が遺伝性疾患の研究には欠かせない．しかし，このような動物モデルにみられる異常がヒトの遺伝病における異常と完全に一致するとは限らない．不一致点の解明からさらに新たな謎が生まれ，その知識がより広範な事例に活用される．これらの状況を理解するのにヒトの**嚢胞性線維症**（cystic fibrosis, CF）は好適な事例である．

7.3.3　ヒトのCFと原因遺伝子

ヒトのCFは，第7染色体長腕のほぼ中央部に存在するCFTR（cystic fibrosis transmembrane conductance regulator）という，塩化物イオンを輸送するチャネルタンパクの遺伝子突然変異によって，常染色体性単純劣性の様式で発症する遺伝性疾患である．このチャネルタンパクの異常のため，鼻腔，肺，汗腺，膵臓，腸管，精巣上体などで，細胞内に塩化物イオンを蓄積し，分泌物が塩化物イオン欠乏のために粘稠度を増し，粘液が貯留して，呼吸不全など重篤な症状を引き起こす．病気が発見された当初は生後半年以内で死亡する病気とされた．局所での感染も好発し，死亡の原因となっていた．その後，リパーゼの投与から始まって，ブドウ状球菌の抗体投与，緑膿菌の抗体投与，肺移植，DNA分解酵素投与，トブラマイシン投与などの治療法が開発され，最近では寿命は30歳程度までのびている．結婚，出産の成功例も報告されている．ちなみに，精巣上体での病気は，寿命がある程度のびてから気づかれたものである．病気の発見から60年を経て，CFタンパクとその遺伝子が1990年代に発見・同定された．

7.3.4　ヒトのCFTR遺伝子の構造

ヒトのCFTR遺伝子は，第7染色体上で約190 kbpに広がる領域の中の24個のエキソンによりコードされている．この遺伝子から転写・翻訳されるCFTRタンパク（図7.2）は1480個のアミノ酸により構成され，2つの膜貫通ドメイ

ン，2つのヌクレオチド結合性のドメイン，1つのタンパクキナーゼ結合性の調節ドメインで構成され，全体として塩化物イオンを細胞内から細胞外に運搬するチャネルを形成している．またヌクレオチド結合ドメインはATP依存性であり，他のチャネルや輸送タンパクとのシグナル伝達にも関与している．

7.3.5 CFTR遺伝子の相同性と種差

この遺伝子の第10エキソンと，イントロン内に3か所の多くの動物種で保存された塩基配列を含む，遺伝子中央部約10 kbpの領域の配列について，各種動物の相同性が調べられている（図7.3）．チンパンジー，オランウータン，バブーン，ヒヒなど真猿類のサルではこの領域全般にわたって非常に高い相同性が確認されている．マーモセット，レムールなどの曲鼻猿亜目のサルではイントロンの部分に50％未満の相同性の部分が比較的広範囲に存在するが，その他の配列の相同性は90％以上で高い．ウサギ，ウマ，ネコ，イヌ，マウスではイントロンの部分に50％未満の相同性の部分が散在するものの，他の部分は50〜70〜100％の間で変動する．有袋類のオポッサムでは50％未満の相同性の部分が広くなり，50％以上の部分は散在的になっている．第10エキソン領域に限ってみると，サル類でほぼ100％，他の哺乳類で70〜90％の相同性である．ニワトリとフグではこの第10エキソン部分でそれぞれ80％および70％程度の相同性はあるがイントロン領域の相同性はきわめて低い．この相同性の違いが種差を生じる要因の1つになっている．

7.3.6 ヒトのCF病態の多様性と突然変異の相関

ヒトのCF患者の約70％でΔF508（第508位でのフェニルアラニンの欠失）突然変異が見つかっている．そのほかに，塩基置換，フレームシフトによる停止コドンの早期発現，スプライシング異常，ナンセンス変異に起因するmRNA崩壊など24種類の突然変異が，CFの分子診断に用いられている．これらの変異は上述の各ドメインに特異的に分布しており，その変異と対応して生じる機能異常は，①タンパク産生の欠損または低下，②プロセシングの異常，③調節障害，④シグナル伝達の異常に分類されている．このようにCFを起こす突然変異は多数あり，それぞれがCFTRのどのドメインに局在して，どのような細胞内過程に障害を起こすかによって，病態が規定されており，表現型は一様ではなく多様性を示す．

7.3.7 ヒト以外の動物のCF

ヒト以外の動物における自然発生性の遺伝性CFは知られていない．人為的にヒトの変異CFTR遺伝子を導入して作出されたマウスとブタの遺伝子改変（トランスジェニック）モデルが存在している．マウスではΔF508の変異とG551D（551位のグリシンがアスパラギンで置換）の変異が導入された6種類がある．これらのマウスはCFを生じるが，ヒトのCFの病態とは完全に一致するわけではない．肺と膵臓では，マウスモデルはヒトの病態より軽症であるが，腸管の病態はヒトと異なって重篤で，腸管の閉塞，穿孔により生後1週間から離乳後まもなくの間に死亡する．G551D変異導入モデルのほうが，ΔF508モデルより，全体的に軽症である．また，これらのマウスでは生殖腺における閉塞性病変は認められず，生殖性もあり，ヒトの病態とは異なっている．

マウスモデルでの腸管病変の重篤さについて

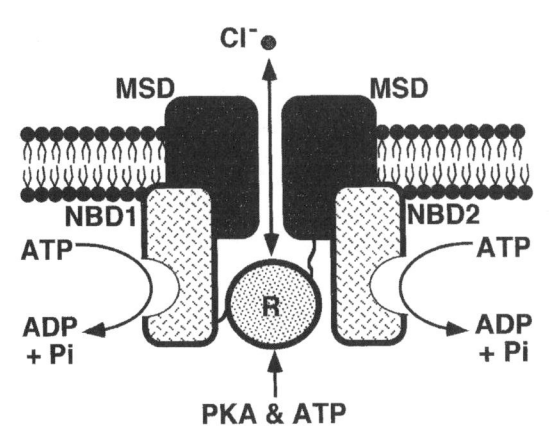

図7.2 正常CFTRの構造（Welsh *et al.*, 2001）
NBDはヌクレオチド結合ドメイン，Rは調節ドメイン，PKAはcAMP依存性のタンパクキナーゼを示す．脂質二重層の細胞膜を貫いている黒塗りのMSD（膜貫通ドメイン）が塩素イオンチャネルを形成している．この構造が壊れると，塩化物イオンを細胞外に搬出できず，細胞外の粘液の粘度が高くなり，物質の移動を妨げる結果，嚢胞性線維症が生じる．

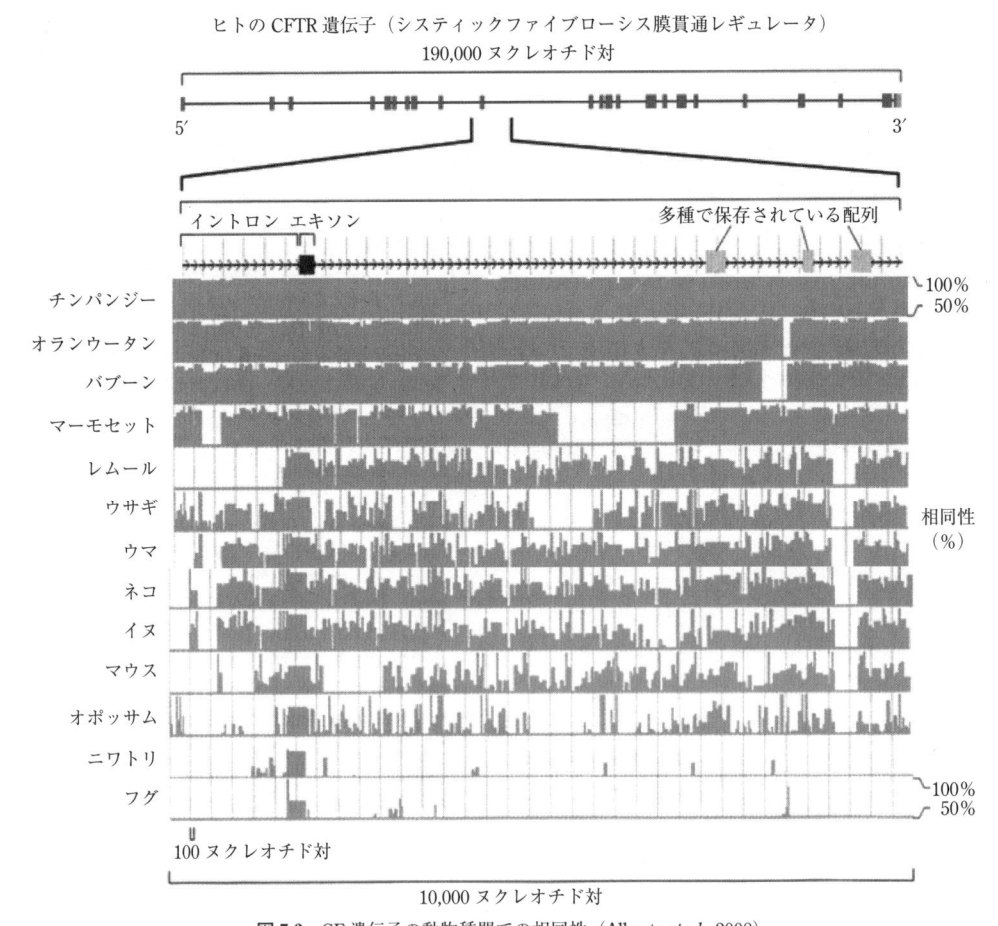

図7.3 CF遺伝子の動物種間での相同性（Alberts *et al*., 2008）
ヒトCFTRのこの領域との相同性は，霊長目でかなり高い．その他の有胎盤哺乳類でも比較的高いが，有袋類では低く，鳥類・魚類ではかなり低い．

は，Ca^{2+}依存性とCFTR依存性の2種類のCa^-チャネルがヒトでは遺伝子発現するが，マウスではCa^{2+}依存性のチャネルの遺伝子発現が腸管で起こらず，そのためCFTR依存性チャネルの機能喪失によるイオン輸送の障害の影響が強調されるからであると説明されている．

ブタの場合，マウスのようにES細胞への相同組換えによる遺伝子導入ができないため，ブタ胎子線維芽細胞に標的遺伝子をベクターにより導入し，その細胞核を，脱核した卵細胞に移植し，それを妊娠子宮に移植してトランスジェニックブタ（体細胞核移植法）を作出する．ΔF508変異導入ブタの呼吸器系での異常はヒトの異常と類似しており，モデルとして有用とされている．

7.3.8 疾患における種差

動物モデルでの病態（表現型）とヒトあるいは他の動物の病態の相違が生じる詳細についてはすべてが解明されているわけではない．遺伝子の塩基配列はセントラルドグマに従ってタンパク質として発現し，その他のさまざまなタンパク質と相互作用しつつ機能を発揮する．それらの非常に多くの過程で関与するタンパク質は動物種によって，変異部位やそれに伴う機能などが多少異なっているはずであり，それらが病態における種差をつくりだすと考えることができる．

ラットの自然発生性の遺伝性疾患と，その原因遺伝子のマウスでのノックアウトで表現型がまったく異なる事例，ノックアウトしたのにまったく異常が現れないような事例，遺伝分析では単一遺伝子疾患なのに表現型が多様である事例など，ほ

かにもさまざまなパラドックスが遺伝性疾患の中には存在している．これらに関する詳細な研究が，病気の発生機序のみならず，遺伝子発現の機序や，ひいては進化史上の「事件」などに関して，新たな理解をもたらすことになるはずである．

比較解剖学的に相違や変動がみられるような器官で，なんらかの突然変異が起こるとその結果生じる病態に種差が現れる可能性が高い．顔面，四肢骨格系，消化管，腎臓，生殖器などがその例であるが，体系化できるほど実例が知られているわけではない．

化学物質などに起因する肝臓肥大・発癌などの毒性発現の基礎に，薬物代謝酵素の誘導現象の関与が知られている．化学物質が核内受容体と結合して，その受容体を活性化し，薬物代謝に関与する酵素（活性化と解毒）の遺伝子発現を引き起こす（酵素誘導）．これらの酵素は特異的な CYP（シトクロームタンパク）と共役して最初の化学物質の代謝変換を起こす．この誘導過程で細胞内に酵素タンパクや合成部位である細胞内小器官が増加することによって細胞肥大が起こる．細胞増殖にかかわる遺伝子発現も刺激され，アポトーシスが抑制されるなど極端な場合には癌が発生する．各種化学物質による肝細胞肥大と発癌は齧歯類ではきわめて典型的であるが，ヒトを含む他の動物種では必ずしもそのような反応がみられるとは限らない．核内受容体の酵素誘導能の相違に加え，誘導された酵素と共役する CYP についてラットでは CYP1A1/2，ヒトでは CYP3A4/5 がかかわることが多く，これらの分子種の機能の相違が肝臓肥大や発癌性の種差の背景にあるようにみえる．

これらに類似した形で，さまざまな生体反応における種差の遺伝的背景に関する分子的機序が，将来的に解明されるはずである．

7.4 遺伝性疾患の遺伝様式とその特徴

> **到達目標：**
> 変異遺伝子の集団内での頻度に影響を与える要因を説明できる．
>
> 【キーワード】 遺伝性疾患の遺伝様式，遺伝性疾患への対処，遺伝子診断（遺伝子型検査）法

これまでみてきたように，産業動物や伴侶動物では遺伝性疾患が発生するリスクは高く，発生した場合の影響も重大である．また，遺伝性疾患は遺伝子の変異に起因しているため，疾患が発生した場合には一般に根本的な治療は困難である．したがって，遺伝性疾患の発生をいかに予防するかということが，遺伝学の獣医学領域の応用における重要な課題となる．遺伝性疾患の発生予防のための対処法については 7.4.1 項で詳しく述べるが，ここでは，予防法確立のための前提となる，遺伝性疾患の遺伝様式の推定，および原因遺伝子の同定について概説する．

遺伝性疾患とは，一般的には遺伝的な要因に起因する疾患であり，かなり多様な疾患が含まれる．たとえば，イヌのある特定の品種に特定の腫瘍の発生頻度が高い場合や，特定の家系で糖尿病が頻発する場合には，この腫瘍や糖尿病の発生にはその品種や家系に固有の遺伝的特性が関与しているので，これらは広義の遺伝性疾患といえる．しかし，このような疾患では，多くの場合，その発症が単一の遺伝子の異常にのみ起因しているわけではなく，第 5 章で取り上げたように，多数の遺伝子が関与（複数因子性）し，さらにそこに飼育環境や栄養といった環境的な要因がかかわることで発症する（多因子性）場合が多い．疾患ではないが産業動物の生産形質でも状況は同様である．このような多因子に起因する疾患の場合は，疾患の原因となる遺伝的要因を解明し，画一的な予防法を確立することは困難である．しかし，一般に（狭義の）遺伝性疾患といわれる単一の遺伝子の変異によって発症する疾患の場合は，その遺伝子を同定することによって，疾患発生を予防することが可能である．すなわち，この場合には，特定の遺伝子に生じた突然変異によりその遺伝子

の機能が消失あるいは変化することが原因となって，個体レベルでの異常が出現するので，その遺伝子の変化を検出することによって，疾患の発生を予測し，コントロールすることが可能になる．そこで，動物における遺伝性疾患の予防の前提となる，遺伝性の疾患の伝達様式の理解と，疾患の原因となる遺伝子上に生じた変異の同定法について述べる．

なお，すべての疾患には環境的要因と遺伝的要因の両者がかかわっているという点には注意が必要である．たとえば感染症の場合には遺伝的要因の影響は比較的少なく，微生物感染という環境的要因が疾患発生のおもな要因となるが，そのような疾患でも，たとえば特定の感染症に対する感受性が遺伝的要因によって大きく異なるという現象も知られている．一方，単一の遺伝子に起因する遺伝性疾患の場合には環境的要因の影響は少なく，その発症はほとんど遺伝的要因に起因するが，後述する浸透度が低い遺伝性疾患のように，その発症に環境的要因が大きくかかわる例も知られている．

7.4.1　遺伝性疾患の遺伝様式

遺伝性疾患の発生をコントロールするためには，対象とする遺伝性疾患が世代を超えて伝搬していく遺伝様式を正確に把握することが不可欠である．単一遺伝子の変異に起因する多くの遺伝性疾患はメンデルの遺伝の法則に従って親から子に伝わる．したがってその遺伝様式は常染色体劣性，常染色体優性，X連鎖（伴性）劣性などに分類される．哺乳類の染色体は常染色体と性染色体に分けられるが，常染色体劣性あるいは優性の疾患では，疾患の原因となる遺伝子は常染色体に存在する．各常染色体は2本ずつ存在することから，染色体上に存在する対立遺伝子（対立遺伝子）の組み合わせも2つずつとなる．常染色体劣性の遺伝性疾患では，2つの対立遺伝子がともに変異型の場合（ホモ型）にのみ当該の疾患を発症し，2つの対立遺伝子の片方が変異型であっても，もう片方が正常型の場合（ヘテロ型）は発症しない．このような，見かけは正常であっても変異型遺伝子をもつヘテロ型の個体を保因個体（保因者あるいはキャリア）という．したがって，常染色体劣性の遺伝性疾患では，ある交配により発症個体が出現するためには，両親のいずれもが変異型遺伝子をもつ保因個体または発症個体でなければならない（図7.4A）．一方，常染色体優性の遺伝様式をとる疾患では，1つの対立遺伝子だけが変異型であるヘテロ型で発症する．したがって，両親のいずれかが変異型遺伝子をもっているだけで，子に発症個体が出現することになる（図7.4B）．一方，哺乳類では性染色体としてX染色体とY染色体があり，X染色体には常染色体と同様に多数の遺伝子が存在するが，Y染色体には性決定に関するごく少数の遺伝子しか存在しない．雄はX染色体を1本とY染色体を1本もつのに対し，雌ではX染色体を2本もつ．X連鎖劣性の遺伝性疾患では疾患の原因となる遺伝子はX染色体上に存在し，Y染色体上には存在しないため，XY型の雄では，変異遺伝子を雌親から受け継ぐだけで発症するが（図7.4C），XX型の雌では常染色体劣性の場合と同じように，両親からともに変異型遺伝子を受け継いだ場合にしか発症しない．

このように単一の遺伝子に支配される遺伝性疾患では，遺伝様式は基本的にメンデルの遺伝の法則およびその延長に従う．したがって，同一家系の中に複数の発症個体がみられるなどの，遺伝性疾患が疑われる症例に遭遇した場合には，発症個体を含む家系の正確な発症状況の把握により，遺伝様式を推測することがまず必要になる．たとえば，明らかに雄に偏って発生している場合にはX連鎖劣性の遺伝様式が疑われ，また，親も同様の疾患を発症している場合には常染色体優性の遺伝様式が疑われる．さらに，近親交配が行われているような場合，すなわち母方および父方の祖先に共通の個体が存在するような場合は，常染色体劣性の遺伝性疾患である可能性が高くなる．しかし，このような遺伝様式には一部例外もあり，遺伝子型と表現型が完全には一致しない場合があることに注意が必要である．たとえば，後述するウマの高カリウム周期性麻痺症のように，遺伝子型は発症型であっても環境要因などにより発症しない個体が存在するような疾患がその例である．このような場合は不完全浸透あるいは浸透度が低いといわれる．また同一の疾患が複数の要因によって引き起こされる場合もある．たとえば，異なった遺伝子の変異がいずれも同様な疾患を引き起こ

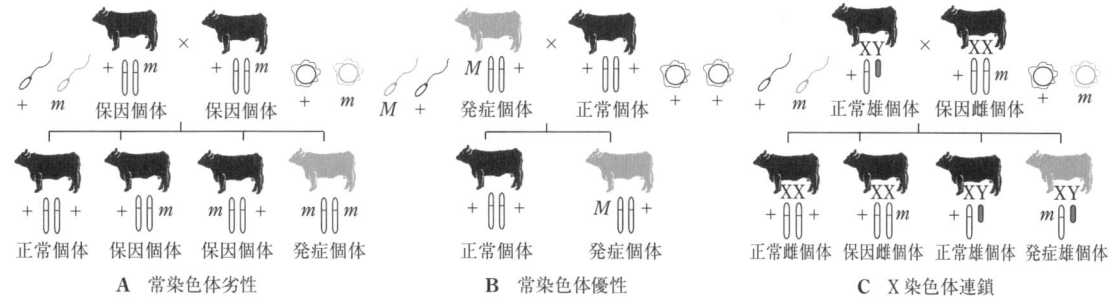

図7.4 遺伝性疾患の遺伝様式

A 常染色体劣性 **B 常染色体優性** **C X染色体連鎖**

両親が2つの相同染色体上に変異型遺伝子（m）と、正常型遺伝子（+）をもつヘテロの保因個体（m/+）である場合には1/4の確率で子に発症個体（m/m）が出現する（A）．両親のうちのいずれかが変異型遺伝子（M）をもつヘテロの発症個体（M/+）である場合，1/2の確率で子に発症個体（M/+）が出現する（B）．Cでは，X染色体上に当該の遺伝子は存在するがY染色体上には存在しない．したがって，おもに雌親がヘテロの保因個体（Xm/X+）の場合，雄において1/2の確率で発症個体（Xm/Y）が出現するが，雌では発症個体は出現せず，正常個体（X+/X+）か保因個体（Xm/X+）のみとなる．

す場合，あるは遺伝的要因以外の環境的要因や感染症などにより類似した病態を呈するような場合もある．したがって，単一の遺伝子に支配される遺伝性疾患といっても病状がさまざまな要因によって修飾されるので，正確に遺伝様式を推測することが必要である．

7.4.2 劣性の遺伝性疾患

動物の遺伝性疾患で実際に大きな問題になるのは，おもに常染色体劣性の遺伝性疾患である．すなわち，一般に常染色体劣性の遺伝性疾患の発症個体が発見されたときには，その集団の中にはすでにかなりの数のキャリア個体が存在していると考えられるので，キャリア個体を効率よく同定しないと，集団から原因遺伝子を効率的に除去し，発生を予防することが非常に困難になるからである．とくに人工授精が普及しているウシなどの産業動物の場合は，特定の種雄牛が人工授精に頻繁に用いられ，次世代に大きな遺伝的影響を与えることが知られている．従来は，子にホモの発症個体が出現したときに初めて，その両親がキャリアであることが判明した．近年，多くの遺伝性疾患で，その原因となる遺伝子とその遺伝子上の変異が同定され，キャリアを同定する遺伝子診断法が可能になっており，ハイリスクの交配が避けられるようになっている．

なお，動物の集団内での常染色体劣性の遺伝性疾患の発生は，多くの場合，血縁関係にある個体同士の交配に起因する．交配に用いる雄と雌に共通の祖先が存在する場合には，この共通の祖先が特定の遺伝性疾患のキャリアであれば，これらの雄，雌はこの祖先から疾患の原因遺伝子を受け継いでキャリアとなっている可能性がある．キャリア同士の交配の場合には，ホモ型の発症個体がその子に出現することになる．たとえば，図7.5に示すように，交配に用いる雄と雌の2世代前に共通の祖先がいる場合には，それぞれがキャリアとなる確率は $(1/2)^2 = 1/4$ であり，この雌雄がともにキャリアとなる確率は $(1/4)^2 = 1/16$ である．また，キャリア同士の交配により発症個体が出現する確率は1/4である．したがって，図7.5に示すような家系で，子に遺伝性疾患が発生する可能性は $1/16 \times 1/4 = 1/64$ となる．この確率は約1.6%であり決して高い値ではないが，産業動物や伴侶動物ではしばしばこのような近親交配が行われており，数万から数十万頭の母集団を考えると，遺伝性疾患発生のリスクは高いといえよう．いずれにしても，発症個体の雄親と雌親は正常であるが，比較的近い世代に共通の祖先が存在するような場合は，常染色体劣性の遺伝様式をとる遺伝性疾患が強く疑われることになる．

7.4.3 優性および伴性の遺伝性疾患

優性の遺伝様式をとる遺伝性疾患の場合には，劣性の遺伝性疾患と異なり，疾患の原因となる変異遺伝子をもつ個体が発症するので，遺伝子の保有状況は容易に識別できる．また，発症している個体を繁殖に用いない限り，次世代に発症個体は

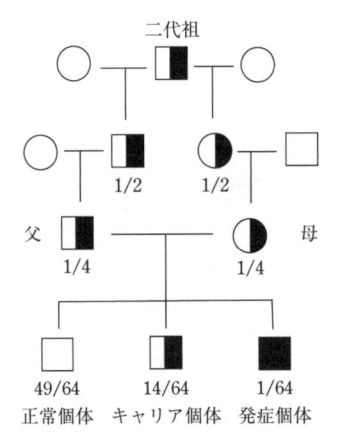

図7.5 二代祖に共通のキャリアがいる場合の発症のリスク

この異常にかかわる遺伝子を a，正常アリルを A とする．AA は正常個体，Aa は表現型正常ヘテロ接合のキャリア，aa は発症個体である．最初の交配は AA と Aa の交配で，子には (1/2)AA と (1/2)Aa が出現する．この集団での A と a の遺伝子頻度はそれぞれ 3/4 と 1/4 である．(3/4)A+(1/4)a の集団 (第2代) と AA との交配では，(3/4)AA と (1/4)Aa が生じる．遺伝子頻度は A で 7/8，a で 1/8 である．この集団間での交配は ((7/8)A+(1/8)a)×((7/8)A+(1/8)a) で表され，(49/64)AA，(14/64)Aa，(1/64)aa を生じることになる．以上，7.1節を参照のこと．

出現しないので，疾患の予防とコントロールは比較的容易である．ただし，浸透度の低い優性の遺伝性疾患の場合は，変異遺伝子をもちながら発症しない場合もあり，注意が必要である．また，動物ではあまり例は知られていないが，ヒトのハンチントン舞踏病のように，晩発性に発症する疾患では，子が生まれた時点では，親が変異遺伝子をもっているかどうかわからないため，次世代に変異遺伝子が伝えられる可能性が高くなることになる．

X染色体連鎖の遺伝性疾患は，前述のようにおもに雄に発生し，その遺伝子は雌親から伝達される．したがっておもに人工授精により次世代が得られ，特定の種雄の影響が極端に大きい産業動物では，常染色体劣性の変異遺伝子のように特定の種雄牛を介して集団中に変異遺伝子が急速に拡散する可能性は少なく，育種上大きな問題となることは少ない．しかし，伴侶動物では，イヌの血友病のように特定の品種に比較的高頻度で発生し，遺伝疫学上問題となる例も多く報告されている．伴性遺伝の様式をとる遺伝性疾患では前述の常染色体劣性の遺伝性疾患と異なり，血縁個体間の交配により疾患が発生するということはあまりない．すなわち，雌親がキャリアであれば雄親に関係なく雄の子が 1/2 の確率で発症するからである．したがって，親が正常であり，また血縁個体間の交配ではないにもかかわらず，子に発症個体が出現し，その多くが雄であるような遺伝性の疾患が出現したときには，その遺伝様式は伴性遺伝であることが疑われ，その原因遺伝子は X 染色体上に存在すると推測されることになる．

7.4.4 疾患原因遺伝子の同定法

遺伝性疾患，とくに劣性の遺伝性疾患では，見かけ上正常でありながら，疾患の原因となる変異遺伝子をもつキャリアを同定することが疾患の予防のために不可欠である．原因となる突然変異が同定されれば，直接この突然変異を検出することにより，各個体が突然変異をもっているかどうか，すなわちキャリアかどうかが判別できることになる．これが遺伝子診断（あるいは遺伝子型検査）である．ここでは，遺伝子診断法を確立するために必要とされる，疾患の原因となる遺伝子の突然変異を明らかにするための方法について概説する．

動物における遺伝性疾患の病因遺伝子を同定するには，機能的な解析方法と遺伝的な解析方法の2つの方法がある．機能的な解析方法は，疾患の

病態の解析から原因となる遺伝子を予測し，変異を同定する方法である．たとえばウシのチェディアック-ヒガシ症候群（CHS）という，体色の淡色化と出血傾向を示す遺伝性疾患では，病理的な検査の結果，白血球などの全身の細胞内に特徴的な異常顆粒が出現することが明らかとなった．このような，CHSにおける体色の淡色化，止血不全，異常顆粒の出現などの，ヒトのCHSときわめて類似した病態は，遺伝子レベルでも同一の遺伝子の異常により生じている可能性を示唆した．ヒトのCHSでは LYST という細胞内の物質輸送にかかわる遺伝子の突然変異が原因であることが明らかとなっている．ウシでも，発症個体の LYST 遺伝子には，正常個体と比べて1つの塩基がGからAへ変化し，タンパク質では2015番目のアミノ酸がヒスチジンからアルギニンへの変化を引き起こすミスセンス変異が存在しており，これが疾患の原因となる突然変異であることが明らかになった．このように，病態から遺伝性疾患の原因遺伝子を明らかにするためには，正確な臨床診断と病理鑑定が不可欠である．また，他の動物種において，類似した病態を示す疾患が報告されているときにはそれらに関する情報が，当該動物種における疾患の原因となる遺伝子を推定する上で重要となる．とくにヒトでは，遺伝医学に関する研究が非常に進展し，他の生物種と比較にならないほど多くの遺伝性疾患の原因遺伝子が解明され，その病態についても正確な記載がある．このようなヒトの遺伝性疾患に関する情報は，動物における遺伝性疾患の原因解明のために非常に有用である．これは，7.3節で説明したように，哺乳類のもつ遺伝子は種間でほぼ共通であり，特定の遺伝子に変異が生じた場合に出現する異常も類似している場合が多いことによる．

7.4.5 連鎖解析による原因遺伝子の同定

遺伝学的な方法は，機能的な解析から疾患の原因遺伝子が特定されない場合に，疾患をもつ家系の遺伝情報の解析から病因遺伝子の染色体上での位置を特定し，その位置情報から病因遺伝子を同定するものである．親から子への遺伝子の伝達に際しては，染色体上で互いに近接する一連の遺伝子が組となって伝搬される．したがって，遺伝性疾患では原因遺伝子と染色体で近接した遺伝子は，病因遺伝子とともに親から子へ伝わることになる．そこで染色体上の位置がすでに明らかになっている遺伝子の親から子への伝達と，病因遺伝子の親から子への伝達を比べたときに一致するものがあれば，病因遺伝子はこの遺伝子と染色体上で近くに存在すると推測される．この場合の近接する遺伝子としては多型マーカー（5.2節参照）が用いられる．各種動物の染色体にはマイクロサテライトマーカーやSNPなどの多数の多型マーカーが位置づけられているため，これらを用いることにより，病因遺伝子の染色体の位置を明らかにすることが可能になる．これは連鎖という概念の利用である．別のいい方をすれば，疾患の原因遺伝子と連鎖するマーカーを用いて，疾患遺伝子と多型マーカーの間の組換え率を求め，それらの間の相対的位置関係を明らかにすることによって，疾患原因遺伝子の染色体の位置を特定するものである．これを染色体マッピングという．たとえば黒毛和種牛に発生する眼球形成異常症（MOD）と呼ばれる，眼球の形態形成の異常により，小眼球，盲目を呈する遺伝性疾患の例をみてみよう．この疾患は家系分析から，親が発症個体でなくても子に発症個体が出現することが判明し，常染色体劣性の遺伝様式が示唆された．また，キャリアである種雄牛の子で約30個体の発症牛について各染色体上に存在する多型マーカーであるマイクロサテライトマーカーを調べたところ，ウシの第18染色体に存在するマーカーとの強い連鎖が認められた．この異常が常染色体劣性の遺伝様式をとると仮定して，仮想される疾患の原因遺伝子と連鎖マーカーの間の組換え率を求めたところ，連鎖がない場合と比べて明らかに高い値を示し，連鎖していることが示された．この結果から，疾患原因遺伝子は，ウシの第18染色体上でマイクロサテライトマーカー BMS132 と DIK2175 の間約7.8 cMの位置に存在することが推測された（図7.6）．このようにして，疾患原因遺伝子とマーカーとの相対的な位置関係が判明した．原因遺伝子が実際に第18染色体のどの位置に存在しているのかを決定するのに重要なことは，遺伝的距離と物理的距離という概念である．遺伝的距離とは，減数分裂において，2つの遺伝子の間でどの程度の頻度で交叉が起きるかを，子孫への遺伝子の伝わり方から推測した遺伝子間の

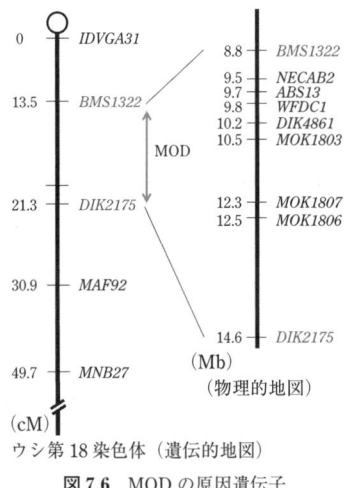

図 7.6　MOD の原因遺伝子

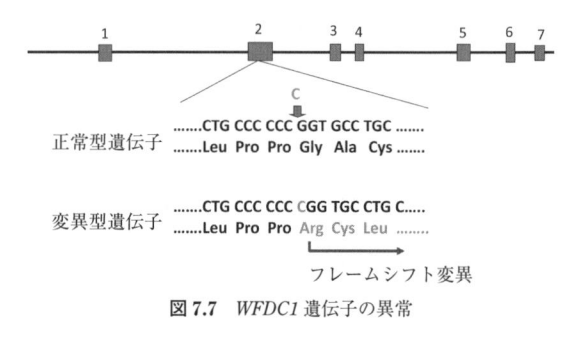

図 7.7　WFDC1 遺伝子の異常

が明らかとなった．このように遺伝学的な方法による疾患原因遺伝子の同定は，第1章で学んだ連鎖，組換え，三点交雑法といった概念を応用したものであるということができる．

7.4.6　遺伝性疾患への対処

遺伝性疾患の原因は遺伝子自体の欠損などの異常であるため，その根本的な治療は困難である．ヒトの遺伝性疾患では，遺伝子治療として欠損している遺伝子を患者の細胞に導入することなどが実施されている例もある．また，遺伝子の欠損の結果，特定の酵素などが欠乏することで発症するような代謝異常症では，その酵素を補充する治療法も試みられている．しかしこれらの治療法はヒトでもまだ一般的ではなく，動物では現時点では実験目的などの例外的な実施例があるのみである．したがって，産業動物や伴侶動物で遺伝性疾患を発症する個体が出現した場合には，その根本的な治療法はないといっても過言ではない．そこで，遺伝性疾患に対する対処で最も重要なことは，いかに疾患の発生を予防するかということになる．

動物のおもな遺伝性疾患は劣性の遺伝様式をとる．これは2つの理由が考えられる．もともと突然変異は遺伝子の機能を喪失させる場合が多く，このような機能喪失型の変異は，多くの場合2つの対立遺伝子がともに機能喪失したときに初めて個体レベルの異常として出現するため，劣性の遺伝様式をとることになる．したがって，優性の突然変異に比べて劣性の突然変異のほうが発生頻度自体が高いと考えられている．また，優性の疾患であれば変異型遺伝子を1つでももつ個体は発症個体となるので外観上判別でき，そのような個体を淘汰することで集団中の変異型遺伝子を排除できるが，劣性の疾患では保因個体は変異型の遺伝

相対的な位置関係を示している．一方，物理的距離は，DNA の巨大な分子の中で2つの遺伝子が何塩基くらい離れているかを示したもので，2つの遺伝子の間の絶対的距離を示しているということができる．この2つの距離は基本的には互いに対応しているが，染色体の領域によっては他の領域より交叉が起こりやすい，あるいは起こりにくいことが知られており，交叉が起こりやすいところでは，実際に絶対的距離に比べて組換え率が高くなることから，遺伝的距離は長くなる．すでに多くの動物種のゲノム DNA の塩基配列が明らかにされていることから，多型マーカーがゲノム上のどこに存在するかの情報は得ることができる．したがって，図 7.6 に示すように，MOD の原因遺伝子はゲノム上で，おおよそ 8.8 Mb から 14.6 Mb の間に存在することがわかる．すでに全ゲノムの配列が明らかにされている生物では，その生物のもつほぼすべての遺伝子のゲノムの DNA の塩基配列上での位置が明らかにされている．これをゲノム地図という．このゲノム地図上では 9.8 Mb の位置に WFDC1 という眼球形成に関与する可能性のある遺伝子が存在することが知られている．そこで，発症個体でこの WFDC1 遺伝子を調べたところ，塩基配列に非発症個体の配列と比較すると1か所の違いが認められた．図 7.7 に示すように，発症個体では本遺伝子の第2エキソンにシトシン（C）が1つ挿入され，その結果タンパク質のアミノ酸配列がまったく異なったものとなっていることから，フレームシフトが眼球形成異常症の原因となる突然変異であること

子をもつにもかかわらず外観上正常であるため，集団中からの変異型遺伝子の排除が困難である．その結果，集団内に変異遺伝子が一定の頻度で存在し，保因個体同士の交配により発症個体が出現することになる．したがって，劣性の遺伝性疾患では，保因個体を同定することが最も重要なことであり，保因個体同士の交配を避けることで，発症個体の出現を予防することができる．ただし，優性の遺伝様式をとる疾患であっても，浸透度が低いような場合には，集団中に一定の頻度で変異遺伝子が拡散している場合もある．保因個体を同定するためには，発症個体が出現したときに，その家系を正確に把握することが必要であり，複数の発症個体の共通の祖先をたどることで，発症個体に至る一連の保因個体を特定することが可能である．従来遺伝性疾患の予防では，このように発症個体を含む家系を調べることで，保因個体を特定することにより行われている．しかし，遺伝性疾患は特定の遺伝子に生じた突然変異が原因であることから，その突然変異が同定されれば，その突然変異を直接検出するいわゆる遺伝子診断法（遺伝子型検査）を用いることで，容易に保因個体を特定することができる．実際に，近年では産業動物や伴侶動物の多くの遺伝性疾患でその原因遺伝子と突然変異が同定され，遺伝子診断法が開発され，保因個体の特定と交配のコントロールに用いられている．

また，遺伝性疾患の発生は繁殖集団中での疾患の原因となる突然変異遺伝子の頻度にも大きく影響されることから，同じ動物種でも品種や集団などによってその発生頻度は大きく異なることも多い．たとえば，イヌではボーダーコリーのセロイドリポフスチン蓄積症など，特定の品種に特定の遺伝性疾患が好発することが知られている．これらの集団中では，疾患の原因となる変異型遺伝子の頻度が他の集団より高く，したがって保因個体の頻度も高いことが考えられ，その場合にはとくに注意深い交配のコントロールが必要となってくる．

7.4.7 遺伝子診断（遺伝子型検査）法

遺伝子診断あるいは遺伝子型検査は，動物でも多くの遺伝性疾患の確定診断や保因個体の同定に用いられている．遺伝性疾患の原因となるDNAの塩基配列上の変化を直接検出する遺伝子診断法を用いることで，たとえ外観上は何の異常もみられなくても，変異型遺伝子をもつ保因個体かどうかを明らかとすることができる．現在，遺伝子診断法では，おもにPCR法を用いることで特定の変異を正確かつ簡便に検出することを可能としている．

遺伝子診断に最も一般的に用いられている方法はPCR-RFLP法で，この方法では図7.8に示すように，塩基置換などの変異が生じている部分の配列が特定の制限酵素（特定の塩基配列を認識しその部位でDNAの二本鎖を切断する酵素）の認識配列と一致する場合は，その部分を含む一定の長さのDNA断片をPCR法により増幅し，当該制限酵素で処理し，電気泳動法により，得られたDNA断片の長さを測定することで変異の検出が可能である．すなわち，たとえばウシのチェディアック-ヒガシ症候群では，*LYST*という遺伝子の6044番目の塩基が正常型遺伝子ではアデニン（A）なのに対し，変異型遺伝子ではグアニン（G）に置換し，その結果この塩基配列により指定されるアミノ酸はヒスチジン（His）からアルギニン（Arg）に置換している．この塩基置換はちょうど，*Fok*Iという制限酵素の認識部位（CATCC）であるため，この変異を含む約100塩基の範囲をPCR法により増幅し，*Fok*Iで処理すると正常型遺伝子では2つの断片に切断される．一方，変異型遺伝子では，塩基置換の結果*Fok*Iの認識部位はなくなるため，*Fok*I処理によってもDNA断片は切断されない．したがってこれらのDNA断片を電気泳動法で分離すると，図7.8に示すように正常個体では，切断された短い2つの断片（66塩基と42塩基）が検出されるのに対し，発症個体では切断されていない長い1つの断片（108塩基）が検出され，正常型遺伝子と変異型遺伝子の両方をもつ保因個体ではこれらの3つの断片のいずれもが検出されることから，容易に各個体の遺伝子型が判別できる．なお，変異が特定の制限酵素の認識部位でない場合には，人為的にPCRで増幅されるDNA断片に特定の制限酵素の認識部位を導入することで，同様のPCR-RFLP法が可能である．

一方，変異が塩基置換ではなく，塩基の挿入や欠失の場合には，より簡単に変異を検出できる．

図7.9に示すように、ウシの第XI因子欠損症では、第XI因子の遺伝子である*F11*遺伝子における15塩基の挿入が原因である。したがって、この挿入部分を含む範囲をPCR法により増幅し、得られたDNA断片を電気泳動法により分離する

と、図7.9に示すように正常個体では短い断片（95塩基）、発症個体では長い断片（110塩基）、保因個体では両方の断片が検出される。以上のように、PCR法を用いて特定の突然変異すなわち塩基配列の変化を検出することで、遺伝性疾患の保因個体同定のための遺伝子診断が可能となっている。

〔鈴木勝士・国枝哲夫〕

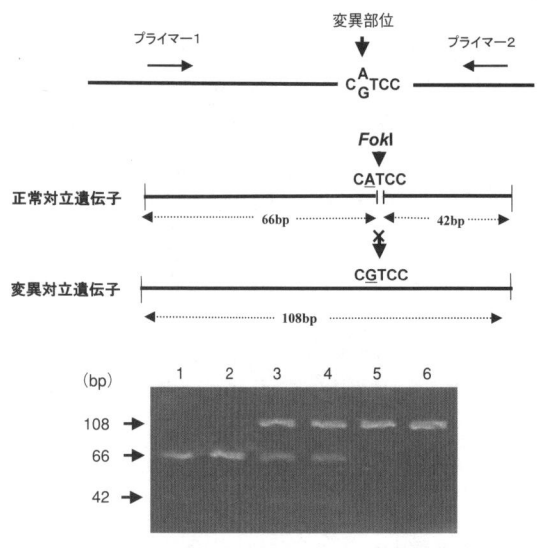

図7.8 PCR-RFLP法による遺伝子診断（塩基置換の検出）
ウシのチェディアック-ヒガシ症候群において、疾患の原因となる変異は一塩基置換の置換であり、この塩基置換は*Fok*Iという制限酵素の認識部位にある。この変異部位を含むPCR増幅断片は正常型遺伝子では*Fok*Iで切断されるが、変異型遺伝子では切断されないため、電気泳動により変異型遺伝子をもつ保因個体を容易に判別することができる。

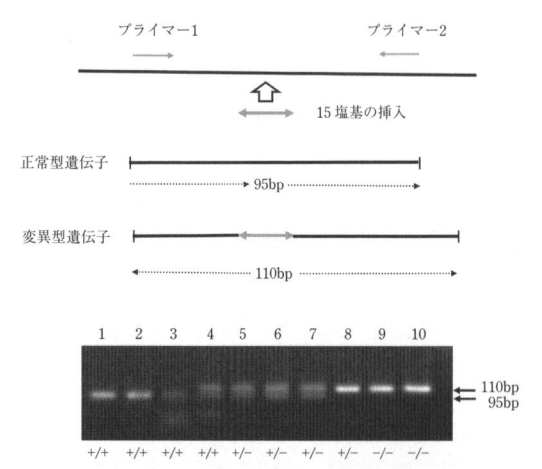

図7.9 PCR法による遺伝子診断（塩基挿入の検出）
ウシの第XI因子欠損症において、疾患の原因となる変異は15塩基の挿入である。この挿入部位を含むPCR増幅断片は変異型遺伝子では正常型遺伝子に比べて15塩基長くなるため、電気泳動により変異型遺伝子をもつ保因個体を容易に判別することが可能である。

参考文献

Alberts, B. *et al.* (2008): *Molecular Biology of the Cell*, 5th ed., Garland Science.

Beaudet, A. L. *et al.* (2001): Chapter 1. Genetics, biochemistry, and molecular basis of valiant human phenotypes, Fig. 1-16. In: C. Scriver *et al.* eds., *The Metabolic and Molecular Basis of Inherited Disease*, 8th ed., McGraw-Hill.

木村資生（1960）：集団遺伝学概論，培風館．

近藤恭司（1958）：家畜育種学，金原出版．

佐藤 彪（1988）：牛の拡張型心筋症に関する研究，日本獣医畜産大学博士論文．

Welsh, M. J. *et al.* (2001): Part 2. Membrane transport disorders, Chapter 201, Cystic Fibrosis, Fig. 201-14. In: C. Scriver *et al.* eds., *The Metabolic and Molecular Basis of Inherited Disease*, 8th ed., McGraw-Hill.

演習問題
（解答 p.156）

7-1 病気と遺伝の関係について正しいのはどれか．
(a) 感染症は病原微生物によって引き起こされるので、動物の遺伝的要因は関係がない．
(b) 高血圧症には遺伝的要因は関係しない．
(c) 中毒症は毒性を生じる因子によってのみ規定され、動物の遺伝的要因は関係しない．
(d) 病気の原因遺伝子がホモ接合にならなければ遺伝性疾患は発症しない．
(e) 病気の原因遺伝子がヘテロ接合で発症する場合、病気は優性様式で遺伝する．

7-2 動物の遺伝性疾患に優性のものが少ない理由として適切でないものは以下のどれか．
(a) 原因遺伝子がヘテロ接合の状態でも発症し淘汰されやすいため．
(b) とくに遺伝様式によって生き残りの状態

が決まるわけではなく，偶然であるため．
(c) 劣性の遺伝性疾患ではヘテロ接合体が発症せず，集団に残りやすいため．
(d) 優性の遺伝性疾患は晩発性に発症する場合にしか集団に保持されないため．
(e) 生体反応に酵素反応が関与する局面が非常に多いため．

7-3 集団の遺伝的多様性を減少させる要因として正しくないのはどれか．
(a) 瓶首効果
(b) 人工授精
(c) 近親交配
(d) 集団の大きさの減少
(e) 他集団からの個体の導入

7-4 ハーディ-ワインベルグの平衡が成り立つ集団において，Aとaの2つの対立遺伝子からなる遺伝子座の，AAの個体の頻度が0.36であった場合Aaの個体の頻度として正しいものはどれか．
(a) 0.12
(b) 0.24
(c) 0.36
(d) 0.48
(e) 0.54

7-5 遺伝性疾患において常染色体劣性と考えられないものはどれか．
(a) 雌雄の発症個体の出現頻度が同等である．
(b) 見かけ上正常な個体同士の交配から発症個体が生まれる．
(c) 発症個体同士の交配から正常個体が生まれる．
(d) キャリア同士の交配では約25％が発症する．
(e) 見かけ上は正常な個体の中にキャリアが存在する．

7-6 常染色体劣性で遺伝する病気が集団内の1％の動物に発症する場合，ヘテロ接合の個体の推定存在率は次のうちどれか．
(a) 50％
(b) 25％
(c) 18％
(d) 12％
(e) 4％

7-7 ある個体の父親の祖父と母親の父親が同一個体で特定の遺伝性疾患のキャリアであった場合，この個体が当該遺伝性疾患に罹患する確率として正しいのはどれか．
(a) 1/16
(b) 1/24
(c) 1/32
(d) 1/48
(e) 1/64

7-8 以下の血液凝固疾患のうちX染色体性に遺伝するものはどれか．
(a) 第Ⅶ因子欠損症
(b) 血友病A
(c) フォンウィルブランド病
(d) 第Ⅺ因子欠損症
(e) 第ⅩⅢ因子欠損症

7-9 以下の各種の赤血球異常のうちバンド3欠損に起因するものはどれか．
(a) 鎌状赤血球貧血症
(b) サラセミア
(c) 小球性貧血
(d) 球状赤血球症
(e) ラクダの楕円形赤血球

7-10 動物の遺伝性疾患の遺伝子診断法として一般に用いられるものはどれか．
(a) ウエスタンブロット法
(b) FISH法
(c) PCR-RFLP法
(d) ELISA法
(e) BLUP法

8章　動物の遺伝性疾患：各論

一般目標：
産業動物や伴侶動物に発生している個々の遺伝性疾患について，その臨床症状，病態，原因を理解する．

8.1　遺伝性疾患の症状とその特徴

到達目標：
遺伝性疾患の臨床症状，病態，原因を説明できる．

【キーワード】　グリコーゲン蓄積病，マンノシドーシス，シトルリン血症，白子症（アルビノ），骨形成不全症，コラーゲン代謝異常，DUMPS欠損症，血友病，フォンウィルブランド病，てんかん，ハンチントン舞踏病，筋ジストロフィー，ダウン症候群，リソソーム蓄積症，GM_1およびGM_2ガングリオシドーシス，セロイドリポフスチン蓄積症，進行性網膜萎縮症（PRA），コリー眼異常，筋委縮側索硬化症（ALS），乳牛の乳房炎易罹患性

1960年にMcKusicによってヒトの遺伝性疾患に関するカタログが公開された．その後米国国立衛生研究所（NIH）でデータベース化され，現在はジョンズホプキンス大学によってウェブサイトが運営されている[*1]．記載のある人の病因遺伝子は2013年12月時点で1万4001種類（大部分が常染色体性，ほかにX染色体性，Y染色体性，ミトコンドリア性）であった．詳細不明ながら遺伝性の根拠をもつ病気は，全体で2万1372件にのぼる．リストアップされたこれらの情報は随時更新されている．

動物でのデータベースはシドニー大学のF. W.Nicholasによって作成され，Online Inheritance in Animals[*2]で公開されている．イヌ，ウシ，ネコ，ヒツジ，ブタ，ウマなどでそれぞれ数百，ニワトリ，ヤギ，ウサギ，ウズラ，ハムスターでそれぞれ数十，その他で約500の合計約3000種類の病気が収録されている．内訳は，メンデル遺伝の疾患974種類，分子的異常が判明したもの473種類となっている．その他の動物（Listing of Inherited Disorders in Animals：LIDA），とくにイヌ（Canine Inherited Disorders Database：CIDD, Canine Health Information Center：CHIH），マウス（The Mouse Genome Database）のデータベースもある．また，PubMed（PubMed）という文献検索サイトのResourcesの書庫に遺伝関係のデータベースが網羅されており，そこから適切な情報にアクセスできる．

遺伝性疾患が種を超えて共通性をもって発現すると考えると，ヒトと哺乳動物を比較した際，ヒトの遺伝性疾患が多いようにみえる．表8.1に示したヒト遺伝性疾患のマウスモデルによれば，ヒトの相同遺伝子のノックアウトにより，ヒトとマウスで同じ病態が生じること，自然発生のマウスの病気の中にヒトの病気のモデルになるものがあることが理解できる．ヒトとマウスの間だけでなく，ヒトと各種動物間，もっと一般的には各種動物間での相同な病気に遺伝的に共通の根拠があると考えて差し支えない．表8.1では病気を22種類のカテゴリーに分類している．内科，外科などの分類とは異なって，この分類は，病気を，生体の機能との関連で生化学・分子生物学的に分類しており，非常に論理的である（なお，この表には免疫異常，染色体異常，多因子性疾患，生活習慣病などに関しては含まれていない）．マウスでもすべてのカテゴリーに自然発生性の分子異常の解明された遺伝性疾患が含まれているわけではない．動物では遺伝性疾患の発見が難しいといわれることがあるが，家系をたどるのに労力がかかる

[*1]　http://www.ncbi.nlm.nih.gov/omim

[*2]　http://omia.angis.org.au/home/

8.1 遺伝性疾患の症状とその特徴

表8.1 ヒトの遺伝性疾患のマウスモデル

異常の種類	KO	TG	R	C	S	計
糖質代謝異常	10	0	0	0	1	11
アミノ酸代謝異常	8	0	1	6	1	16
β酸化の異常	2	0	0	0	1	3
リソソーム機能異常	14	0	0	0	4	18
プリン代謝異常	2	0	0	0	0	2
ペルオキシソーム機能異常	3	0	0	0	0	3
神経堤の異常	4	1	4	3	6	18
聴覚と視覚異常	12	3	5	5	11	36
皮膚の異常	4	4	0	0	5	12
骨格と結合組織の異常	17	5	5	1	8	36
血液系の異常	36	2	1	3	14	56
リポタンパク代謝の異常	8	7	0	0	1	16
金属代謝異常	1	0	1	1	2	5
神経筋疾患	6	1	0	1	4	12
神経変性疾患	19	12	0	0	4	35
遺伝性癌	24	2	0	1	0	27
内分泌機能異常	20	2	0	0	11	33
発生異常	9	0	1	0	0	10
心臓血管機能障害	5	1	0	0	0	6
肝機能異常	1	0	0	0	0	1
肺機能異常	2	1	0	0	0	3
腎臓の形態異常	3	1	0	0	1	5
計	210	42	18	21	74	364

KOはノックアウト，Tはトランスジェニック，Rは放射線処理，Cは化学物質誘発，Sは自然発生．

ことと，病気に遺伝の根拠があるとする考えが希薄であったことに起因するようである．

いずれの病気も，病気の進行あるいは悪化に伴い，器官の機能異常から臓器不全に至り，単一器官系の異常から多臓器系，ひいては全身の異常に拡大され，発育不全，生殖障害，死亡に至る可能性を秘めている．生命維持に重要な遺伝子の欠陥が重度であればあるほど，発生の初期に死亡する．生後致死は比較的よく見受けられるが，獣医畜産領域では致死は「病気」とは扱われてこなかった．矮小症や発育不良も同様である．被毛色を含む皮膚症状や行動異常など一見して認識できる症状を示す状態はよく見つかるが，これらの形質と疾患との間にリンクがあることは専門家以外にはあまり知られていない．臨床検査が普及したために，血液異常は比較的頻繁に検出される．ヒトの遺伝性疾患の情報や，ノックアウト情報を参照すれば遺伝性疾患の発見は実は容易である．本節では，比較的よく出会い，原因や症状が理解されている遺伝性疾患の代表例を，代謝異常，発生異常，血液凝固異常，神経疾患，晩発生疾患というカテゴリー別に概論的に示すことにする．なお，8.2節は各疾患のより詳細な各論的記述である．

8.1.1 代 謝 異 常

糖質，アミノ酸，脂質の代謝には，中間代謝として化合物の構造が変化する反応の1つ1つに特異的な代謝酵素が関与しており，それぞれの酵素の遺伝子に異常が生じると，この異常がホモ接合の状態では，直前の反応基質の蓄積とそれ以降の反応産物の欠乏により異常が引き起こされる．酵素のように生体反応で触媒として使いまわしがきくような分子の遺伝子に起きた異常の場合，ヘテロ接合の動物は異常な遺伝子と正常な遺伝子をもっており，正常動物の半量の正常酵素を遺伝子発現する．この発現量で正常な反応が保たれるため，ヘテロ動物には異常が発現せず，したがってこの異常は劣性で伝搬される．動物での代表的な糖代謝異常症には，グリコーゲン蓄積病，マンノシドーシスなどがあり，アミノ酸およびタンパク質代謝異常症には，シトルリン血症，高チロシン血症，白子症（アルビノ），骨形成不全症などがある．フェニルケトン尿症，アルカプトン尿症，メープルシロップ尿症なども知られている．脂質代謝異常症には高コレステロール血症などが知られている．

a. 糖質代謝異常症
1) グリコーゲン蓄積病

Ⅰ（イヌ），Ⅱ（ウシ），Ⅳ（ネコ，ウマ），Ⅴ（ウシ，ヒツジ）およびⅦ（イヌ）型が知られている（Nicholas, 2008）．グリコーゲンの代謝分解に必要な酵素の遺伝的欠損により肝臓，筋肉などの組織にグリコーゲンが異常に蓄積する病気である．発育障害，肝腫大，空腹時低血糖，高コレステロール血症などを生じる．常染色体単純劣性の様式で遺伝する．

2) マンノシドーシス

α型（ウシ，ネコ，モルモット）とβ型（ウシ，ヤギ）が知られている（Nicholas, 2008）．リソソームには，数多くのリソソーム酵素が存在し，複合糖質や脂質などの細胞内基質を分解している．これらのリソソーム酵素やその関連タンパク質の遺伝的異常により，それぞれの酵素に対応する基質がリソソーム内に蓄積して起こるのがリソソーム病およびリソソーム蓄積症である．マン

ノシドーシスは，30種類以上あるリソソーム病の1つである．スフィンゴリピドーシス，GM$_1$ガングリオシドーシス，その他のムコ多糖症などのリソソーム病では，蓄積する物質は異なるが，肝臓，神経，結合組織などでの蓄積部位は共通しており，症状も類似する．精神運動発達遅延，顔貌異常（ガルゴイル様顔貌），骨異常，肝脾腫などの全身症状を示す．常染色体単純劣性の様式で遺伝する．

b. アミノ酸およびタンパク代謝異常症

1）シトルリン血症

本症は，シトルリンとアスパラギンからアルギノコハク酸を生成する過程を触媒するアルギノコハク酸シンターゼの欠損により尿素回路（図8.1）中でシトルリンが貯留し，その後シトルリン合成停止によりアンモニアが蓄積することによって重篤なアンモニア中毒症状を呈し，生後数日以内に死亡する疾患で，ウシで知られている．常染色体単純劣性で遺伝する．アミノ酸代謝異常による遺伝性疾患はほかにも多数存在している．分枝鎖アミノ酸のロイシン，イソロイシン，バリンの代謝異常により尿中にメープルシロップ様のにおいを発する代謝産物が排泄され，神経症状を呈するメープルシロップ尿症はヒトの遺伝病であるがウシでも見つかっている．フェニルアラニン→チロシン→フェニルピルビン酸→ホモゲンチジン酸→マレイルアセト酢酸→フマリルアセト酢酸を経てフマル酸とアセト酢酸を生じるチロシン関連の代謝異常により高チロシン血症が生じる（図8.2, 8.3）．チロシンは溶解度が低いため，血中・組織液中で結晶が析出して臓器の異常，とくに眼の異常を生じる．チロシンはカテコールアミンの代謝経路，甲状腺ホルモンの代謝経路，メラニン合成経路にも関与している重要なアミノ酸である．シグナル伝達で重要な役割を果たしているチロシンキナーゼの基質でもある．これらのアミノ酸代謝異常症の多くは，排泄物に異常な代謝産物を含むので，特有の色調やにおいを示すことが多い．植物代謝でも共通する経路があり，一部の除草剤は，この中間代謝にかかわる酵素（たとえば4HPPD（4-ヒドロキシフェニルピルビン酸デヒドロゲナーゼ）を阻害するので，この除草剤を高濃度で投与された動物に高チロシン血症を生じることがある．この状態は遺伝的4HPPD異常の表現型模写と考えることができる．ヒトでは，フェニルアラニン代謝異常の1つとしてのフェニルケトン尿症が重要な遺伝性疾患で，出生時のマススクリーニングが行われている疾患の1つである．放置すると精神発達遅滞を生じるので，とくに生後まもないころフェニルアラニン濃度の低いミルクで哺育し発症を抑える必要がある．これらの酵素異常に関してはいずれも常染色体単純劣性で遺伝する．ヒトでは囊胞性線維症（CF）で示したのと同じく，非常に多種の遺伝子変異体が存在している（Scriver, 2001）．

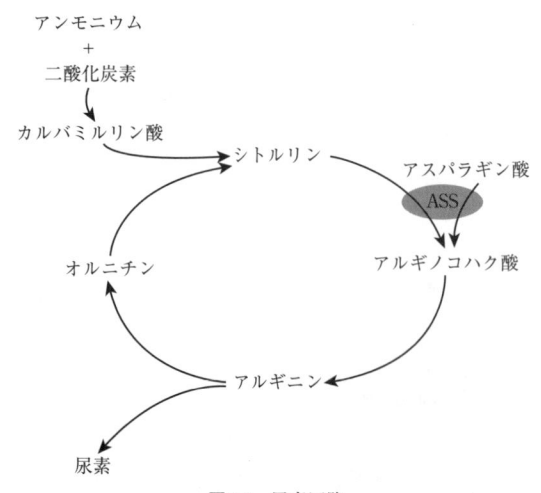

3）白子症（アルビノ）

ネコ，ウシ，ラット，メダカ，ミンクなど多種の動物で知られている．皮膚，毛の色素には，黒色のユーメラニン（eumelanin，真性メラニン）と，黄色のフェオメラニン（pheomelanin，黄色メラニン），それらの中間代謝物の混合したメラニンがある（図8.4，8.5，および3.2節の毛色の遺伝も参照）．メラニンは，神経堤由来のメラノサイトのメラノフォア内でチロシンからドーパ，さらにドーパキノンに，酵素チロシナーゼ（正確にはモノフェニルモノオキシゲナーゼ）を触媒として酸化され，その後インドール化した分子が重合して高分子のユーメラニンが生じたり，システインが結合したドーパキノンが重合してフェオメラニンが生じたりする．このメラニン代謝の最初と2番目の反応はチロシナーゼによって触媒され，反応全体の律速段階となっているが，この酵

図8.1 尿素回路
シトルリンとアスパラギン酸とから，アルギノコハク酸を生成する際に酵素アルギノコハク酸シンセターゼ（ASS）が働く．

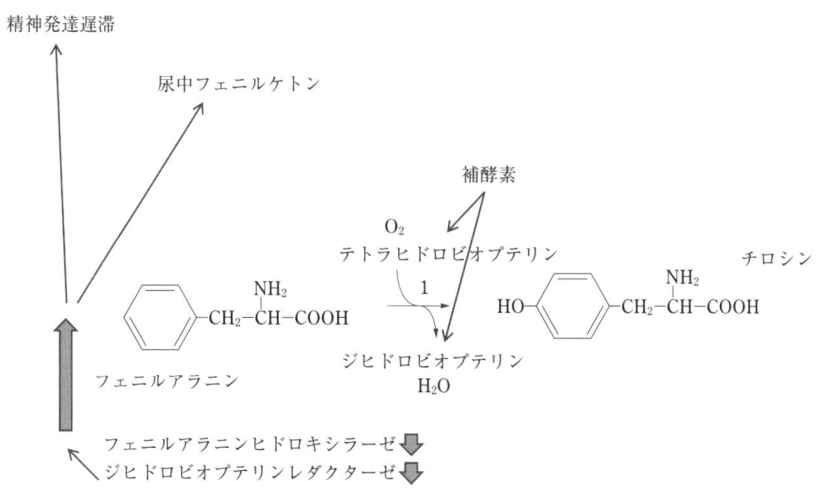

8.1 遺伝性疾患の症状とその特徴

精神発達遅滞

尿中フェニルケトン

$$\text{フェニルアラニン} \xrightarrow[\text{ジヒドロビオプテリンレダクターゼ}]{\text{フェニルアラニンヒドロキシラーゼ}} \text{チロシン}$$

（O₂、テトラヒドロビオプテリン、補酵素、ジヒドロビオプテリン、H₂O）

- フェニルアラニンヒドロキシラーゼの欠損
- フェニルアラニンヒドロキシラーゼ輸送体の欠損
- テトラヒドロビオプテリンシンターゼの欠損
- テトラヒドロビオプテリンシンターゼ輸送体の欠損
- ジヒドロビオプテリンレダクターゼの欠損

図 8.2 フェニルアラニンからチロシンへの代謝障害とフェニルケトン尿症

上向きの太い矢印は増加，下向きの太い矢印は酵素量の低下もしくは活性の抑制を示す．
フェニルアラニンは正常な動物では，フェニルアラニンヒドロキシラーゼと補酵素テトラヒドロビオプテリンの作用によりフェニル環の 4 位の水酸化を受け，チロシンに代謝される．この酵素と補酵素の代謝にかかわる 2 種類の酵素のいずれかに遺伝的な異常があると，チロシンが形成されず，フェニルアラニンが高濃度になり，これがフェニルピルビン酸→フェニル乳酸→フェニル酢酸に代謝され，脳血液関門の未発達な幼若動物で脳に蓄積されると，他のアミノ酸の取り込みが阻害され，神経細胞の成長が阻害されてヒトでは精神発達遅滞を起こす（フェニルアラニンの含有量が少ない人工乳で育てることで発症は予防できる）．尿中に排泄されるフェニルケトンはネズミの尿のようなにおいを発する．チロシンは食事性に補給できるが，この遺伝的障害ではチロシンが形成されないことからチロシン欠乏が起こることがあり，その場合には色素欠乏，甲状腺ホルモン低下，カテコールアミン不足などの症状が現れることがある．単一の酵素欠損に起因する場合，異常は常染色体単純劣性で遺伝する．

素が欠損すると，メラニンは産生されず，全身に色素をもたないアルビノが生じる．眼は血液の色が外からそのまま見えるので赤色である．メラニンによる紫外線防御が期待できないため，天然の環境の中では生存しにくいと考えられている．

動物の多様な被毛色は，複雑なメラニン代謝のさまざまな段階に関与する酵素の欠損とその他の因子の相互作用により，さまざまな色をした中間謝産物が複合体として生じることに起因する．これらは遺伝的形質として特定されている．メラニン合成系のどの過程で反応が停止または低下するかによって本来のメラニンとは異なった特定の色素が生じる．関与する酵素の遺伝子突然変異と毛色の関係が図 8.5 に示されている．色素異常の中には，リソソームおよびメラノソームの構造と機能に関係するチェディアック-ヒガシ症候群，ア

リューシャン病（ミンク），神経堤細胞などの移動に関係する致死性白斑症候群，ヒルシュスプルング病，メラノフォア内での色素合成が関与するさまざまなアルビニズムなどのように色素異常と病気がリンクしているものがある．

4）骨形成不全症（コラーゲン代謝異常：劣性型と優性型）

コラーゲンは哺乳類の体に大量に存在するタンパク質のグループである．コラーゲンを構成するアミノ酸は，33％のグリシン，22％のプロリン＋ヒドロキシプロリン，11％のアラニンを含む点で，ほかのタンパク質とは組成が大きく異なっている．19 種類（型）のコラーゲンを形成する 30 種類の遺伝子が複数の染色体にまたがって存在する．コラーゲンの基本構造は各型に特異的な α_1 鎖と α_2 鎖 3 本からなる三重らせん構造であ

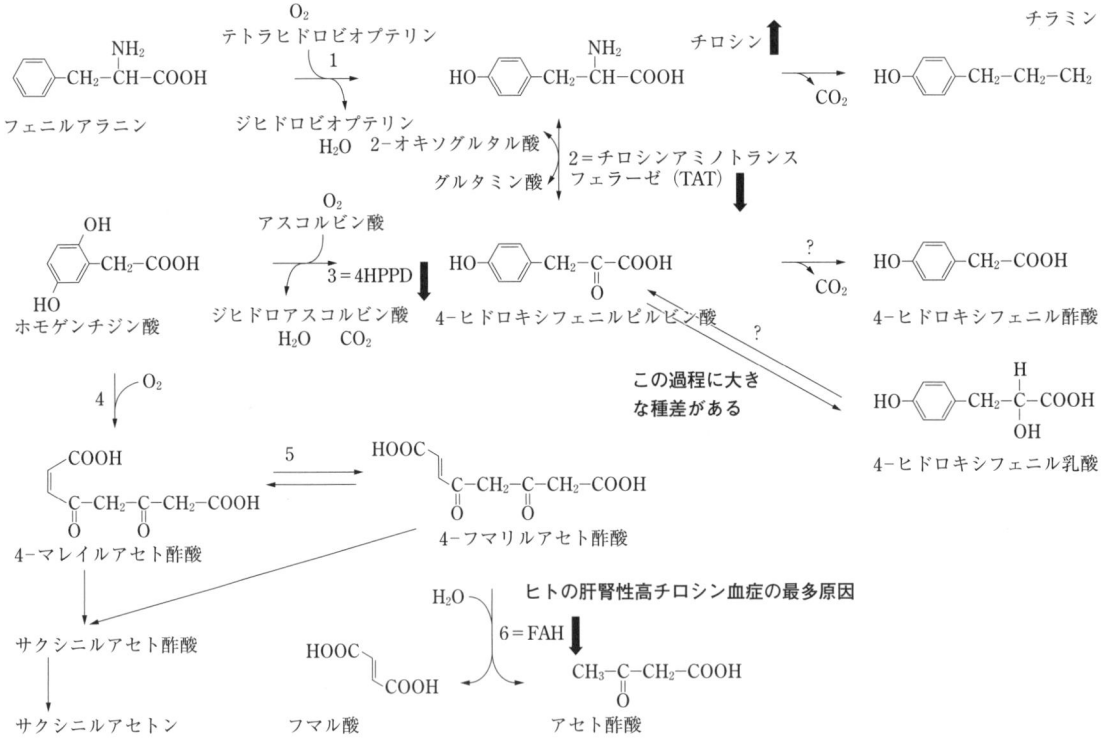

図 8.3 チロシンの代謝と高チロシン血症を生じる酵素の遺伝的な異常

フェニルアラニンからチロシン（Try）以降 6 種類プラスアルファの酵素によって触媒される中間反応を経てサクシニルアセトン，フマル酸，アセト酢酸までの分解過程を示す．Try は酵素チロシンアミノトランスフェラーゼ（TAT）によって脱アミノ化され，4-ヒドロキシフェニルピルビン酸（4HPPA）に変換される．この反応は両方向性である．4-HPPA は次いで酵素 4-ヒドロキシフェニルピルビン酸デヒドロゲナーゼ（4HPPD）の触媒作用によってフェニル環が水酸化されホモゲンチジン酸になる．TAT の遺伝的欠損（突然変異）や酵素活性の阻害は高チロシン血症を生じる．Try は高濃度になると，水溶解度が低いので，血液や細胞内液中で結晶として析出し，白内障，肝障害などさまざまな悪影響を生じる．4-HPPD の遺伝的欠損や除草剤による活性阻害でも同様な高チロシン血症が生じる．この場合，4-HPPA がまず高濃度となるが，その結果 TAT が通常とは逆に反応を触媒して Try を高濃度化させる．4-HPPA は一部 4-HPP 乳酸となって腎臓から排泄されるが，この反応には大きな種差がある．ラットでは比較的この活性が低く，高 Try 状態が顕著に現れる．ヒトでは図中の 6 つの酵素の変異が知られており，肝腎性の高 Try 状態が生じる．この場合，Try までの反応過程が長いため病態には大きな変動がある．

る．膜に結合したポリリボソームでプロコラーゲンが合成され，粗面小胞体を通じて輸送される間に一部側鎖の水酸化が起こり，次いでゴルジ装置での糖付加を経て細胞外に分泌される．分泌後プロコラーゲンの N 末端と C 末端は型が異なる酵素によって切断され，重合して長い繊維状の分子（細線維→原線維）になる．これがさらにクロスリンクして太い線維になる．配列は非常に規則的であり，電子顕微鏡では決まった間隔の縞が観察される．

 I 型コラーゲンの異常により生じる遺伝性疾患に骨形成不全症がある．ヒトでは骨脆弱，青色の強膜，聴覚喪失，軟組織形成不全などの特徴をも

ち，出生時致死から症状が軽く生存可能なタイプまで表現型は不均一である．病態は同じであるが，劣性様式で遺伝する場合と，優性様式で遺伝する場合がある（Scriver, 2001）．プロコラーゲンをプロセスするタンパク分解酵素（C-1 および N-1 コラーゲナーゼ）の分子異常による酵素欠損がある場合には劣性様式で遺伝する．コラーゲン鎖の遺伝子に異常がある場合，ヘテロ接合体では，正常な機能を維持するのに必要な正常コラーゲン分子が正常個体の半分しか遺伝子発現しないので，正常機能が保たれず，異常になる．したがって，この場合異常は優性で遺伝することになる．劣性型の骨形成不全症は，ヒツジとウシで生

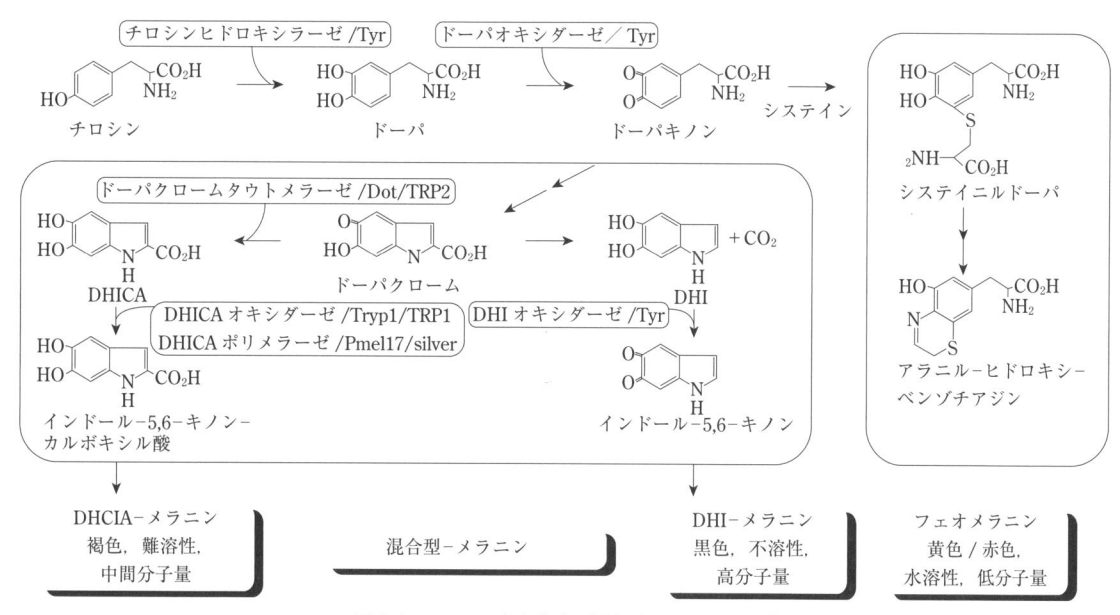

図 8.4 メラニン生合成系の概略（King *et al.*, 2001）

DHICA はジヒドロキシインドールカルボキシル酸，DHI はジヒドロキシインドールを表す．
チロシン→ドーパ→ドーパキノンの順にメラノサイト内で反応が進行し，さらにインドール化した化合物がメラノフォアの中で重合してユーメラニンが形成される．インドール系中間代謝合物の種類により分子量の異なるメラニンができる．重合過程の詳細はよくわかっていない．システインと結合したドーパキノンが重合すると黄色のフェオメラニンが形成される．チロシナーゼが律速的な役割を果たしており，この酵素を欠くと色素をもたないアルビノとなる．ほかの酵素は反応生成物の種類と量を調節している．

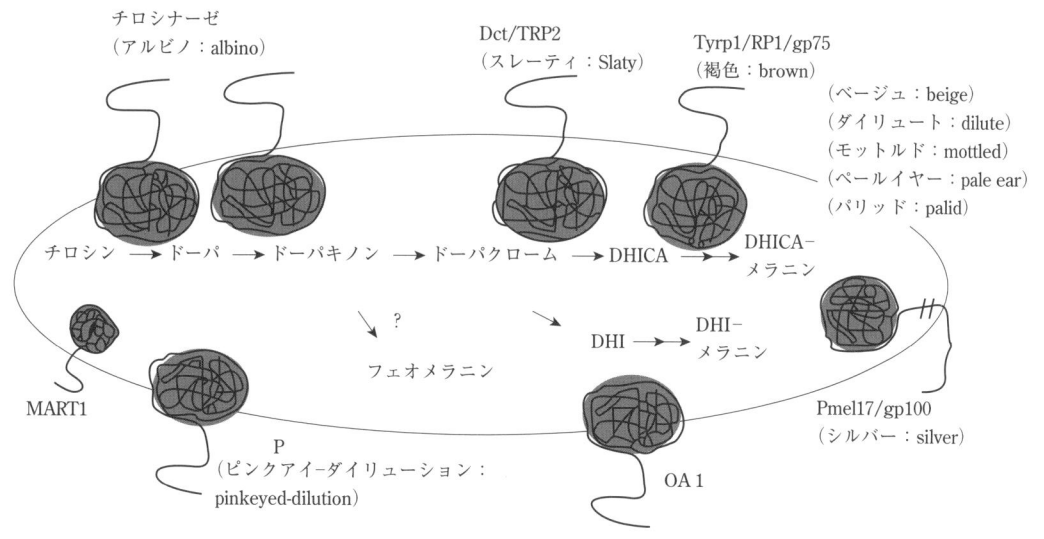

図 8.5 メラニン生合成系の変異がつくりだす色素異常（King *et al.*, 2001）
色素異常を生じる原因となる酵素を，カタカナまたは略語で示す．
括弧内はそれらの色素異常に関連した遺伝的形質の名称．

じることが知られている．優性型は，ウマ，イヌ，ミンク，ウサギで発生することが知られている（Nicholas, 2008）．ヒトには両型が存在する．

コラーゲン代謝の異常に起因して皮膚脆弱症を主徴候とするⅠ～Ⅹ型のエーラスダンロス症候群はヒトではよく知られているが，動物でも，ネコ，イヌ，ミンク，ウサギ，ヒツジで知られている（Nicholas, 2008）．

8.1.2 発生異常

発生が正常に行われずに，出生前に死亡したり，生存するもののさまざまな奇形や発育不良を生じたりする場合，発生異常のカテゴリーに分類される場合がある．顔面形成異常，矮小症（均衡型，不均衡型）の奇形は明らかに発生異常のカテゴリーに入るが，イヌでは短頭・短肢の特徴をもった品種が固定されており，病状を表現するのに「ブルドッグ様顔貌」「軟骨異栄養的」などが使われるものの，病気としては扱われていない．また受精卵から胚発生全般にかかわるボディプランにはホメオティック遺伝子群の時間空間的発現が関与しており，ショウジョウバエではこれらの突然変異が致死，触角奇形などを引き起こすことが知られている．これらの遺伝子は広く動物界に共通的に広がっていることが知られている．遺伝的な多指症，欠指症などにはホメオティック遺伝子の発現過程のいずれかの構成要素の遺伝子の異常が関与している可能性が高い．発生期に雌親への化学物質曝露によって胎子に奇形が生じることがある．たとえば，ビタミンA過剰症による奇形発生はレチノイン酸受容体を介する発生制御が攪乱される結果である．ただし，これらの奇形は発症動物の子の世代には伝搬されないが，それは作因が関与するタンパク質の遺伝子そのものに変異を起こしたり，生殖細胞の遺伝子情報に悪影響を生じたりするわけではないからである．

1) DUMPS 欠損症

DUMPS（ウリジン一リン酸シンターゼ）という酵素はオロチン酸をピリミジンヌクレオチドの主要構成物質であるウリジン一リン酸（UMP）に変換する反応を触媒する．DUMPS遺伝子のナンセンスホモ接合のウシ胎子は妊娠40日前後で子宮内で死亡する．発生期にヌクレオチドが大量に必要なのでこの酵素欠損個体で発生停止が起こるのは予想される結果である．基本的には代謝異常のカテゴリーで扱うべき症例であろうが，胚性致死ということで本書では発生異常として扱っている．また，この酵素欠損のヘテロ接合体では妊娠初期流産が好発し，リピートブリーダー*であることが知られている（Nicholas, 2008）．

8.1.3 血液凝固異常

血液凝固は図8.6に示されるように非常に複雑な反応を介して起こる現象である．古典的には可溶性のフィブリノーゲンがトロンビンによって分子の両端が切断され，重合して不溶性のフィブリンを形成する反応と説明されている．この主反応に至る経路には非常に多数の凝固因子（Caを含めておもなものは12種類；表8.2）が関与しており，内因性経路では表面張力による第Ⅻ因子の最初の切断が起こると，連鎖反応的に凝固因子が活性化される（凝固のカスケード）．外因性経路でも最初に関与する凝固因子は第Ⅶ因子であるが，その後の活性化は連鎖的である．凝固因子の大部分はタンパク質であり，遺伝子によってコードされている．析出したフィブリンを溶解するプラスミンなどの線維素溶解系（線溶系）が最終処理と，凝固亢進の防止にかかわっている．線溶系は発生，成長，排卵，発癌など多くのフェーズで，さまざまな細胞成長因子により誘導される．

1) 血友病AおよびB

血友病は遺伝性疾患の代表例で，ヒトではハプスブルグ家やヨーロッパの王室の家系内発症が有名である．第Ⅷ因子（A型），第Ⅸ因子（B型）の欠損ないし機能低下により発症する．この凝固因子の遺伝子はいずれもX染色体上に存在する．変異遺伝子についてヘテロ接合体の雌は発症せず，ヘミ接合体の雄は発症する（伴性遺伝）．血友病では，関節や筋肉内などの深部内出血が特徴である．止血しても再発することがある．血友病Aはウシとイヌで，血友病Bはネコとイヌで発見されている（Nicholas, 2008, 2009）．

2) フォンウィルブランド病

この第Ⅷ因子と相互作用して凝固を進行させているタンパク質にフォンウィルブランド因子

---

* 発情に合わせて人工授精を行っても妊娠に至らず，繰り返し人工授精が必要になる繁殖障害の状態．

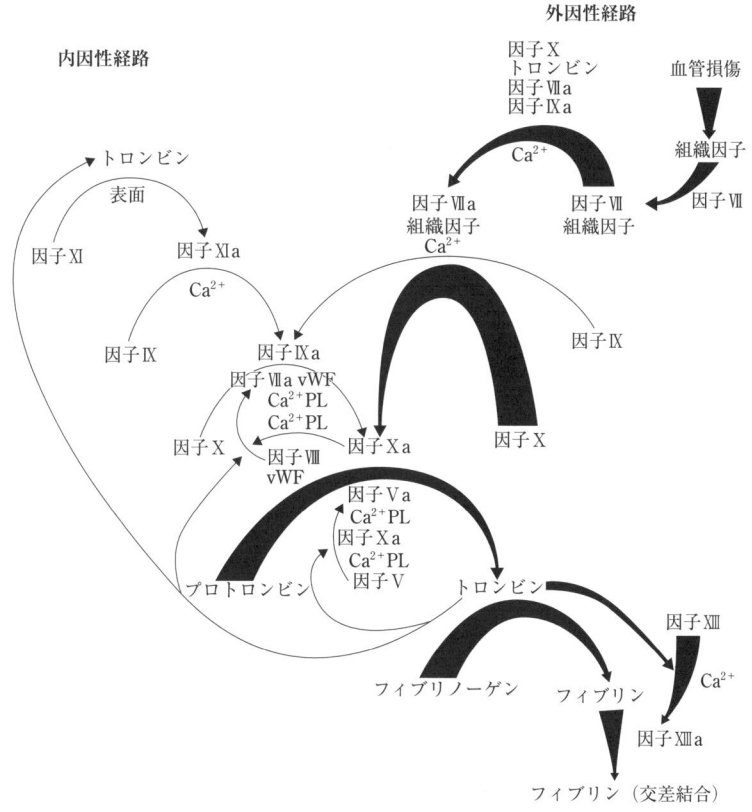

8.1 遺伝性疾患の症状とその特徴

図 8.6 血液凝固のカスケード (Davie *et al.*, 1991)

血管に損傷が生じ，血液が血管外に出る状況は，その部位での血液凝固により持続的な出血が防がれる．血液凝固過程では，血液中に溶解している高分子のタンパクフィブリノーゲンの単体の両端が凝固因子活性化カスケードにより活性化されたトロンビンというタンパク分解酵素（セリンプロテアーゼ）によって加水分解され，次いでその単体が端同士重合して長大な繊維状で不溶性のフィブリンポリマーとなって損傷部位を覆うことにより出血が阻止される．血管の損傷はどこでも起こりうるので，その修復のための凝固因子は血液中に含まれている必要があるが，損傷自体は局所的なので，血管内全体で凝固反応が起こると循環阻害（病気として致死性の DIC，播種性の血管内凝固）のため死に至るので，凝固因子の活性化は局所的に起こる必要がある．また，一部血管内で生じた活性化因子は直ちに分解される必要もある．したがって，血液凝固系と凝固物分解系（線素溶解系）の間には微妙なバランスが保たれている．

内因性経路は接触系ともいわれ，水にぬれる表面に第Ⅻ因子が接触することによって表面張力で分解活性化され，第Ⅺ，Ⅸ，Ⅹ因子を次々に活性化し（ここではローマ数字にaを付して活性化を示す），フィブリン形成に至る経路である．外因性経路は損傷により血管内皮から放出された組織因子（トロンボプラスチン）と第Ⅶ因子が第Ⅹ因子を活性化する経路である．両経路とも第Ⅹ因子活性化以降は共通である．内因性経路の第Ⅹ因子活性化は，第Ⅷ因子，カルシウムイオン，リン脂質，フォンウィルブランド因子（vWF）が複合体化した第Ⅹ因子分解酵素（テンエース）により触媒される．

（vWF）があり，その遺伝子は常染色体に存在している．vWF の遺伝子異常により凝固が進行せず，第Ⅷ因子欠損とほぼ同様な凝固異常が生じる．これは血友病とは違って常染色体劣性の遺伝様式で発現し，Ⅰ～Ⅲ型が知られている．イヌ以外にも，ネコ，ブタ，ウサギでも発症が知られている．このほかに第Ⅶ因子（イヌ），第Ⅺ因子（ウシ，イヌ）(Nicholas, 2009)，第ⅩⅢ因子（ウシ）欠損症が知られている．

8.1.4 神経疾患

ムコ多糖類，脂質などの蓄積症，イオンチャネルの異常に起因する各種てんかん，ハンチントンタンパクでのグルタミンリピートに起因するハンチントン舞踏病，進行性の神経・筋疾患である各種の筋ジストロフィー，染色体トリソミーによるダウン症候群などは，運動異常，行動異常，精神発達遅滞を伴う疾患である．先に述べたムコ多糖に関連するリソソーム蓄積症以外に，脂質代謝に

表 8.2 フィブリン形成とフィブリン分解に関係する凝固経路の成分酵素，タンパク質補助因子，および基質

ローマ数字表記	一般名	合成部位
第Ⅰ因子	フィブリノーゲン	肝臓
第Ⅱ因子	プロトロンビン　トロンビン	肝臓*，血漿
第Ⅲ因子	組織因子（トロンボプラスチン）	血管内皮
第Ⅳ因子	カルシウムイオン	
第Ⅴ因子	プロアクセレリン	血管内皮
第Ⅶ因子	プロコンバルチン	肝臓*
第Ⅷ因子	抗血友病因子	血管内皮
第Ⅸ因子	クリスマス因子	肝臓*
第Ⅹ因子	スチュアート因子	肝臓*
第ⅩⅠ因子	血漿トロンボプラスチン前駆体	肝臓
第ⅩⅡ因子	ハーゲマン因子	肝臓
第ⅩⅢ因子	フィブリン安定化因子	肝臓
	フォンウィルブランド因子	血管内皮
	プレカリクレイン（フレッチャー因子）	肝臓
	HMWキニノーゲン（高分子量キニノーゲン）	肝臓
	タンパク質C	肝臓*
	タンパク質S	肝臓*
	トロンボモジュリン	血管内皮
	抗トロンビンⅢ	肝臓
	プラスミノーゲン	肝臓
	組織型プラスミノーゲン活性化因子	肝臓
	ウロキナーゼ型プラスミノーゲン活性化因子	不明
	ヘパリン補因子Ⅱ	肝臓
	血小板	骨髄

＊はビタミンK依存性．

関連する蓄積症のGM_1およびGM_2ガングリオシドーシス（ネコ，イヌ），セロイドリポフスチン蓄積症（イヌ，ヒツジ，ウシ）などで神経症状がみられている．ジストロフィン，その他の細胞外基質タンパクの異常による筋ジストロフィー（イヌ，ネコ）も知られている．神経症状は感覚受容系，中枢系，運動系とその間をつなぐ神経系のいずれに障害が起きても発現する．イヌの進行性網膜萎縮症（PRA）やコリー眼異常（コリーアイアノマリー）などがその例である．

ハンチントン舞踏病は動物では知られていないが，ポリグルタミンリピートが関与し，世代を経て発症が早まり，病態が重篤化することが知られている優性遺伝様式の疾患である．

Caチャネルであり，かつGABA作動性シグナル伝達で重要な役割を果たしているリアノジン受容体の異常により，ハロセン麻酔後に全身の震えや悪性の高熱を発して死亡する遺伝性の異常がブタで知られている（ブタストレス症候群，8.2節参照）．昆虫の受容体には結合して筋麻痺を起こして死亡させるが哺乳動物の受容体には結合しないため副作用がほとんどないリアノジン受容体活性化に起因する殺虫剤が開発され，この受容体に結合するさまざまな化学物質の結合部位と，結合後の機能発現について解明されつつある．

8.1.5 晩発性疾患

前項のハンチントン舞踏病が優性疾患であるのに，集団内で遺伝子が保存されるのは，発症が遅いからにほかならない．筋委縮側索硬化症（ALS）も同様に晩発性の神経疾患であり，遺伝的根拠が解明されつつある．脊髄小脳変性症も家系性に発症する事例が知られている．これらのヒトの病気はいずれも難病指定されている．

晩発性疾患のうち，動物で特記すべき遺伝性の状態は，乳牛の乳房炎易罹患性である．乳房炎，産後起立不能，第四胃変位，卵胞嚢腫はいずれも周産期疾患であり，雌に限って発症する．とくに乳房炎は，約25％の雌が罹患し，治療して治癒しても再発する例が多く，最終的には殺処分されるので経済的損失が大きい．発症雌が淘汰されるため，世代を経て発症率が低下しても不思議では

ないし，環境衛生の改善もされているにもかかわらず，発症はやまない．遺伝率が高いことは古くから指摘があった．乳房炎易罹患性は常染色体単純劣性で遺伝する可能性が，家系調査から示唆されている．最近では関与する遺伝子が確定されたとの報告もある．大事なことは，① 表現型の異常，すなわち乳房炎は晩発性であること，② 雄にもこの想定遺伝子が保持されており，雄の場合劣性ホモ個体でも発症しないことである．雌の場合は発症個体を淘汰しても，その時点で子が生まれているし，ヘテロ接合体は分子的には検出できなかったため，集団内に残存する．雄については，まったく選抜がかかっていない．原因遺伝子に関する分子遺伝学的研究の進展が待たれる状況である．

8.1.6 国が指定するウシの遺伝性疾患

黒毛和種牛の，バンド3欠損症，第XIII因子欠損症，尿細管形成不全症，[チェディアック-ヒガシ症候群]，[眼球形成異常症]，[モリブデン補酵素欠損症]，ホルスタイン種の白血球粘着不全症，複合脊白血球粘着不全症，椎形成不全症は国の指定するウシの遺伝性疾患である．なお，[ ]の疾患は最近指定から外れた．詳しくは，8.2節での記述とともに家畜改良事業団のウェブサイト*を参照されたい．

8.2 産業動物の遺伝性疾患

> **到達目標：**
> ウシ・ブタ・ウマの遺伝性疾患の臨床症状，病態，原因を説明できる．
>
> 【キーワード】 ウシ白血球粘着不全症（BLAD），ウシ複合脊椎形成不全症（CVM），尿細管形成不全症（CL16），バンド3欠損症，第XIII因子欠損症，第XI因子欠損症，チェディアック-ヒガシ症候群（CHS），眼球形成異常症，軟骨異形成矮小体躯症，致死性白斑症候群，周期性四肢麻痺症，ブタストレス症候群（PSS）

ウシ，ブタなどの産業動物では，① 特定の種動物（雄）が頻繁に交配に用いられること，および ② 遺伝的な改良を目的として，しばしば優秀な能力をもった個体の家系を中心に，比較的近い血縁関係にある個体同士の交配も行われることから，遺伝性疾患の発生頻度は高く，発生したときの経済的損失も大きい．また，発生がみられた場合には，疾患の原因となる遺伝子はすでに集団中に広く拡散し，多くのキャリアが存在している場合が多い．そのため，その遺伝子を集団から排除するためには多くの時間と労力が必要になる．したがって，産業動物の遺伝性疾患をいかに予防し，コントロールするかは重要な課題である．7.5節で述べたように，現在では多くの産業動物種において，遺伝性疾患の予防とコントロールのためにさまざまな対処がされているが，その前提となるのは，臨床獣医師が遺伝性疾患についての正しい知識をもち，遺伝性疾患が発生したときに，的確な対処ができることであることはいうまでもない．以下に，産業動物において発生が報告されている遺伝性疾患について，臨床症状，病態，診断法などについて概説する．

1）ウシ白血球粘着不全症（BLAD）

ホルスタインに発生する常染色体劣性の遺伝性疾患であり，発症個体は免疫不全により，子の段階で口腔などの粘膜の潰瘍，歯肉炎，肺炎，腸炎などの持続性の感染症を呈し，血中好中球数が著しく上昇する．感染症を繰り返し，生後1年以上生存することはまれである．抗生物質の局所的投与が一時的には有効であるが，完治しない．細胞接着分子を構成するインテグリンβ鎖の遺伝子の変異に起因する遺伝性疾患である．白血球ではその細胞膜上に存在するインテグリンβ鎖（*CD11/CD18*）遺伝子のミスセンス突然変異により，このタンパク質の欠損が生じ，その結果，白血球（とくに好中球で顕著）の血管内皮細胞への接着，血管外への遊走および血管外での異物貪食機能が低下し，免疫不全を引き起こす．ウシ以外ではイヌでも同様の疾患の発生が報告されている．キャリアは見かけ上正常であり，キャリアの同定には遺伝子診断が必要である．本疾患は*CD18*遺伝子におけるミスセンス変異が原因であり，変異を検出する遺伝子診断が可能になっている．

2）ウシ複合脊椎形成不全症（CVM）

ホルスタインに発生する，脊椎の著しい形態異

---

* http://liaj.or.jp/giken/index.htm

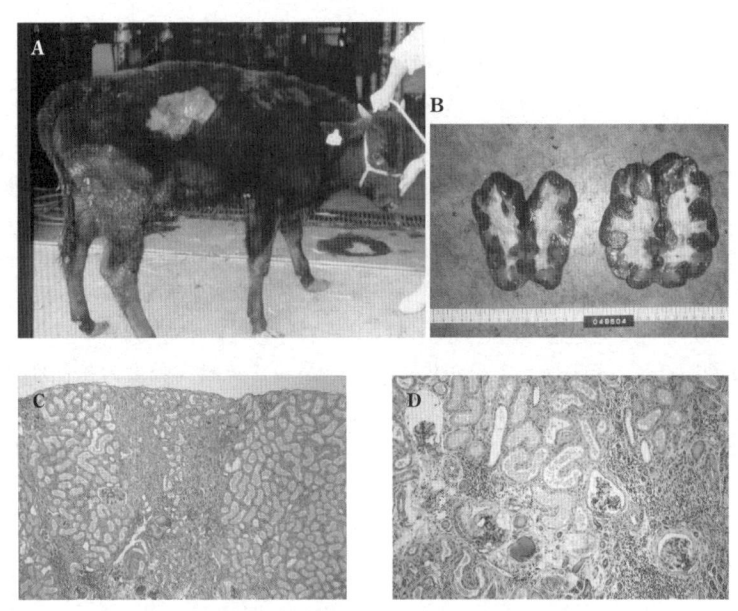

図 8.7 尿細管形成不全症（黒毛和種牛）（鈴木勝士撮影）
A：発症牛の外貌．成長遅延，過長蹄，特徴的な角の形状に注意のこと．側腹部は超音波検査のために剃毛した．
B：腎臓の割面．中央部の腎盂に相当する部分は光沢を有する白色を呈している．
C：発症腎の組織像（10倍）．ヘマトキシリン・エオジン（HE）染色．中央部に梗塞様の楔型を呈する細胞浸潤の著しい部分があり間質性腎炎のようにみえる．その両側に尿細管が拡張した領域がみられる．
D：HE 染色（50倍）．硬化した糸球体，拡張した尿細管，管腔内に上皮の脱落，尿円柱形成が顕著．

常を伴う常染色体劣性の致死性遺伝性疾患である．哺乳類の発生過程で体節の分化，脊椎の形成に重要な役割を果たすと考えられている糖（UPD-N-アセチルグルコサミン）輸送体タンパク質の遺伝子である *SLC35A3* 遺伝子の塩基置換（ミスセンス変異）が疾患の原因である．ホモ接合の場合，多くは胎生致死であり，流産，死産となる．致死となる時期には幅があるが，発症個体の 80％ は妊娠 260 日までに死亡するといわれている．まれに生まれてくる発症個体は脊椎形成不全によって著しい形態的異常を呈し，早期に死亡する．椎骨の欠損，融合が認められ，脊椎の短縮，弯曲が顕著である．前肢手根関節や後肢関節の捻転も認められ，心奇形を伴うこともある．キャリアでは外観上の異常は認められない．原因は *SLC35A3* 遺伝子のミスセンス変異であるので，この変異を検出することによってキャリア同定のための遺伝子診断が可能になっている．

3）尿細管形成不全症（CL16）

本症はクローディン 16（CL16）欠損症とも呼ばれている．幼若時における成長不良，下痢が顕著で，腎臓は先天性の低形成で，腎機能不全を経て顕著な腎不全を呈する疾患である（図 8.7）．血液生化学検査では尿素窒素（BUN）およびクレアチン濃度の上昇が認められる．蹄が異常に伸びる過長蹄が認められる個体も多い．病理学的には尿細管上皮の配列に顕著な乱れが認められ，二次的に基底膜の肥厚，間質の繊維化などが観察される．また，尿中に排泄されるマグネシウム，カルシウムイオンが増加している．本症は，*PCLN1* あるいは *CL16* と呼ばれる遺伝子の突然変異によって生じる常染色体劣性の遺伝性腎疾患であり，黒毛和種に発生がみられる．*PCLN1/CL16* は細胞間接着にかかわるタイトジャンクションタンパク質である Pallacelrin1/Claudin16 の遺伝子である．このタンパク質が欠損する結果，尿細管上皮組織に異常が生じ，進行性の腎機能不全から腎不全に至る．*PCLN1/CL16* 遺伝子における変異を直接検出する遺伝子診断法が確立されている．

4）バンド 3 欠損症

発症個体は，出生直後から重度の溶血性貧血，黄疸，低体重を呈し，多くは早期に死亡する．黒毛和種牛に報告されている遺伝性疾患である（図 8.8）．出生直後の重度の溶血性貧血，黄疸などに対しては，補液，人工哺育などの処置により耐過する場合がある．耐過した個体では慢性の貧血，

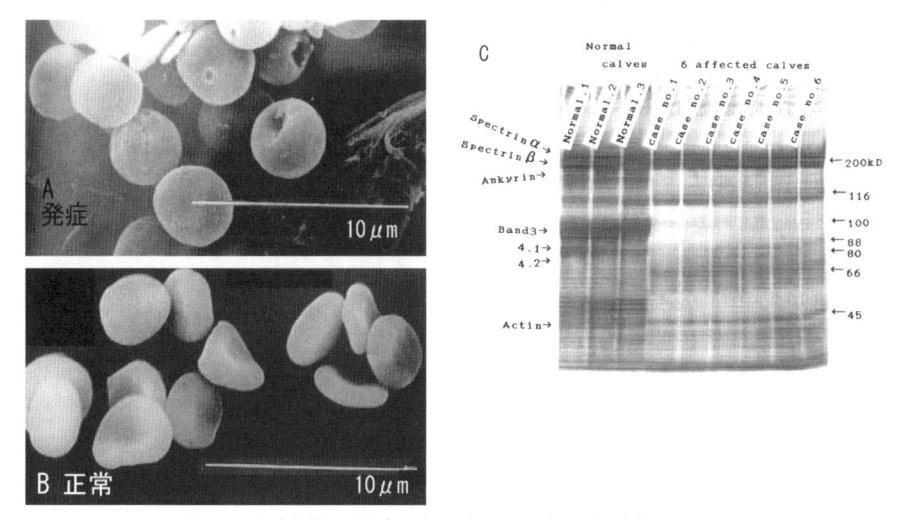

図 8.8 黒毛和種の球状赤血球症（バンド 3 欠損症）（鈴木勝士撮影）
発症牛（A）では赤血球膜裏打ちタンパクのバンド 3 が遺伝的に欠損するため，赤血球は典型的なディスク形状を保つことができず，球状を呈する．膜抵抗がきわめて弱く，血管内で摩擦により破壊され溶血する．C の 6 レーンは発症個体のバンドパターンである．発症個体では共通してバンド 3 タンパク質の欠損が認められる．バンド 3 遺伝子の 664 番目のコドンの一塩基置換により終止コドンが生じるいわゆるナンセンス突然変異がこの異常の原因と特定され，遺伝子診断ができるようになるとともに，保因状況も公表されている．

軽度のアシドーシス，発育不良が認められる．病理学的には，発症個体では球状赤血球と呼ばれる特徴的な赤血球の形態的異常が認められる．異常赤血球では表面の突起，内方陥没，小胞化が顕著である．

本症は，バンド 3 と呼ばれる赤血球膜の裏打ちタンパクで，膜の安定化とイオンの交換輸送にかかわるタンパク質の遺伝子 *SLC4A1* に生じた突然変異によって引き起こされる遺伝性球状赤血球症である．遺伝様式は常染色体劣性である．球状赤血球症はバンド 3 以外にも，スペクトリンやアンキリンという赤血球の膜タンパク質の異常によっても生じるが，動物ではバンド 3 欠損症のみが報告されている．発症個体は，上記の臨床症状とともに赤血球の形態的異常により診断される．保因個体でも赤血球の軽度の形態的異常および浸透圧脆弱性が認められるため，これらの特徴により診断可能である．また，*SLC4A1* 遺伝子に本疾患の原因となる変異が同定され，この塩基置換を検出する遺伝子診断法が確立されている．

5）第XIII因子欠損症

本症は，血液凝固系の第XIII因子の遺伝子の突然変異によって生じる常染色体劣性の遺伝性の出血性疾患であり，出血傾向は顕著であり，重篤な臨床症状を呈する．発症個体の多くは生後数日で臍帯動脈からの持続的出血により死の転帰をたどる．生存個体の予後も不良で皮下，筋間の血腫，去勢時の止血不良により 1 年以内に 8 割以上が死亡する．黒毛和種に発生がみられる．第XIII因子はフィブリン安定化因子とも呼ばれ，一連の血液凝固反応の最後に位置して血液凝固系によって形成されたフィブリン分子間に架橋結合を形成させ，難分解性の安定化フィブリンに変化させる．止血スクリーニング検査では，プロトロンビン時間（PT），活性化部分トロンボプラスチン時間（APTT），フィブリノーゲン量，血小板凝集能などに異常はみられないが，第XIII因子活性はほとんど検出されない．発症個体の確定診断には第XIII因子活性の測定が必要である．また，保因個体でも第XIII因子活性値は低下するため，診断は可能であるが，そのためには正確な定量が必要である．すでに本疾患の原因となる変異が同定され，この塩基置換を検出する遺伝子診断法が確立されている．

6）第XI因子欠損症

本症は，血液凝固第XI因子の遺伝子の突然変異によって生じる常染色体劣性あるいは優性の遺伝性の出血性疾患であり，黒毛和種，褐毛和種，ホ

ルスタイン種に発生が報告されている．とくに，黒毛和種では変異遺伝子の頻度はきわめて高く，集団中に多くの発症個体がみられる．発症個体では血液凝固時間の顕著な延長がみられるが，臨床的な出血傾向は顕著ではない．血友病にみられるような自然出血はまれであり，おもに外傷や外科的処置後の止血不良がみられる程度である．止血スクリーニング検査により，活性化部分トロンボプラスチン時間（APTT）の延長，第XI因子活性の著しい低下が認められる．第XI因子は血液凝固系では内因性凝固因子に属し，第XII因子あるいは凝固初期に形成されたトロンビンにより活性化され，凝固系を連鎖的に活性化するとともに，線溶系を抑制することで血液凝固に寄与している．発症個体はAPTT，第XI因子活性の測定により可能である．また，保因個体でも第XI因子活性値は低下するが，正常個体の活性値の範囲と重なる部分もあるため，第XI因子活性による正確な保因個体の診断は困難である．しかし，近年，F11遺伝子に黒毛和種，褐毛和種に共通の変異と，ホルスタイン種に固有の変異が見つかり，これらの変異を検出する遺伝子診断法が確立されている．

7）チェディアック−ヒガシ症候群（CHS）

本症は，毛色の淡色化と血液凝固不全を示す常染色体劣性の遺伝性疾患であり，わが国では黒毛和種に発生が報告されている（図8.9）．海外ではヘレフォード種，またウシ以外にもネコなどのさまざまな動物で発生が報告されており，ヒトの遺伝性疾患としても知られている．発症個体では色素の形成不全による体毛や皮膚の淡色化が幼若時には多く認められるが，成体では顕著ではない個体も多い．しかし，眼底の色素欠乏はほぼすべての個体で顕著に認められる．出血傾向に関しては，去勢，分娩時の持続的な出血や局所の血腫な

どがみられるが，多くの場合重篤ではない．ヒトでは，細菌に対する易感染性や神経症状も報告されているが，これらはウシの症例では顕著ではない．病理学的には全身の細胞にリソソームに由来すると考えられる巨大顆粒が認められ，とくに白血球内に明瞭に観察できる（図8.9B）．プロトロンビン時間（PT），活性化部分トロンボプラスチン時間（APTT）などの血液凝固機能は正常であり，止血異常は血小板機能の低下による．*LYST*あるいは*CHS1*と呼ばれる遺伝子の突然変異により，部分的色素欠乏と血小板機能不全を呈する．*LYST*は細胞内小胞の形成，小胞間の物質輸送と貯蔵にかかわると考えられているタンパク質であり，この機能が欠損することで，細胞内のリソソーム，色素細胞のメラノソーム，血小板顆粒に異常が生じ，その結果上記の異常が出現すると考えられている．発症個体は眼底の色素欠乏により識別可能であり，また血液塗末標本における白血球の巨大顆粒の観察により診断される．ただしキャリアにはこれらの異常は認められない．*LYST*遺伝子に本疾患の原因となる変異が同定され，この変異を検出する遺伝子診断法が確立されているため，キャリアの同定が可能である．

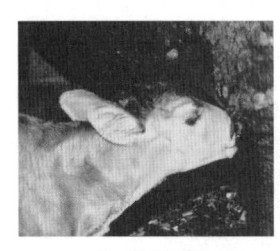

8）眼球形成異常症

*WFDC1*と呼ばれる遺伝子の変異により引き起こされる常染色体劣性の遺伝性眼球形成異常，小眼球症で，黒毛和種に発生がみられる（図8.10）．出生時より両側性に眼球の顕著な形態的異常が認められ，完全に盲目である．多くの場合，小型の眼球は認められるものの，水晶体，虹彩などの構造は外観上認められず，角膜部は眼窩内に反転し，強膜部が露出している．眼窩に対して眼球が小型であるため，眼窩の空間が脂肪組織で充満している．眼球以外に外観上の顕著な異常は認められない．発症個体の眼球では硝子体を欠き，眼球内部を走行する特徴的な白色の漏斗状構造が認められる．同漏斗状物は，本来眼球の発生過程で退行する硝子体動脈の残存物であると考えられている．肉眼的に水晶体は確認できないが，組織学的には，不規則な形状を示す矮小な水晶体様組織が観察される．網膜は多くの場合，色素上皮から剥離し異形性が顕著であり，網膜様組織からなるロゼット様構造物の形成も認められる．発症個体は出生時より，眼球の顕著な異常が認められ，容易

A 発症個体　　**B** 白血球における異常顆粒の出現

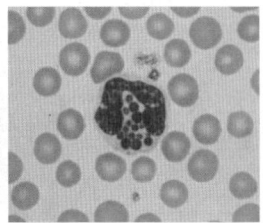

図8.9 チェディアック−ヒガシ症候群（小川博之氏提供）
毛色の淡色化，軽度の出血傾向を示す．

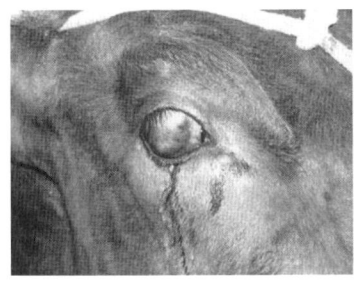

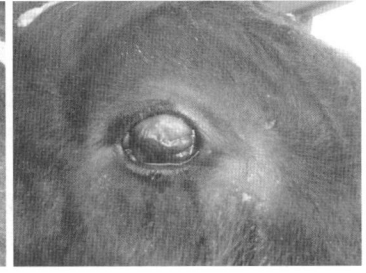

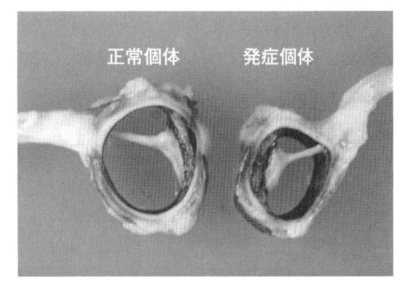

A 発症個体　　　　　　　　　　　　　B 眼球内の柵状構造

図 8.10 眼球形成異常症（内田和幸氏提供）

に判別可能である．キャリアでは外観上異常は認められない．本疾患は，*WFDC1* 遺伝子における変異に起因するので，この変異の検出により，キャリアの同定のための遺伝子診断が可能である．

9) 軟骨異形成性矮小体躯症

褐毛和種に発生が報告されている常染色体劣性の遺伝性軟骨異形成症で，*LIMBIN*（LBN）と呼ばれる遺伝子の変異により引き起こされる（図8.11）．出生時より体型は小型で四肢の短小を呈し，とくに後肢の短小が顕著である（図8.11A）．また関節の軽度の弯曲により凹脚を呈し，独特の歩様を示す．多くの場合，成長とともに起立困難となる．しかし四肢以外に明らかな異常は認められず，体型は小型であるものの食欲などは良好である．病理学的には四肢長骨は短小化し，骨端部は変形している．とくに大腿骨，脛骨の関節部の変形が顕著である．各長骨の骨端軟骨板は痕跡程度にしか認められず，一部は消失している．骨端軟骨板の病理組織では，正常組織では認められる軟骨細胞の層構造が不明瞭で，細胞の柱状の配置も不規則になっている（図8.11B）．ヒトでも，エリス-ファンクレフェルト症候群（Ellis-van Creveld syndrome）と呼ばれる短肢，多指，爪や

歯の変形などの異常を呈する遺伝性の軟骨異形成症が，本遺伝子の変異に起因していることが報告されている．発症個体は四肢の短小により外観上明瞭に識別できる．デキスター種など他の品種のウシでも矮小体躯症（Dexter's dwarf）の発生が報告されているがこれらは褐毛和種の軟骨異形成性矮小体躯症とは原因が異なっている．また，妊娠期のアカバネ-アイノ-チュウザンウイルスなどの感染症などによっても関節異常は認められるので，注意が必要である．これまでに *LIMBIN* 遺伝子に 2 つの異なった変異が見つかっている．遺伝子診断法が確立され，キャリアの同定が可能になっている．

10) 致死性白斑症候群

ウマにみられる遺伝性疾患であり，巨大結腸症とも呼ばれ，生後まもなく腸閉塞により死亡する．発症個体は全身白色を呈する．同様の疾患はヒトでも知られ，ヒルシュスプルング病あるいはワールデンブルグ症候群Ⅳ型と呼ばれている．ヒトでは，これらの疾患は血管の収縮・弛緩の動態を調節している生理活性ペプチドであるエンドセリンのB受容体遺伝子 *EDNRB* の突然変異により引き起こされることが明らかになっている．ウ

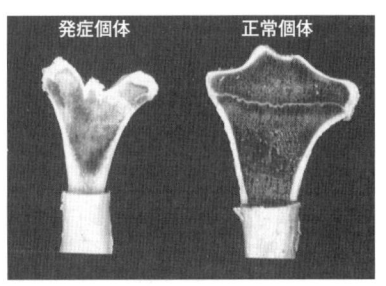

A 発症個体　　　　　　　　　　　　　B 骨端成長板の異形成

図 8.11 軟骨異形成性矮小体躯症（森友靖生氏提供）
四肢短小，関節異常，歩行困難を示す．

マの疾患においても，*EDNRB*遺伝子における変異が疾患の原因であることが明らかにされた．この疾患はオベロと呼ばれる独特の斑毛をもついわゆるペイントホースにみられ，ヘテロ個体の毛色はオベロとなるが，ホモ個体は全身白色となり，多くの場合は生後数日で死亡する．消化管の神経節細胞が欠損するため，蠕動運動が正常に機能せず，腸閉塞を起こし死亡する．腸管神経節細胞と全身の色素細胞はともに神経堤細胞に由来している．神経堤細胞は，発生の過程で神経管と外肺葉の間に位置する神経堤の部位に出現し，神経管の閉鎖に伴ってそこから遊離，移動する．神経堤細胞は胚発生の過程で一部は消化管に移動して神経節細胞となり，また他の一部は全身の表皮に分布して色素細胞となることが知られている．エンドセリンB受容体はこの神経堤細胞の移動に関与することが知られ，これらの遺伝子機能の欠損により神経堤細胞が正常に移動せず，その結果，腸管神経節細胞が欠損し巨大結腸症となるとともに，色素細胞の分布に異常が生じ全身が白色となると考えられている．ホモ個体はその明瞭な白色の毛色から識別可能であり，ヘテロであるキャリアはオベロ毛色から識別することができる．ラットにも同様の致死性の疾患があるが，有色の劣性ホモ個体では頭頂部の白斑と巨大結腸症が特徴である．

11）周期性四肢麻痺症

ウマにみられる遺伝性疾患であり，高カリウム性周期性麻痺症（HYPP）とも呼ばれ，骨格筋のナトリウムチャネルの異常により，筋収縮が持続するとともに筋麻痺，痙攣などの発作を引き起こす．本症はクオーターホースに発生し，常染色体優性の遺伝様式をとり，ヘテロ個体でも発症するが，ホモ個体ではより重度の症状を呈する．通常の状態では顕著な臨床症状は発現しないが，長時間輸送などのストレスや血中のカリウム濃度の上昇がきっかけとなって，筋麻痺や痙攣を伴う発作を繰り返し，脱力に至る．症状は軽度のものから重度のものまで多様であり，重症例では心不全，呼吸麻痺などにより死に至ることもある．発症機序として骨格筋ナトリウムチャネルを構成するαサブユニットタンパク質におけるアミノ酸置換により，チャネル機能の調節が不能となり，その結果，カリウム濃度が上昇し，筋痙攣，麻痺などが引き起こされると考えられている．ナトリウムチャネルαサブユニット遺伝子*SCN4A*に本疾患の原因となる変異が同定され，この変異を検出することにより遺伝子診断が可能になっている．

12）ブタストレス症候群（PSS）

ブタストレス症候群は，古くから知られるブタにみられる常染色体劣性の遺伝性疾患である．発症個体は，ストレスにより，発作性の筋肉の硬直，呼吸困難，心悸亢進，チアノーゼ，高熱を呈し，重度の場合は死に至る．とくに屠殺前のストレスにより，PSE肉（肉色が淡く，軟弱で，水っぽい肉）あるいはフケ肉，むれ肉と呼ばれる経済価値の低い豚肉を生じることになる．本症は，細胞のカルシウムチャネルの一種である骨格筋リアノジン受容体の遺伝子*RYR1*に生じた突然変異に起因し，この突然変異のホモ個体は長時間の輸送，過密な飼育条件，高温などのストレスなどをきっかけとして発症する．ホモ個体はハロセン感受性試験により診断可能である．この検査では子に麻酔薬であるハロセンガスを吸引させ，筋肉の硬直がみられた場合にホモ個体と診断する．しかし，この方法ではキャリアの診断は困難である．現在では*RYR1*遺伝子における変異を検出する遺伝子診断法により，ホモ個体はもちろんのこと，キャリアの診断も可能になっている．

8.3 伴侶動物の遺伝性疾患

> **到達目標：**
> イヌ・ネコの遺伝性疾患の臨床症状，病態，原因を説明できる．
>
> **【キーワード】** 血友病，ムコ多糖症（MPS），ガングリオシドーシス，セロイドリポフスチン蓄積症（CL），コリー眼異常（コリーアイアノマリー，CEA），フォンウィルブランド病，多発性嚢胞腎（PKD），肥大型心筋症（HCM）

1）血友病

血友病には，血液凝固第VIII因子の欠乏に起因する血友病Aと，第IX因子の欠乏に起因する血友病B（クリスマス病）とがあり，どちらの遺伝子もX染色体上に存在することから，これらの疾患はX連鎖劣性の遺伝様式をとる．したがって雌に比べて雄の発症率が圧倒的に高い．一連の血

液凝固反応において第Ⅷ因子は，活性化第Ⅸ因子による第Ⅹ因子の活性化における補助因子として作用する．血友病Ａはイヌ，ネコ，ウシ，ウマ，ブタ，ヒツジにおいて，血友病Ｂはイヌ，ネコにおいて報告されている．血友病Ａはヒトを含めた各種動物において発生頻度の高い遺伝性疾患であるが，この異常を引き起こす原因となる突然変異は多種類あり，症状は軽症から重症まで変動が大きい．ヒトの重症例では第Ⅷ因子 F8 遺伝子における特殊な配列の存在より，F8 遺伝子に特異的な塩基配列が逆転する特殊な突然変異（逆位）が最も多いとされている．同様な突然変異はイヌでも報告されている．血友病Ａ，Ｂの臨床症状の特徴は，ともに皮膚，粘膜，とくに筋肉内や関節腔などの深部組織内に出血し血腫を形成することである．ヒトでは第Ⅷ因子，第Ⅸ因子を補充する治療が実施されている．

第Ⅷ因子および第Ⅸ因子はいずれも血液凝固系の中では内因系に属し，血友病Ａ，Ｂともに，臨床検査では，活性化部分トロンボプラスチン時間（APTT）の延長が顕著であるが，プロトロンビン時間（PT）の延長はみられない．

本症は，上記の APTT，PT の測定，および第Ⅷ因子，第Ⅺ因子活性の測定により，診断が可能である．また保因個体の同定は既知の突然変異に関しては，遺伝子診断により可能であるが，未知の突然変異も存在するので，すべての保因個体が同定できるわけではない．

2）ムコ多糖症（MPS）

ムコ多糖症は細胞のリソソームに存在する加水分解酵素が遺伝的に欠損することにより引き起こされるリソソーム病の一種で，発症個体では，ムコ多糖（グリコサミノグリカン）分解酵素の欠損により，全身の細胞中にデルマタン硫酸，ヘパラン硫酸，ケラタン硫酸などのムコ多糖が蓄積し，さまざまな障害が生じる．本疾患は，欠損する酵素およびその結果蓄積するムコ多糖の種類により，Ⅰ〜Ⅶ型に分類されている．表 8.3 にそれぞれの型のムコ多糖症において欠損している酵素と蓄積するムコ多糖を示す．ムコ多糖症Ⅱ型はＸ連鎖劣性であるが，それ以外は常染色体劣性の遺伝様式を示す．イヌ以外にもネコ，ウシなど多くの動物で発生が報告されている．

これらの疾患では，欠損する酵素，蓄積するムコ多糖の種類による違いはあるが，特徴的な顔貌，角膜混濁，四肢の骨変形，関節の拘縮，肝脾腫，心血管病変などがおもな臨床症状である．尿中にはデルマタン硫酸，ヘパラン硫酸，ケラタン硫酸などのムコ多糖が大量に排泄される．

全身の細胞，とくに線維芽細胞などの間質系細胞にムコ多糖の蓄積や空胞が認められる．病態は進行性であり，幼若時には臨床症状が顕著でない場合も多いが，ムコ多糖が蓄積するにつれ，時間とともに顕著な症状が認められるようになる．

尿中に排泄されるムコ多糖を特定すること，あるいは白血球や線維芽細胞中の各ムコ多糖分解酵素の活性を測定することによって診断が可能である．また，ムコ多糖分解酵素の遺伝子に原因となる突然変異が同定されている場合には，遺伝子診断による保因個体の同定が可能である．

欠損している酵素を投与する酵素補充療法，骨髄移植，遺伝子治療などがヒトのムコ多糖症の治療では行われているが，動物では現実的ではない．

3）ガングリオシドーシス

細胞のリソソームに存在する加水分解酵素が遺伝的に欠損するリソソーム病の一種で，β-ガラクトシダーゼの欠損により，全身の細胞中に GM_1 ガングリオシドが蓄積する GM_1 ガングリオシドーシスと，α あるいは β-N-アセチルヘキソサミニダーゼの欠損により，GM_2 ガングリオシドが蓄積する GM_2 ガングリオシドーシスがあり，GM_2 ガングリオシドーシスはさらに，α-ヘキソサミニダーゼの欠損によるティーサックス病，β-N-アセチルヘキソサミニダーゼの欠損によるサンドホフ病に分けられる．常染色体劣性の遺伝様式を示す．イヌ以外にもネコ，ウシなどで発生が報告されている．

GM_1 ガングリオシドーシスでは神経変性，痙攣，肝脾腫，特徴的な顔貌，骨格の異常を，GM_2 ガングリオシドーシスでは音などに対する過敏感，筋緊張低下，難聴，視覚障害などの進行性の中枢神経症状を呈する．眼底のチェリーレッド斑は共通する特徴である．

ガングリオシドの蓄積により，脳の神経細胞に同心円状の多層の細胞質内封入体が認められることが本疾患の特徴的な病理所見である．

白血球や線維芽細胞中の酵素活性を測定するこ

表8.3 ムコ多糖症の分類

病名	ヒトでの別名	欠損酵素	蓄積ムコ多糖
ムコ多糖症Ⅰ型	ハーラー症候群 ハーラー–シャイエ症候群 シャイエ症候群	α-L-イズロニダーゼ	デルマタン硫酸 ヘパラン硫酸
ムコ多糖症Ⅱ型	ハンター症候群	イズロン酸-2-スルファターゼ	デルマタン硫酸 ヘパラン硫酸
ムコ多糖症Ⅲ型 (A型, B型, C型, D型)	サンフィリッポ症候群	ヘパラン硫酸-N-スルファターゼ (A型) α-N-アセチルグルコサミニダーゼ (B型) アセチルCoA：α-グルコサミニド N-アセチルトランスフェラーゼ (C型) N-アセチルグルコサミン-6-硫酸スルファターゼ (D型)	ヘパラン硫酸
ムコ多糖症Ⅳ型 (A型, B型)	モルキオ症候群	N-アセチルガラクトサミン-6-硫酸スルファターゼ (A型) β-ガラクトシダーゼ (B型)	ケラタン硫酸
ムコ多糖症Ⅵ型	マロトー–ラミー症候群	アリルスルファターゼB	デルマタン硫酸
ムコ多糖症Ⅶ型	スライ症候群	β-グルクロニダーゼ	デルマタン硫酸 ヘパラン硫酸 コンドロイチン硫酸
ムコ多糖症Ⅸ型	なし	ヒアルロニダーゼ	ヒアルロン酸

とで診断が可能である．また，各酵素の遺伝子に原因となる突然変異が同定されている場合には，遺伝子診断による保因個体の同定が可能である．

4) セロイドリポフスチン蓄積症 (CL)

セロイドリポフスチン蓄積症はヒトではバッテン病とも呼ばれる常染色体劣性の遺伝性代謝異常症で，神経細胞にセロイドあるいはリポフスチンと呼ばれる物質の蓄積によって進行性の脳変性を呈する．本疾患の原因は単一ではなく，セロイドあるいはリポフスチンの代謝にかかわる種々の酵素の欠損により引き起こされることが知られている．イヌ以外にもネコ，ウシなどで発生が報告され，イヌでは多くの品種にそれぞれ特異的なセロイドリポフスチン蓄積症が発生することが報告されているが，とくにボーダーコリーに好発することが知られている．

刺激に対する過敏な反応などの行動異常，異常歩行などの運動障害，痙攣，視力障害などが進行性に現れ，早期に死亡する場合が多い．

神経細胞を中心とする全身の細胞に自己蛍光性の脂質酸化物であるセロイドあるいはリポフスチンが蓄積し，その結果，脳の進行性変性により末期には脳は著しく萎縮する．

ボーダーコリーでは*CLN8*，イングリッシュセッターでは*CLN5*，アメリカンブルドッグでは*CTSD*という遺伝子の突然変異が原因であることが明らかになっており，これらの品種では，遺伝子診断による保因個体の同定が可能となっている．

5) コリー眼異常 (CEA)

コリー眼異常（コリーアイアノマリー）は，先天性の眼の発生異常であり，常染色体劣性の遺伝様式をとる（図8.9）．*NHEJ1*という遺伝子における約7.8 kbの欠失が原因であることが明らかにされている．病変は，眼の中胚葉性の組織の発生異常に起因し，強膜，脈絡膜，視神経乳頭，網膜，網膜の血管に異常が認められる．イヌではコリー，シェトランドシープドッグ，ボーダーコリーで好発することが知られている．

症状は個体によってばらつきが多く，軽度な場合は視力にほとんど異常は認められないが，重症例では完全な盲目となる．

本疾患において共通な病態は眼底における血管の異常や脈絡膜の異常であり，この所見はとくに幼若時に顕著であるが，成体ではほとんど認められない場合もある．より重症例では，眼球の背面部の視神経乳頭周囲が陥没あるいは欠損がみられる．さらに，網膜の剥離や眼内出血がみられる場合もあり，この場合，視力は大きく損なわれ盲目となる．

発症個体は眼底検査により診断される．また，*NHEJ1* 遺伝子の欠失を検出する遺伝子診断により保因個体の同定も可能となっている．

6）フォンウィルブランド病

血液凝固第Ⅷ因子は血漿中では複合体を形成しているが，この複合体のうちの高分子量の輸送タンパク質がフォンウィルブランド因子（vWF）と呼ばれ，この因子の遺伝的欠損による先天性の血液凝固異常症がフォンウィルブランド病である．遺伝様式は常染色体優性のものと劣性のものが知られている．イヌで最もよくみられる遺伝性血液凝固異常症であり，イヌ以外ではウシにも発生が報告されている．

一般に出血傾向は軽度であり，外傷，去勢，手術などの後の止血異常が認められる程度であるが，重度のものでは筋肉内や関節などの深部組織における出血が認められる場合もある．

vWF は血小板と結合して障害を受けた血管内皮に血小板を粘着させる機能と，第Ⅷ因子と結合し安定化させる 2 つの機能をもつ．したがって本因子の欠損では，血漿中の第Ⅷ因子の減少とともに血小板粘着能の低下を引き起こすことにより止血時間が延長することになる．

本症は，マルチマー解析による vWF 活性の測定，抗原量の測定，活性化部分トロンボプラスチン時間（APTT）の測定などにより診断される．

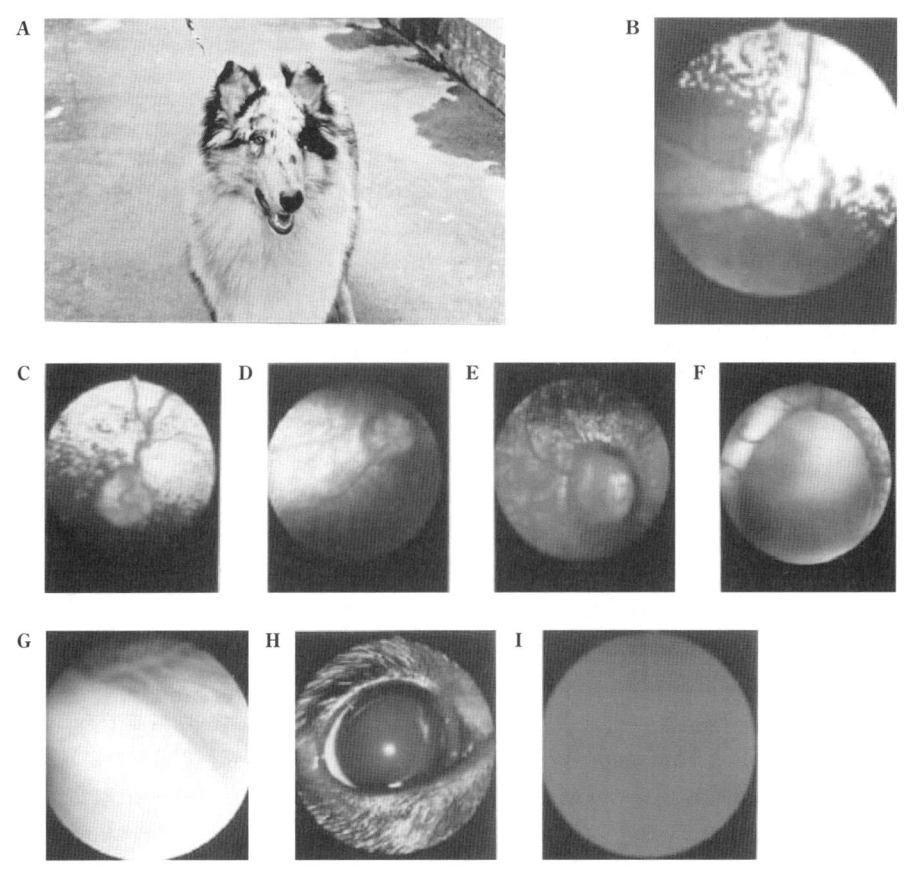

図 8.9 コリー眼異常（原，1993）（口絵参照）
A：左眼は重度の CEA で，視力のよい右眼を対象（この場合撮影者）に向けている．首をかしげる姿勢をとることが多い．B：比較的正常な眼底像．網膜の血管は直線状で脈絡膜も正常．C～F：さまざまな程度の脈絡膜形成不全の眼底像．C：網膜血管の顕著な蛇行のみ（GradeⅠ）．D：脈絡膜形成不全がある眼底のもの．この部分は，組織学的に網膜は正常のようにみえるが，タペタム細胞は正常より少ないか，欠落しており，脈絡膜は非薄化し，色素の減少，または欠乏があるため，その部分は白く見え，検眼鏡で見ると，白い強膜をバックにして脈絡膜血管が透視できる（GradeⅡ）．E，F：視神経乳頭付近に欠損があるか，あるいは，陥没，陥凹などにより，乳頭部分が正常より大きく見えるもの（GradeⅢ）．G～I：さらに重度の眼底像と眼の外観．G：網膜剥離のあるもの，先天性あるいは後天性の両方の場合がある（GradeⅣ）．H，I：外傷や他の疾患とは考えられない，眼内出血を示す眼の外観（H）と眼底像（I）（GradeⅤ）．

また，多くの品種で遺伝子診断も可能となっている．

7) 進行性網膜萎縮症 (PRA)

進行性網膜萎縮症は，網膜における視細胞の進行性変性により引き起こされる遺伝性眼疾患であり，イヌでは多くの品種に発生が報告されている．多くは常染色体劣性の遺伝様式をとるが，常染色体優性やX連鎖劣性のものもある．品種により異なった遺伝子が本疾患の原因であると考えられ，これまでにスルーギにみられる疾患では *PDE6B*，コーギーでは *PDE6A* という遺伝子の突然変異が原因であることが明らかにされている．

本症には，汎進行性網膜萎縮症，中心性網膜萎縮症，早発型，遅発型など，変性部位や発症時期などが異なるいくつかの型があり，いずれもおもに初期の夜盲症から進行性に視力が低下し最終的に失明に至るが，発症時期は生後数週間から数年と異なっている．初期には眼底周囲に顆粒状の病変が認められ，進行とともに瞳孔の拡大，網膜の薄層化による過反射光や，網膜内の血管の異常が認められ，後期には視神経乳頭の変性が認められる．また，白内障を併発する場合もある．

網膜電図 (ERG) による診断が行われる．また，いくつかの品種では遺伝子診断による保因個体の同定も可能となっている．

8) 多発性嚢胞腎 (PKD)

多発性嚢胞腎は，腎臓に多数の嚢胞が形成されることで腎不全となる疾患である．ヒトでは常染色体優性および劣性のものが知られているが，ネコではおもに常染色体優性の遺伝様式をとる．とくにペルシャ種およびそれと由来を同じくする品種で本疾患の発生頻度は非常に高い．ヒトでは尿細管上皮の形成あるいは機能にかかわると考えられているタンパク質である Polycystin-1 および Polycystin-2 の遺伝子，*PKD1* および *PKD2* が常染色体優性の多発性嚢胞腎の原因遺伝子であることが明らかにされている．ネコの多発性嚢胞腎でも *PKD1* 遺伝子における1塩基の置換によるナンセンス変異が原因であることが明らかにされている．

腎臓の嚢胞自体は出生時より認められるが，腎不全などの顕著な臨床症状が表れる時期は，個体によるばらつきが大きく，多くの場合かなり後期になってから顕著となる．血尿が認められる場合もある．

尿細管に由来する嚢胞が両側性に腎臓の髄質あるいは皮質に形成され，年齢とともに大型化する．その結果，腎臓は拡張し腎機能が低下することで腎不全となる．肝臓や膵臓にも嚢胞が認められることもある．

おもに超音波検査による嚢胞の確認により診断可能である．また，*PKD1* 遺伝子の変異を検出することで遺伝子診断も可能となっている．

9) 肥大型心筋症 (HCM)

心筋症は一般に心臓の機能不全を伴う心疾患と定義され，肥大型心筋症，拡張型心筋症，拘束型心筋症に分類される．そのうち，ネコでは肥大型心筋症の発生が最も多く，とくにメインクーンで好発することが知られている．肥大型心筋症はヒトでも突発性の心疾患の主要な原因であり，その多くは遺伝性でありこれまでに本疾患の発症にかかわる多くの遺伝子の変異が同定されている．ネコではメインクーンの肥大型心筋症が *MYBPC3* というミオシン結合タンパク質の遺伝子における突然変異に起因することが明らかにされている．遺伝様式は常染色体優性であるが，浸透度は100％ではない．

心不全に起因する呼吸困難，肺水腫などが認められる．また，血液循環の異常に起因する血栓の形成による動脈閉塞により，後肢の麻痺がみられる場合もある．

おもに左心室に病変が顕著であり，心室中隔や心室壁の肥厚により心室の容積が低下するとともに，心機能も著しく低下する．組織学的には筋原繊維の変性が認められる．

本症は，心エコー，X線検査および心電図などの心機能検査により診断可能である．また，一部の疾患では *MYBPC3* 遺伝子の変異を検出する遺伝子診断も可能になっている．

〔鈴木勝士・国枝哲夫〕

参 考 文 献

Davie, E. W. *et al.* (1991)：The coagulation cascade: Initiation, maintenance, and regulation. *Biochemistry*, **30**：1063.

原　久雄 (1993)：関東地区における Collie Eye Anomaly の発生状況と遺伝的背景に関する研究,

日本獣医畜産大学博士論文.
King R. A. et al. (2001)：Chapter 220. Albinism, Fig. 220-4. In: C. Scriver et al. eds., *The Metabolic and Molecular Basis of Inherited Disease*, 8th ed., McGraw-Hill.
Nicholas, F. W. (2010)：*Introduction to Veterinary Genetics*, 3rd ed., Wiley-Blackwell.
鈴木勝士監訳（2008）：獣医遺伝学入門, 学窓社.
［Nicholas F. W. (2004)：*Introduction to Veterinary Genetics*, 2nd ed, Wiley-Blackwell］

演習問題
(解答 p.156)

8-1 アミノ酸代謝異常によって起こる病気ではないのはどれか.
(a) メープルシロップ症
(b) 白子症（アルビノ）
(c) シトルリン血症
(d) フェニルケトン尿症
(e) 高コレステロール血症

8-2 以下の病気の遺伝様式として正しい組み合わせはどれか.
(a) 白子症（アルビノ）—常染色体優性
(b) 血友病A—常染色体劣性
(c) 第XIII因子欠損症—X染色体劣性
(d) 尿細管形成不全症—常染色体劣性
(e) バンド3欠損症—常染色体優性

8-3 以下の病気と原因遺伝子の組み合わせで正しくないものはどれか.
(a) チェディアック-ヒガシ症候群—LYST
(b) ブタストレス症候群—ビタミンA受容体
(c) ウマ致死性白斑症候群—エンドセリンB受容体
(d) ウシ白血球粘着不全症—インテグリンβ鎖
(e) ウシ尿細管形成不全症—パラセリン1/クローディン16

8-4 動物において伴性遺伝する疾患は次のうちどれか.
(a) ブタストレス症候群
(b) 血友病
(c) コリー眼異常
(d) チェディアック-ヒガシ症候群
(e) バンド3欠損症

8-5 ウシにおいて，環境的要因に左右されることなく，遺伝的要因で発症する疾患はどれか.
(a) 乳房炎
(b) 第四胃変異
(c) 乳熱
(d) ウシ白血病
(e) バンド3欠損症

8-6 ウシ白血球粘着不全症の特徴として正しくないものはどれか.
(a) 常染色体優性で遺伝する.
(b) 血管内に好中球が保持される.
(c) 口腔粘膜の剥離, 潰瘍が生じる.
(d) インテグリンβ鎖の遺伝子の異常がある.
(e) 白血球の血管内皮への接着不全がある.

8-7 白血球内に異常顆粒がみられる疾患はどれか.
(a) チェディアック-ヒガシ症候群
(b) 尿細管形成不全症
(c) 軟骨異形成性矮小体躯症
(d) 第XIII因子欠損症
(e) 白血球粘着不全症

8-8 黄疸を伴うウシの遺伝性疾患はどれか.
(a) 尿細管形成不全症
(b) バンド3欠損症
(c) 軟骨異形成性矮小体躯症
(d) 複合脊椎形成不全症
(e) 白血球粘着不全症

8-9 ブタストレス症候群の説明として正しくないものはどれか.
(a) 常染色体劣性で遺伝する.
(b) 輸送などのストレスにより, 筋肉の硬直などを呈する.
(c) リアノジン受容体遺伝子の異常が原因である.
(d) ハロセン吸入麻酔により悪性高熱症候群を発症する.
(e) 遺伝子診断法はまだ確立されていない.

演習問題の解答および解説

1-1　正解　(e)
1-2　正解　(b)
1-3　正解　(d)
1-4　正解　(d)
1-5　正解　(b)
1-6　正解　(a)
1-7　正解　(d)

2-1　正解　(d)
2-2　正解　(c)
　[解説] ポリAポリメラーゼは鋳型非依存性のRNAポリメラーゼであり，mRNAをポリアデニル化する．RNAポリメラーゼとDNAポリメラーゼはDNAまたはRNAを鋳型として，RNA鎖またはDNA鎖を合成する．プライマーゼはDNA複製の際にDNAを鋳型としてDNA鎖合成の足場となるRNAを合成する．テロメラーゼはテロメア配列の鋳型となるRNAを含み，この鋳型RNAから逆転写酵素によりテロメア配列を合成する．

2-3　正解　(c)
　[解説] DNAヘリカーゼは2本鎖DNAの塩基対間の水素結合を開裂してほどく酵素，リーディング鎖は複製フォークの進行と同方向に合成されるDNA鎖，岡崎フラグメントは複製で不連続に合成される短いDNA断片，RNAプライマーはDNA複製の開始の際に合成される短いRNA断片である．

2-4　正解　(a)
　[解説] 真核生物のDNA複製起点は染色体上に複数（たくさん）存在する．

2-5　正解　(d)
　[解説] ナンセンス変異は，変異の結果，終止コドンとなる．ミスセンス変異は異なるアミノ酸をコードするコドンとなる変異．トランジション変異はピリミジン塩基同士，またはプリン塩基同士が入れ替わる変異．トランスバージョン変異は，ピリミジン塩基とプリン塩基が入れ替わる変異．

2-6　正解　(e)
　[解説] プリンとピリミジンが対になる．

3-1　正解　(a)
3-2　正解　(c)
3-3　正解　(b)
3-4　正解　(d)
3-5　正解　(c)

4-1　正解　(b)
4-2　正解　(a)
4-3　正解　(e)
　[解説] この集団における形質XおよびYの遺伝率は，それぞれ

$$\frac{9}{25}=0.36, \quad \frac{64}{100}=0.64$$

であり，形質XとYの間の表型相関および遺伝相関は，それぞれ

$$\frac{15}{\sqrt{25}+\sqrt{100}}=\frac{15}{50}=0.3, \quad \frac{12}{\sqrt{9}+\sqrt{64}}=\frac{12}{24}=0.5$$

である．よって，いま，環境相関を ρ_E で示せば，

$$0.3=0.5\times 0.6\times 0.8+\rho_E\sqrt{(1-0.36)\times(1-0.64)}$$
$$=0.24+0.48\rho_E$$

より，$\rho_E=0.125$ をうる．

4-4　正解　(e)
　[解説] 全きょうだいの記録の集団平均からの偏差の平均は，

$$\frac{(1.5-2.0)+(2.2-2.0)+(1.7-2.0)}{3}=-0.2$$

であり，全きょうだい間の級内相関は，$0.5\times 0.64=0.32$ と与えられるので，育種価の予測値は，

$$\frac{3\times 0.5\times 0.64}{1+(3-1)\times 0.32}\times(-0.2)\cong -0.12$$

予測値の正確度は

$$0.5\times\sqrt{0.64}\times\sqrt{\frac{3}{1+(3-1)\times 0.32}}\cong 0.54$$

と求められる．

5-1 正解 （b）

［解説］変異や多型は形質，タンパク質，DNAなどのすべての形質に対して使われる．変異には頻度の概念はないが，多型は集団で1%以上の頻度があるときに使用する．1%未満の遺伝変異に対しては遺伝的多型と呼ばない．

5-2 正解 （e）

［解説］連鎖解析は世代を経て起こる組換え価を推定することで行われるため，子孫の数が多いほど詳細な解析が可能となる．

5-3 正解 （b）

［解説］ウシの鼻紋は個体識別に利用されている．個体識別の確率は個体が偶然一致する確率の低さで判断される．国内産食肉でトレーサビリティで義務化されているのは牛肉のみである．純系の栽培植物と比較して，遺伝的多様性の高い動物では品種鑑定法の開発が困難である．

5-4 正解 （c）

5-5 正解 （b）

7-1 正解 （e）

7-2 正解 （b）

7-3 正解 （e）

7-4 正解 （d）

［解説］ 7.1.6項の式5を参照．

7-5 正解 （c）

7-6 正解 （b）

［解説］ 7.1.6項の式5を参照．

7-7 正解 （c）

7-8 正解 （b）

7-9 正解 （d）

7-10 正解 （c）

8-1 正解 （e）

8-2 正解 （d）

8-3 正解 （b）

8-4 正解 （b）

8-5 正解 （e）

8-6 正解 （a）

8-7 正解 （a）

8-8 正解 （b）

8-9 正解 （e）

索　引

欧　文

ALS　142
BLAD　143
BLP 法　66
BLUP 法　67
BSE　45, 86
CF　122, 123
CFTR 遺伝子　123
CHS　121, 129, 131, 137, 143, 146
CVM　143
C 値パラドックス　5
DNA　15
DNA 多型マーカー　77
DNA トランスポゾン　5
DNA ポリメラーゼ　16
DNA マイクロアレイ　79
DNA マーカー　83, 87, 108
DNA メチル化修飾　91
DUMPS 欠損症　140
ES 細胞　87
FAO　111
G-バンド　7
HCM　152
HLA　42, 43, 44
iPS 細胞　87
LINE　5, 23
LOD スコア　81
LTR レトロトランスポゾン　5
MAS　69, 70, 71
MHC　41
　　──の多型性　44
PCR 法　78
PCR-RFLP 法　79, 109
PKD　152
PRA　142, 152
PSS　45, 119, 142, 148
QTL 解析　69, 81, 87
RNA スプライシング　19
RNA プロセシング　17
Xist RNA　93
SINE　5, 23
SNP　71, 78, 109, 112, 129
SNP マーカー　84
SRY　11, 108
T-DMR　93
TATA ボックス　17
X 染色体　10, 12
　　──の不活性化　11, 93
Y 染色体　10

ア　行

アイソザイム　105
アグーチ　3
アラブ　102
アリューシャン病　137
アルビノ　35, 136
アンチコドン　20

鋳型　15
育種　51, 52
育種価　51
育種目標　51, 97
異種移植　90
異数性　25
一塩基多型　71, 78
遺伝距離　105
遺伝形質　32
遺伝子改変動物　87
遺伝子型検査　131
遺伝子型効果　50
遺伝子型構築　74
遺伝子型値　50
遺伝子診断　131
遺伝子ファミリー　26, 106
遺伝子量補正　11
遺伝性疾患　114
　　──の遺伝様式　126
　　伴性の──　127
　　優性の──　127
　　劣性の──　127
遺伝相関　59
遺伝地図　13
遺伝的改良速度　65
遺伝的改良量　63
遺伝的多型　76
遺伝的多様性　104, 111, 121
遺伝的パラメータ　56
遺伝的浮動　116, 117, 121
遺伝的変異　76
遺伝分散　56
遺伝率　57, 58
移動期　8
イベルメクチン　45
異類交配　52
インド系牛　99, 108
イントロン　19

ウマの毛色　38

永続的環境効果　58
エキソン　19
エピジェネティクス　90
エピスタシス　4, 54
エピスタシス効果　51
エピスタシス偏差　57

エリス-ファンクレフェルト症候群　147
塩基置換　23
塩基対　5
塩基転位型突然変異　23
塩基転換型突然変異　23

岡崎フラグメント　16, 17
オーソロジー　106
オプシン遺伝子　27
親子鑑定　85
オーロックス　99

カ　行

外交配　52
核型　7
家系解析　80
家系選抜　60
家系淘汰　120
家系内選抜　60
家畜化　96
　　──による変化　97
　　──の過程　96
　　──の条件　97
　　──の歴史　96
鎌形赤血球貧血症　45
眼球形成異常症　129, 143, 146
環境相関　59
環境偏差　50
ガングリオシドーシス　136, 142, 149

キアズマ　8, 12
偽遺伝子　5, 106
希少種　110
偽常染色体領域　11
偽装表示　86
キメラ　88
逆位　26
脚帯　83
キャリア　126
キャリピージ　31
牛海綿状脳症　45, 86
きょうだい検定　61, 67
狭動原体逆位　26
共優性　3
筋委縮側索硬化症　142
近交化　119
近交係数　53, 116
近交弱勢　53, 109
近交退化　53, 109, 116
近交度　53
筋ジストロフィー　23, 142
近親交配　52, 97, 109, 116

索引

(ア行続き)

偶然一致率　85
組み合わせ選抜　60
組換え　12
組換え率　12, 13
クラインフェルター症候群　39
グリコーゲン蓄積病　135
クローディン16欠損症　143, 144
グロビン遺伝子　26
クロマチン　6, 90
　——の構造　6
クロマチンリモデリング因子　91
クローン選択　28
群居性　97
群淘汰　120

形質　1, 48
系統　98, 104
系統樹　105
　——の種類　107
径路図　54
血液型　40
血液凝固異常　140
血縁係数　52
欠失　25
ケッテイ　94
血統書　83
血友病　23, 140, 148
血友病A　3
ゲノミック選抜　71, 72
ゲノム　5
　——の構造　5
ゲノムインプリンティング　91, 92
ゲノムワイド関連解析　72
原牛　99
減数第一分裂　8
減数第二分裂　8
減数分裂　9
検定交配　12

抗原提示　43
交叉　8, 12
交雑　54
合糸期　8
抗体　28
後代検定　61, 66, 87
高チロシン血症　138
口蹄疫　119
交配　52
交配様式　52
国際標準マイクロサテライトマーカー　112
国際連合食糧農業機関　111
個体識別　83
個体選抜　60
骨形成不全症　137
コドン　20
コドン表　24
コリー眼異常　142, 150
コリーアイアノマリー　142
コンジェニック系統　42

サ行

斉一性　54, 55
ザイゴテン期　8
細糸期　8
在来家畜　110
最良線形予測　66
サイレンシング　93
サイレント置換　24
作為交配　52
雑種強勢　54, 55
雑種第1代　1
サテライトDNA　5
サラブレッド　102

色素細胞刺激ホルモン　36
指数選抜　61
自然選択　52
自然淘汰　52, 96, 110
実験動物　104
質的形質　31, 48
シトルリン血症　136
シナプトネマ複合体　8
自発的突然変異　22
耳標　83
斜対歩　33
周期性四肢麻痺症　148
雌雄判別　87
重複　25
主働遺伝子　33, 50
主要組織適合性遺伝子複合体　41
順繰り選抜法　61, 62
常染色体　8
白子症　136
人為選抜　51
人為淘汰　96, 110
神経疾患　141
進行性網膜萎縮症　142, 152
浸透度　4, 34, 126

スクレイピー　45

正規分布　49
性決定　10
生殖管理　97
性染色体　8
生物多様性　112
セキショクヤケイ　103
切断型選抜　63, 64
ゼブ牛　99
セロイドリポフスチン蓄積症　142, 150
全きょうだい家系　81
全ゲノム選抜　71
染色体　6
　——の種類　7, 8
染色体干渉　13
染色体地図　13
染色体マッピング　129
センチモルガン　13
セントロメア　6
選抜　51, 60
　——の正確度　64

　長期の——　65
選抜圧　65
選抜育種　48, 51, 60, 119
選抜強度　64
選抜限界　65
選抜指数法　62

相加的遺伝子効果　50
相加的遺伝相関　59
相加的遺伝標準偏差　64
相関　59
臓器移植　90
総合育種価　63
相互転座　26
創始動物効果　117
相対経済価値　63
相対適応度　52
相同染色体　8
相反反復選抜法　56
相補性　4
相補性検定　5
側対歩　33

タ行

第XI因子欠損症　145
第XIII因子欠損症　121, 143, 145
体細胞クローン　88
代謝異常　135
胎生致死　92, 93
大腸菌性下痢症　120
対立遺伝子　1
タウルス牛　99
ダウン症　25, 26, 141
太糸期　8
縦型反復配列　5, 78
多発性嚢胞腎　152
ダブルマッスル　31
多面作用　59
短鎖散在型反復配列　5, 23

チェディアック-ヒガシ症候群　121, 129, 131, 137, 143, 146
致死遺伝子　3, 34
致死性白斑症候群　137, 147
長鎖散在型反復配列　5, 23
長末端反復配列　5
超優性　54
直接能力検定　66
直接ヘテローシス効果　54
チロシナーゼ　36, 37
椎形成不全症　143
対合　8
蔓　101

ディアキネシス期　8
定向的優性　53
ディプロテン期　8
適応度　51
テロメア　6
テロメラーゼ　6
転移因子　23

転移因子配列　5
転座　26
転写　17
転写一次産物　18
点推定値　50

同義置換　24
動原体　6
同座性検定　5
同祖的　53
淘汰　51, 115
導入遺伝子　88
同類交配　52
登録　82
独立淘汰水準法　62
独立の法則　2, 12
　——の例外　4
突然変異　22
ドナー系統　73
トランスジェニック　88
トランスジェニック家畜　89
トランスジーン　88
トランスポゾン　23
トランスロケーション　21
トリソミー　25, 39
トレーサビリティ　85

ナ 行

内交配　52
軟骨異形成性矮小体躯症　147
ナンセンス突然変異　24

二価染色体　12
肉種鑑別　86
二重乗換え　12
乳房炎　119
尿細管形成不全症　122, 144
任意交配　52

ヌクレアーゼ　6
ヌクレオソーム　7
ヌクレオチド　16

囊胞性線維症　122, 123
ノックアウト　88, 124
ノックイン　88
乗換え　12

ハ 行

胚移植　88
バイオリアクター　90
倍数性　25
パキテン期　8
白血球粘着不全症（ウシ）　143
発生異常　140
ハーディ-ワインベルグの法則　117
ハプロタイプ　44, 82
ハプロ不全型変異　34
パラロジー　106
ハロセン　45, 70, 73, 142, 148
半きょうだい家系　81
伴性遺伝　3, 140

ハンチントン舞踏病　142
バンド3欠損症　121, 144, 145
反復配列　77
反復率　58
半保存的複製　15
伴侶動物　104

ヒストン　6, 90, 93
肥大型心筋症　152
非同義突然変異　24
ヒト疾患モデル動物　88
ヒマラヤン　36
鼻紋　76, 83
表型相関　59
表現型値　50
表現型分散　56
標識　83
標本　49
標本標準偏差　50
ヒルシュスプルング病　137
品種　98
品種改良　100
瓶首効果　117, 121

フェオメラニン　34, 35, 37, 136
フェニルケトン尿症　137
フォンウィルブランド病　140, 151
不完全浸透　126
不完全優性　3
複合脊白血球粘着不全症（ウシ）　143
複糸期　8
複製　15
複製フォーク　16
父権否定確率　85
豚尻　31
ブタストレス症候群　45, 119, 142, 148
不等交叉　27
不等乗換え　25
ブートストラップ法　107
不分離　25
不偏分散　50
フレームシフト　25
不連続複製鎖　16
分散　50
分離の法則　2

平均　50
ヘテロクロマチン　91
ヘテローシス　54
ヘテロ接合　2
ヘテロ接合体　54
ヘテロ接合度　104
ヘテロ接合率　118
ヘミ接合体　3, 93
変異率　23
変異　48
偏動原体逆位　26

保因個体　126
紡錘体　6, 10
補完　54
母集団　49

母性遺伝　5
母性ヘテローシス効果　54, 55
保全遺伝学　109
北方型牛　99, 101, 108
ホモ接合　2
ホモ接合体　54
ホモ接合体マッピング　82
ポリコーム群　91
ポリジーン　50
翻訳　17, 20
翻訳後修飾　21

マ 行

マイクロサテライトDNA　77
マイクロサテライトマーカー　129
マーカーアシスト浸透交雑　73
マーカーアシスト選抜　69
マーカースコア　70
マラリア　45
マンノシドーシス　135

ミオスタチン　70
ミオスタチン遺伝子　31
三毛（ネコ）　38
ミスセンス突然変異　24, 143
ミトコンドリアDNA　107
ミトコンドリアイブ　107

ムコ多糖症　149, 150

メジャージーン　33
メッセンジャーRNA　18
メラニン色素　34
免疫グロブリン　27-30
メンデルの法則　1

毛色　37
戻し交配　12, 41, 81
モノソミー　25
モリブデン補酵素欠損症　143

ヤ 行

焼印　83
薬剤感受性　45

有効な集団の大きさ　116, 121
優性形質　1
優性効果　50
優性ネガティブ型変異　34
誘発的突然変異　22
優劣の法則　2
　——の例外　2
ユーメラニン　34, 36, 37, 136

ラ 行

ライオナイゼーション　11
ラギング鎖　16
ラパ　94
リアノジン受容体　70, 142, 148
リソソーム蓄積症　135, 141
リーディング鎖　16

リピートブリーダー　140
量的遺伝学　48
量的形質　48

レシピエント系統　73
劣性形質　1
レッドデータブック　110
レトロトランスポゾン　23

レプトテン期　8
連鎖　12, 59
連鎖解析　80, 129
連鎖地図　11, 13, 80, 81
　　──の作成　13
連鎖不平衡　69, 82
連鎖平衡　69
連続的複製鎖　16

ロバートソン型転座　26

ワ 行

矮小体躯症　147
和牛　101
ワルファリン　46

編集者略歴

国枝哲夫
1955年 東京都に生まれる
1981年 東京大学農学部畜産獣医学科卒業
現　在 岡山大学大学院自然科学研究科教授
　　　 農学博士

今川和彦
1952年 宮城県に生まれる
1984年 米国ネブラスカ州立大学大学院農学研究科博士課程修了
現　在 東京大学大学院農学生命科学研究科教授
　　　 Ph. D.

鈴木勝士
1945年 静岡県に生まれる
1973年 東京大学大学院農学系研究科博士課程単位取得退学
現　在 日本獣医生命科学大学名誉教授
　　　 獣医師，農学博士

獣医学教育モデル・コア・カリキュラム準拠
獣医遺伝育種学

定価はカバーに表示

2014年5月25日　初版第1刷
2025年1月25日　　　第9刷

編集者　国　枝　哲　夫
　　　　今　川　和　彦
　　　　鈴　木　勝　士
発行者　朝　倉　誠　造
発行所　株式会社 朝倉書店
　　　　東京都新宿区新小川町 6-29
　　　　郵便番号　162-8707
　　　　電話　03(3260)0141
　　　　FAX　03(3260)0180
　　　　https://www.asakura.co.jp

〈検印省略〉

Ⓒ 2014〈無断複写・転載を禁ず〉　　　　Printed in Korea

ISBN 978-4-254-46033-9　C 3061

JCOPY　〈出版者著作権管理機構 委託出版物〉

本書の無断複写は著作権法上での例外を除き禁じられています．複写される場合は，そのつど事前に，出版者著作権管理機構（電話 03-5244-5088, FAX 03-5244-5089, e-mail: info@jcopy.or.jp）の許諾を得てください．

◆生き生きとした生態写真とすぐれた解説で
"知られざる動物"たちの世界を活写◆

〈知られざる動物の世界〉
全14巻

A4変型判 オールカラー
各巻約120頁 本体3,400円

❶ 食虫動物・コウモリのなかま
監訳／前田喜四雄
コモンテンレック／ジムヌラ／ヨーロッパトガリネズミ／
ホシバナモグラ／オオアリクイ／ツチブタ／チスイコウモリ／など

❷ 原始的な魚のなかま
監訳／中坊徹次
ナメクジウオ類／ヌタウナギ類とヤツメウナギ類／
シーラカンス類／ハイギョ類／ベルーガ／ピラルク／など

❸ エイ・ギンザメ・ウナギのなかま
監訳／中坊徹次
ノコギリエイ／コモンスティングレイ／オニイトマキエイ／
ハリガネウミヘビ類／ウツボ類／アナゴ類／デンキウナギ／タウナギ類／など

❹ サンショウウオ・イモリ・アシナシイモリのなかま
監訳／松井正文
アシナシイモリ類／オオサンショウウオ／アンフューマ類／
マッドパピー／サイレン類／アホロートル／マダラサラマンドラ／など

❺ 単細胞生物・クラゲ・サンゴ・ゴカイのなかま
監訳／林　勇夫
アメーバ類／マラリア原虫／カイメン／クシクラゲ／ヒドロ虫／
クラゲ／イソギンチャク／サンゴ／センチュウ／ゴカイ／ミミズ／など

❻ エビ・カニのなかま
監訳／青木淳一
ヨコエビ／ダンゴムシ／エビ／ヤドカリ／カニ／ミジンコ／
フジツボ／シャコ／オキアミ／フナムシ／ロブスター／など

❼ クモ・ダニ・サソリのなかま
監訳／青木淳一
ウミグモ／カブトガニ／サソリ／カニムシ／ウデムシ／
ダニ・マダニ／オオツチグモ／ジグモ／ハエトリグモ／コガネグモ／など

❽ 小型肉食獣のなかま
監訳／本川雅治
アライグマ／レッサーパンダ／イタチ／カワウソ／アナグマ／
クズリ／ジャコウネコ／マングース／ミーアキャット／など

❾ 地上を走る鳥のなかま
監訳／樋口広芳
ダチョウ／エミュー／ヒクイドリ／シチメンチョウ／キーウィ／
セキショクヤケイ／ノガン／ミフウズラ／スナバシリ／など

❿ 毒ヘビのなかま
監訳／疋田　努
キングコブラ／ナイトアダー／トゲクサリヘビ／マレーマムシ／
ヨコバイガラガラヘビ／マサソーガ／ホープアオハブ／など

⓫ サメのなかま
監訳／山口敦子
ネコザメ／テンジクザメ／ナースシャーク／ジンベエザメ／
シュモクザメ／メガマウス／ネムリブカ／ホホジロザメ／ノコギリザメ／など

⓬ ナマズのなかま
訳／松浦啓一
ギギ／ヒレナマズ／デンキナマズ／シートフィッシュ／ゴンズイ／
サカサナマズ／アーマード・キャットフィッシュ／など

⓭ 甲虫のなかま
監訳／青木淳一
オサムシ／ハンミョウ／ゲンゴロウ／ジョウカイボン／テントウムシ／
カブトムシ／クワガタムシ／フンコロガシ／カミキリムシ／など

⓮ セミ・カメムシのなかま
訳／友国雅章
カメムシ／セミ／アメンボ／トコジラミ／サシガメ／ウンカ／
ヨコバイ／アブラムシ／カイガラムシ／など

シリーズ〈家畜の科学〉

人間社会に最も身近な動物達を，動物学・畜産学・獣医学・食品学・社会学などさまざまな側面から解説．一冊で「家畜」のすべてがわかる

［A5判・各巻約220〜240頁］

1. ウシの科学　広岡博之編　248頁

2. ブタの科学　鈴木啓一編　208頁

3. ヤギの科学　中西良孝編　〈近刊〉

4. ニワトリの科学　古瀬充宏編　212頁

5. ヒツジの科学　田中智夫編　〈近刊〉

6. ウマの科学　近藤誠司編　〈続刊〉

前北大 斉藤昌之・前麻布大 鈴木嘉彦・酪農大 横田 博編

獣 医 生 化 学

46025-4 C3061　　　　B5判 248頁 本体8000円

獣医師国家試験の内容をふまえた，生化学の新たな標準的教科書。本文2色刷り，豊富な図表を駆使して，「読んでみたくなる」工夫を随所にこらした。〔内容〕生体構成分子の構造と特徴／代謝系／生体情報の分子基盤／比較生化学と疾病

東大 明石博臣・麻布大 木内明夫・岩手大 原澤 亮・農工大 本多英一編

動 物 微 生 物 学

46028-5 C3061　　　　B5判 328頁 本体8800円

獣医・畜産系の微生物学テキストの決定版。基礎的な事項から最新の知見まで，平易かつ丁寧に解説。〔内容〕総論（細菌／リケッチア／クラミジア／マイコプラズマ／真菌／ウイルス／感染と免疫／化学療法／環境衛生／他），各論（科・属）

日大 村田浩一・金沢動物園 原久美子・井の頭自然文化園 成島悦雄編

動 物 園 学 入 門

46034-6 C3061　　　　B5判 220頁〔近 刊〕

動物園は現在，動物生態の研究・普及の拠点として社会における重要性を増しつつある。日本の動物園の歴史，意義と機能，動物園動物の捕獲・飼育・行動生態・繁殖・福祉などについて総合的に説き起こし，「動物園学」の確立を目指す一冊。

琉球大 及川卓郎・東北大 鈴木啓一著

ステップワイズ生物統計学

42032-6 C3061　　　　A5判 224頁 本体3600円

「検定の準備」「ロジックの展開」「結論の導出」の3ステップをていねいに追って解説する，学びやすさに重点を置いた生物統計学の入門書。〔内容〕集団の概念と標本抽出／確率変数の分布／区間推定／検定の考え方／一般線形モデル分析／他

前東大 高橋英司編

小動物ハンドブック（普及版）
―イヌとネコの医療必携―

46030-8 C3061　　　　A5判 352頁 本体5800円

獣医学を学ぶ学生にとって必要な，小動物の基礎から臨床までの重要事項をコンパクトにまとめたハンドブック。獣医師国家試験ガイドラインに完全準拠の内容構成で，要点整理にも最適。〔内容〕動物福祉と獣医倫理／特性と飼育・管理／感染症／器官系の構造・機能と疾患（呼吸器系／循環器系／消化器系／泌尿器系／生殖器系／運動器系／神経系／感覚器／血液・造血器系／内分泌・代謝系／皮膚・乳腺／生殖障害と新生子の疾患／先天異常と遺伝性疾患）

前埼玉大 石原勝敏・埼玉大 末光隆志総編集

生 物 の 事 典

17140-2 C3545　　　　B5判 560頁 本体17000円

地球には，生物が，微生物，植物，動物，人類と多様な形で存在している。本事典では生命の誕生から，生物の機能・形態，進化，生物と社会生活，文化との関わりなどの諸事象について，様々なテーマを取り上げながら，豊富な図表を用いて，基礎的な事項から最新の知見まで幅広く解説。生物を学ぶ学生・研究者，その他生物に関心を寄せる人々の必携書。〔内容〕生命とは何か／生命の誕生と進化／遺伝子／生物の形，構造，構成／生物の生息環境／機能／行動と生態／社会／人類

日本血管生物医学会編

血 管 生 物 医 学 事 典

30108-3 C3547　　　　B5判 500頁 本体17000円

全身にくまなく分布する「血管」を科学する血管生物医学は，発生・再生や臓器形成はもちろんのこと，あらゆる病態に深く関わりをもっている。本書は日本血管生物医学会が総力を挙げ，基礎・臨床を問わず，これまで得られた知見と今後の展望も含めた最新の研究成果を事典としてまとめたものである。血管構築／血管生理／血管形成／シグナル伝達／転写因子／病態・治療の全6章構成とし200項目を精選，各項目を1〜3ページで解説する中項目主義の事典。

前京大 桂 義元・京大 河本 宏・慶大 小安重夫・東大 山本一彦編

免 疫 の 事 典

31093-1 C3547　　　　A5判 488頁 本体12000円

免疫に関わる生命現象を，基礎事項から平易に（専門外の人にも理解できるよう）解説する中項目主義の事典。免疫現象・免疫が関わるさまざまな生命現象・事象等を約350項目選択。項目あたり1〜3頁で，総説的にかつ平易に解説する（項目は五十音順）。本文中で解説のある重要な語句は索引で拾い辞典としても便利に編集する。〔読者対象〕医学（基礎・臨床医学）領域の学生・研修医・臨床医，生物・薬学・農学領域の研究・教育に携わる学生・研究者，医薬品メーカーの研究者，他

東大 久和　茂編

獣医学教育モデル・コア・カリキュラム準拠 実験動物学

46031-5　C3061　　　　B5判 200頁 本体4800円

実験動物学のスタンダード・テキスト。獣医学教育のコア・カリキュラムにも対応。〔内容〕動物実験の倫理と関連法規／実験のデザイン／基本手技／遺伝・育種／繁殖／飼育管理／各動物の特性／微生物と感染病／モデル動物／発生工学／他

前東大 東條英昭・前京大 佐々木義之・岡山大 国枝哲夫編

応用動物遺伝学

45023-1　C3061　　　　B5判 244頁 本体6400円

分子遺伝学と集団遺伝学を総合して解説した，畜産学・獣医学・応用生命科学系学生向の教科書。〔内容〕ゲノムの基礎／遺伝の仕組み／遺伝子操作の基礎／統計遺伝／動物資源／選抜／交配／探索と同定／バイオインフォマティクス／他

前京大 佐々木義之編

動物遺伝育種学実験法

45016-3　C3061　　　　B5判 160頁 本体4200円

先端分野も含め全体を網羅した実験書。〔内容〕形質の評価および測定／染色体の観察／血液型の判定／DNA多型の判定／遺伝現象の解明／集団の遺伝的構成／育種価の予測法／選抜試験／遺伝子の単離と塩基配列の解析／データの統計処理

佐藤英明・河野友宏・内藤邦彦・小倉淳郎編著

哺乳動物の発生工学

45029-3　C3061　　　　A5判 212頁 本体3400円

近年発展の著しい，家畜・実験動物の発生工学を学ぶテキスト。〔内容〕発生工学の基礎／エピジェネティクス／IVGMFC／全胚培養／凍結保存／単為発生／産み分け／顕微授精／トランスジェニック動物／ES，iPS細胞／ノックアウト動物ほか

前東北大 佐藤英明編著

新動物生殖学

45027-9　C3061　　　　A5判 216頁 本体3400円

再生医療分野からも注目を集めている動物生殖学を，第一人者が編集。新章を加え，資格試験に対応。〔内容〕高等動物の生殖器官と構造／ホルモン／免疫／初期胚発生／妊娠と分娩／家畜人工授精・家畜受精卵移植の資格取得／他

小笠　晃・金田義宏・百目鬼郁男監修

動物臨床繁殖学

46032-2　C3061　　　　B5判 384頁 本体12000円

定評のある教科書の最新版。〔内容〕生殖器の構造・機能と生殖子／生殖機能のホルモン支配／性成熟と発情周期／各動物の発情周期／人工授精／繁殖の人為的支配／胚移植／授精から分娩まで／繁殖障害／妊娠期・分娩時・分娩終了後の異常

佐藤衆介・近藤誠司・田中智夫・楠瀬　良・森　裕司・伊谷原一編

動物行動図説
―家畜・伴侶動物・展示動物―

45026-2　C3061　　　　B5判 216頁 本体4500円

家畜・伴侶動物を含む様々な動物の行動類別を600枚以上の写真と解説文でまとめた行動目録。専門的視点から行動単位を収集した類のないユニークな成書。畜産学・獣医学・応用動物学の好指針。〔内容〕ウシ／ウマ／ブタ／イヌ／ニワトリ他

C.ダーウィン著　堀　伸夫・堀　大才訳

種の起原（原書第6版）

17143-3　C3045　　　　A5判 512頁 本体4800円

進化論を確立した『種の起原』の最終版・第6版の訳。1859年の初版刊行以来，ダーウィンに寄せられた様々な批判や反論に答え，何度かの改訂作業を経て最後に著した本書によって，読者は彼の最終的な考え方や思考方法を知ることができよう。

動物遺伝育種学事典編集委員会編

動物遺伝育種学事典（普及版）

45025-5　C3561　　　　A5判 648頁 本体18000円

遺伝現象をDNAレベルで捉えるゲノム解析などの技術の進展にともない，互いに連携して研究を進めなければならなくなった，動物遺伝学，育種学諸分野の総合的な五十音配列の用語辞典。主要語にはページをさき関連用語を含め体系的に解説。共通性の高い用語は「共通用語」として別に扱った。分子から統計遺伝学までの学術専門用語と，家畜，家禽，魚類に関わる育種的用語を，併せてわかりやすく説明。初学者から異なる分野の専門家，育種の実務家等にとっても使いやすい内容

前東大 東江昭夫・東大 德永勝士・名大 町田泰則編

遺伝学事典

17124-2　C3545　　　　A5判 344頁 本体13000円

遺伝学および遺伝子科学の全体を見渡すことができるように，キーとなる概念や用語を，中項目主義で解説した事典。第一線の研究者が，他の項目との関連に留意して，わかりやすく執筆したもので，遺伝およびバイオサイエンスに興味・関心のある学生，研究者・教育者に好適。
〔内容〕I. 古典遺伝学（細胞遺伝学），II. 分子遺伝学／分子生物学，III. 発生，IV. 集団遺伝学／進化，V. ヒトの遺伝学，VI. バイオテクノロジーの6編により構成

上記価格（税別）は2024年12月現在